双碳背景下农业碳排放预测及减排策略研究

SHUANGTAN BEIJINGXIA NONGYE TANPAIFANG

YUCE JI JIANPAI CELÜE YANJIU

郭三党　荆亚倩　姚　石　著

中国农业出版社

北京

内 容 简 介

　　本书以实际问题为导向，采用时变灰色预测模型、动态灰色综合关联度模型、时变非线性多变量灰色预测模型、时变灰色 Ricca-ti 模型、情景预测模型、系统动力学模型、演化博弈模型、解释结构模型等多种模型，从不同角度研究农业碳排放影响因素、时序特征、碳排放预测，研究经济增长、能源消耗和碳排放之间的耦合协调关系，分析了碳减排主体的博弈对策及生态补偿机制，最后对我国省域碳减排成效进行了评价并给出了农业碳减排路径。本书对灰色预测模型的建模机理、参数优化与改进等内容进行了改进，并用改进的模型分析农业碳排放，大大提高了农业碳排放的预测精度。本书的研究对于我国制定碳排放政策，提高环境质量、发展生态农业、优化农业产业结构具有重要的理论和实践意义。

本书受到河南省软科学研究计划项目：碳达峰和碳中和背景下河南省低碳农业发展及对策研究（编号：222400410148）、河南省高等学校重点科研项目：河南省低碳农业发展与补偿机制研究（编号：22A630021）、河南省社科联调研课题：碳达峰背景下河南畜牧业高质量发展研究（编号：SKL‑2022‑2508）资助。

　　为应对严重的生态问题，中国提出到 2030 年二氧化碳排放强度将比 2005 年减少 60％～65％。作为农业大国和世界上最大的农业温室气体排放国，农业碳排放研究不仅有利于促进减缓气候变化，也有助于改善农业抵御气候灾害风险的能力。准确预测是科学制定和完善政策措施的前提，因此，农业碳排放预测对于政府相关部门实现碳减排目标和调整碳减排政策具有重要意义。本书的研究成果主要包括以下几个方面：

　　（1）在碳排放测算方法上，鉴于现阶段对农业碳排放研究较为分散且研究较少，本书将水稻种植产生的 CH_4，主要农作物种植过程中产生的 N_2O，牲畜养殖过程中因肠道发酵和粪便管理产生的 CH_4 和 N_2O，以及在农地利用过程中投入的化肥、农药、农膜、柴油产生的碳排放纳入测算体系中来计算我国农牧业碳排放，农牧业碳排放的碳源相对较为全面。

　　（2）影响农业碳排放的因素涉及经济、技术、环境和人口等诸多方面，各因素对农业碳排放的影响并不全是线性的，还存在非线性影响，明确是何种因素对农业碳排放有显著性影响就显得尤为重要。本书将农业碳排放影响因素分解为内部因素和外部因素两方面，运用灰色综合关联度模型从静态和动态维度对碳排放空间驱动因素的差异性进行分析。同时，考虑中国经济五年期规划周期的特点，以五年作为间隔长度向后推进考察各影响因素对农业碳排放的动态影响。

　　（3）随着农业政策的不断变化和农业结构的不断更新，农业碳排放具有较高的不确定性，因此建模数据量有限。另外，碳排放问题的来源和成因较为复杂，尤其是受到经济发展、能源消费、城镇化等众多因素的影响，并且该影响作用强度未知、互动关系不确定，进而导致碳排放呈现出非线性、波动性特征。因此，为预测中国 2020—2035 年农业碳排放的变化量，本书构建了时变 Riccati 灰色模型和时变非线性多变量灰色预测模型，对非线性影响因素下的农业碳排放进行预测，利用预测结果可以分析我国碳排放趋势，为政府相关部门实现碳减排目标和调整碳减排政策提供决策参考。

（4）尽管中国是世界上最大的碳排放国，但很少有研究考察中国农业部门的碳排放、能源消耗和经济增长之间的关系。为促进农业的可持续发展，有必要研究农业部门碳排放、经济增长和能源消耗之间的关系。因此，本书深入思考因素的自身增长率、非线性变化趋势以及因素间的交互作用关系，构造基于 Lotka－Volterra 理论的多变量灰色模型，在该模型中引入非线性趋势项及交互作用项，结合系统整体发展和个体变化改进模型结构，研究三者之间可能存在的双向关系以及两两之间的线性与非线性关系，与此同时，根据经济发展速度、能源需求强度以及能源政策实施的有效性，对农业经济增长和农业能源消耗的年均变化率设定了低速情景、中速情景、高速情景三个静态情景下影响因素的变化对农业碳排放的影响，准确把握各个因素对碳排放的影响，为制定碳减排政策提供决策依据。构建了中国经济增长-能源消耗-农业碳排放协调发展研究的系统动力学模型，用系统动力学分析了三者的协调关系，剖析系统间的内在联系以及政策管控的外部冲击，本研究扩大了灰色预测模型的理论研究，也使农业碳排放增加了科学有效的研究方法。

（5）农业碳减排博弈分析及补偿机制研究。我国低碳农业在推广过程中遇到很多问题，尤其是低碳农业实践中涉及的参与主体之间存在的诸多利益矛盾，严重制约着低碳农业的发展。本书将低碳农业的两个主要利益主体政府、农户纳入分析框架，运用博弈方法分析政府与农户在碳减排过程中的博弈策略，探讨由传统农业生产方式向低碳生产的转化过程中，各方的决策行为如何相互作用，为农业低碳减排措施的有效实施提供参考。在博弈分析的基础上，鉴于我国低碳农业生态补偿机制的研究理论基础体系尚不完善，低碳农业生态补偿研究方法较为传统、模型的创新性较为缺乏，区域之间的协调度较低等问题，本书通过 ISM 模型探索"补偿体系-区域协调-法律政策-公众意愿"四个维度的分析框架，探究发展我国低碳农业生态补偿机制的实施策略。中国现在正处在农业绿色转型与高质量发展的关键期，分析农业碳排放的动力，建立碳减排动力机制与补偿机制，对于把握现阶段中国农业转型过程，探索农业绿色发展路径具有重要意义。

（6）省域碳减排成效评价及减排路径设计。由于不同省份的资源禀赋、经济发展水平、文化习俗等存在差异，不同省份之间的农业低碳减排水平可能存在较大差异。在此背景下，采用多层次灰色权重综合法构建省域农业碳减排成效评价方法，对我国30个省份（不含西藏和港澳台，下同）低碳农业减排水平进行评价，实现农业碳减排成效由定性描述向定量分析的转变；并在此基础上分析各省份农业碳减排成效的差异，以期在宏观层面上把握我国农业低碳减排的特征，为提升我国农业整体竞争力，实现乡村生态振兴和农业低碳减排目标提供对策建议。并结合国际经验分析发达国家农业减排固碳技术的思路，梳理不同国家的农业减排固碳政策，绘制我国农业减排固碳路径图，为我国低碳农业发展提供意见参考。

本书由郭三党负责总统框架设计，其中郭三党撰写了第一章、第二章、第四章、第五章，荆亚倩撰写了第三章、第六章、第九章，姚石撰写了第七章、第八章，李倩、关柳珍、闫纪孟、贾静、王浩等人参与了本书的撰写。本书在撰写过中，曾参考和引用了部分国内外相关的研究成果和文献，在此向所有帮助过本书写作和出版的朋友们表示衷心的感谢！

由于本人水平有限，书中若有不妥之处，恳请读者能够批评指正。

郭三党

2023 年 3 月

第 1 章 绪 论

1.1 研究背景

工业革命以来，化石燃料（石油、煤炭等）的大量燃烧和森林植被的大量砍伐，导致空气中的 CO_2 等温室气体排放量剧增，使得全球的气候持续变暖，这对人类赖以生存和发展的自然生态系统造成了严重损害。联合国政府间气候变化专门委员会（IPCC）发布的《全球变暖 1.5℃特别报告》要求，为了将温度变化控制在 1.5℃之下，需要对碳的排放量进行重点关注，鼓励民众在日常生活中自觉地注重减排。与此同时，2019 年气候变化大会（COP25）提出，为了防止气候变化加剧环境污染影响人类健康，要通过各种技术手段和行为改变，将全球平均温度上升限制在 2.0℃之下[1]。为了确保上述目标的达成，必须立刻以罪魁祸首温室气体为出发点，大范围地减少其排放[2][3]。从全球视角来看，20 世纪 90 年代，《京都议定书》为加快全球温室气体减排，防止气候变化危害人类，从六个方面对减少温室气体排放进行了要求，是最早涉及碳抵消问题的国际政策框架。许多发达经济体纷纷出台碳减排政策，应对气候快速变化带来的潜在威胁，目前已有 170 多个国家对全球气候变化进行了相应部署，欧盟、英国、韩国、日本等国家和地区通过政策宣示或法律规定的方式承诺将在 2050 年实现碳中和。低碳发展模式已成为世界各国经济发展的趋势。

当前我国正处于城市化、工业化的快速发展时期，处于环境污染、资源消耗的高峰期，经济的发展伴随着巨大的环境成本。根据世界资源研究所

（WRI）发布的数据，2020年全球碳排放总量约为322.8亿吨，其中，我国的碳排放量约为98.99亿吨，占全球排放总量的30.7%（图1-1）。如何在加快经济发展的同时切实保护好环境，是中国21世纪面临的最严峻的挑战之一。长远来看，以破坏环境为代价的经济发展模式是不可持续的，经济发展需要低碳转型才能实现经济社会可持续发展[4][5]。作为碳排放大国，中国应积极承担起责任，为全球节能减排做出应有的贡献。党的十九大报告首次明确提出，中国要在气候变化的应对方面占据国际领导地位，以参与者、贡献者、引领者的身份对自己进行要求。在2014年的《巴黎协定》中，中国政府做出承诺：2030年中国的碳排放降低60%～65%，2030年碳排放达到峰值，2060年前实现碳中和（"双碳"目标）。我国作为《巴黎协定》缔约国以及发展中大国，承担国际条约中降碳减排的责任既是机遇也是挑战，有效地承担国际条约责任，国际条约责任转化为国内法是必不可少的环节，既有利于有效衔接我国生态发展战略布局，也有利于及时应对国际社会在碳边境税等方面引发的问题，提高我国绿色竞争力，改善内外发展环境，维护我国的国家利益。2020年中央经济工作会议把做好碳达峰、碳中和工作作为2021年的八大重点任务之一，支持有条件的地方率先达峰。2021年3月，习近平总书记在中央财经委员会第九次会议上强调"实现碳达峰、碳中和是一场广泛而深刻的经济社会系统性变革"。由此足以看出碳达峰与碳中和目标对于经济社会的重大意义。

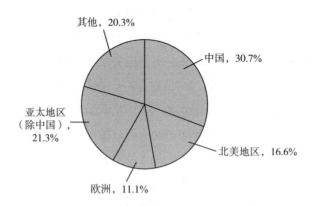

图1-1　2020年全球主要国家与地区碳排放量占比
资料来源：WRI、兴业研究。

在实现碳达峰、碳中和的征程中，农业的作用举足轻重。根据关于土地利用的 IPCC 报告，土地利用造成的碳排放约占碳排放总量的 23%，其中农业用地的变化一直是重要的组成部分[6]。除了能源使用产生的碳排放以外，农业活动产生的碳排放量排在第二位，在总排放量中占比为 12.3%（图 1-2）。土地作为碳汇的作用受到森林砍伐和农业用地使用的极大影响[7]，因为农业侵蚀土壤的速度比新土壤形式快 10~100 倍[8]。此外，气候变化也增加了极端高温和降雨短缺的风险。农牧业作为主要碳排放的来源，在促进我国土地减排和绿色发展中发挥着重要作用。目前，我国农业耕地面积增长 5.2%[9]，并且加大了化肥、农药、机械等农资的投入，以弥补土地和劳动力的不足，这不仅造成了农牧业温室气体的增加，也使得农牧业温室气体排放问题成为新的研究热点。

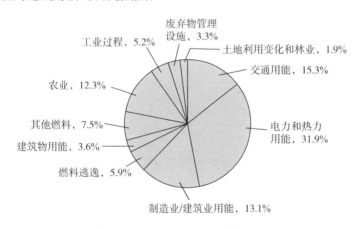

图 1-2　2020 年全球碳排放来源

习近平总书记高度重视乡村生态振兴。他在中央农村工作会议上强调，农业农村减排固碳既是"碳达峰、碳中和"的重要举措，也是潜力所在。2018 年，农业部印发了《农业绿色发展技术导则（2018—2030 年）》，明确提出减排目标：2030 年前单位农业增加值对应的碳排放降低 30% 以上。2020 年 10 月，党的十九届五中全会审议通过"十四五"发展规划，重点强调推动农业农村建设、实现绿色可持续发展。"十四五"时期是中国农业现代化从"农业革命"向"农业绿色高质量"发展的探索开端期，也是 2030 年碳达峰的关键期、窗口期。可以看出，新一轮国家政策实施的目的在于对达成农业碳排放的减排目标提供保障，并对农业低碳生产方式转变进行战略性指导，以如期实现"双碳目标"。发展低碳农业不仅能减少农业碳排放和资源消耗,实现碳中和与碳达峰的目标,而且还能维持生态环境稳定,促进农业绿色发展,形成资源节约、环境友好的农业农村新发展格局。

然而,长期以来,我国在追求高产、稳产、高效的生产目标下,农业发展是以使用廉价的要素且忽略环境要素的方式获得更高的农业经济效益。2020 年我国水稻、小麦、玉米三大粮食作物化肥利用率仅 40.2%,农业生态环境承载能力持续下降与环境成本急剧上升,已经严重威胁到我国农业经济的可持续发展能力。因此,为了响应政府的号召,农业领域积极采取多种低碳减排的措施以达到国家制定的碳达峰与碳中和目标。传统农业向低碳农业的转型成为必然趋势,应尽可能地降低能耗、物耗向现代化低碳农业的农业发展模式转变。通过开发使用新能源,研发农业减排固碳技术,提高农作物生产效率,从而促进碳达峰和碳中和目标的实现,并推动经济高质量发展。

1.2 研究目的和意义

1.2.1 研究目的

本书从我国农业碳排放的影响因素着手,分析农业碳排放的主要来源,研究农业碳排放的测算和特征,采用灰色系统模型预测我国碳排放发展趋势,从现阶段我国调控农业碳排放与经济增长、能源消耗之间的困境出发,提出我国碳减排路径及农业碳减排政策建议,为实现 2030 年碳达峰乃至 2060 年碳中和战略目标提供理论参考。归纳总结起来,本书研究目的可以归纳如下:

(1) 在动态灰色综合关联度的基础上,探究农业碳排放与内部和外部影响的动态关系,准确把握各个因素对碳排放的影响,基于不同碳源的转换系数,从农地利用、水稻种植、农作物种植和畜牧养殖四方面的碳排放来源,测算出我国 2000—2020 年的农业碳排放总量,并探究我国农业碳排放的时序变化,为国家制定农业生产和农业碳减排政策提供决策依据。

(2) 通过引入时变参数和随机扰动项,反映参数随时间的变化,建立新型时变灰色 Riccati 模型,综合考虑我国农业发展情况、农业碳排放受政策改变的影响,采用农业碳排放短期数据,建立灰色模型预测农业碳排放。鉴于碳排放呈现出的波动性、非线性等特征，相关影响因素会对农业碳排放产生非线性影响，运用非线性时变多变量灰色预测模型对碳排放趋势进行定量分析。

（3）构造基于 Lotka - Volterra 理论的多变量灰色模型，在该模型中引入非线性趋势项及交互作用项，探究农业能源消耗、农业碳排放和经济增长之间的关系。运用系统动力学的方法研究农业经济增长、农业能源消耗、农业碳排放三者之间的协调关系，为我国粮食主产区实现农业的可持续发展提供决策参考。

（4）分析农业碳减排的内外动力，建立农业碳减排生态补偿机制。基于低碳减排动力的内涵，构建碳减排主体政府-农户的演化博弈模型，求得博弈模型的均衡解，分析均衡结果并进一步对演化博弈模型进行仿真。得到不同情况下，政府与农户应该选择的减排策略。

1.2.2 研究意义

从理论意义上来讲，本研究在分析农业碳排放影响因素的基础上，对农业碳排放进行测算，分析农地利用、水稻种植、农作物种植、畜牧养殖和农业碳排放总量的时序特征。基于实际问题需要，对现有灰色模型理论进行不断的优化与发展、对未来我国碳排放进行预测，提升预测精度，这是科学制定和完善政策措施的前提。为了促进我国进行减排，也为了帮助农业转变生产方式，理清我国农业碳排与经济增长能源消耗的关系，并对其碳减排主体策略进行分析，从我国国情出发，针对性地进行研究并提出相关政策，是我国未来农业低碳发展的必经之路。

从实际意义上来讲，农业生产中存在的能源浪费和高碳排放等问题制约了我国农业的可持续发展，节能减排刻不容缓。作为世界上最大的农业温室气体排放国，农业碳排放研究不仅有利于促进减缓气候变化，也有助于改善农业抵御气候灾害风险的能力。研究碳排放与能源消耗、农业经济增长之间的动态关系，探索一条经济、能源与环境协调发展的特色之路，能够帮助提高农业经济发展，对相关产业进行优化，促进我国生态环境保护的发展，为政府有关部门战略的制定提供决策依据和参考，有利于农业经济的可持续发展。

1.3 研究现状

1.3.1 农业碳排放研究

（1）农业碳排放概念

农业碳排放是指农业生产中化肥、农药、化石燃料的使用以及废弃物处理等直接或间接产生的温室气体排放[10]。其中，能源排放是指农业生产中的化学物品和农业各种机器设备使用引起的直接和间接排放。自然源排放是指粮食种植、动物反刍及农业播种等的排放。废弃物处理排放是指秸秆燃烧和动物粪便处理的排放[11][12]。农业在生产生活过程中各个环节的分散和农业生产的复杂性导致农业碳源涉及范围广，随着科技的不断进步，各种最新科技应用于农业之中，这不可避免地导致了农业生产过程中排碳增加，并且排碳源更为复杂。联合国粮食及农业组织（FAO）指出，农业碳排放的五个主要来源是土壤（38%，$CH_4 + N_2O$）、反刍动物肠道发酵（32%，CH_4）、生物质燃料燃烧（12%，$CH_4 + N_2O$）、水稻种植（11%，CH_4）和动物粪便（7%，$CH_4 + N_2O$）[13]。

目前，学术界已有不少学者对农业碳排放进行研究，但却少有学者对其概念进行系统阐述，大多数学者都倾向于对其测度及影响因素的研究，根据对农业碳排放测算方法的不同目前形成以下两类概念范畴。第一类是以李波等为代表的农业碳排放，认为引起温室气体排放的主要原因在化肥、农药、能源使用以及翻耕土地，该概念涵义认为化肥、农药、农膜、农业机械、农业翻耕以及灌溉等是农业碳排放源的六个主要来源，该概念定义被业界所广泛接受和使用[14]。第二类是以田云等为代表的农业碳排放，他们认为农业碳排放表示农业（以种植业、畜牧业为主）在生产过程中由于农用物资的使用、反刍动物肠道呼吸和粪便排放等所直接和间接造成 CH_4、N_2O 等温室气体的排放，其选取了 16 种碳排放源对农业碳排放进行测算，其中包括了农地利用、稻田、牧畜肠道发酵和粪便管理等[15]。

（2）低碳农业概念

国外很早就认识到要对农业污染源排放进行治理并对自然生态进行保护。20 世纪 90 年代低碳农业开始发展。Maston 提出的"生态集约型农业"

已有低排放的类似概念。Cassman 提出低碳农业是采取改善土壤质量、调控农肥效用等措施以达到"生态与经济的平衡"。

　　我国学者鲍健强于 2007 年首次提出要发展低碳农业。迄今为止,学术界对于低碳农业概念还未给出一个明确的界定,比较认可的是指在农业生产经营中以低消耗、低污染、低排放为基础的,能够获得最大收益的现代农业发展模式。低碳农业的形成和发展离不开低碳经济理论的提出,低碳农业属于低污染、低消耗的社会经济发展模式。"低碳经济"最早出现在 2003 年英国的《我们未来的能源——创建低碳经济》,然而并没有对其发展理论做严格的限定,故促使其他学者对其发展形态展开了革新性研究[16]。

　　国内低碳农业概念最早由学者王昀[17]提出:"低耗能、低污染、低排放",随后进一步引入"高效率、高碳汇"的特征,最终低碳农业被赋予了"两高三低"的含义。随后,不少学者基于自己的研究理解对低碳农业概念进行界定,研究成果大致如下。李建波[18]认为低碳农业是低碳经济在农业方面的应用,是未来农业的发展方向。刘静暖等[19]表示低碳农业是实现经济、社会与生态环境三方面协调统一的一类农业持续发展模式。黄亚玲等[20]认为:低碳农业应是在农产品生产、加工、流通等全过程中,以"四低"和"四高"为基础,能够将经济、环境、资源相协调的现代农业可持续发展模式。可以得出,低碳农业不仅有生态与经济效益融合特征,并且还是高、低碳排放的结合体。尽管相关研究仍处于萌芽阶段,但目前研究热点的"循环农业""生态农业""绿色农业"与低碳理念有相似之处,都要求"节能环保",是低碳农业的基本实现形式(表 1-1)。

表 1-1　低碳农业与相关概念的区别与联系

名称	出现时间	发展背景	特征	研究重点
循环农业	20 世纪 60 年代	农业粗放化发展,资源浪费严重	遵循生命周期规律的资源减量化、再循环	侧重农资投入的循环利用
生态农业	20 世纪 80 年代	相对于"石油农业"提出的抗衡思路	农林牧渔业与二三产业协调发展	侧重农业结构的调整和优化
绿色农业	20 世纪 70—80 年代	农残超标重,部分国营农场率先开发"绿色食品"	无公害农品、绿色食品和有机食品	侧重农产品的绿色无污染

（续）

名称	出现时间	发展背景	特征	研究重点
低碳农业	21世纪初	我国第一次污染源普查显示农业氮、磷排放占比超50%	生态经济协同发展：高效、高碳汇、低能耗、低排放、低污染	侧重农业链条全流程的生态经济效益
关系		循环农业、生态农业、绿色农业是低碳农业的基本实现形式		

综上所述，低碳农业可以被定义为一种农业系统，能够有效生产原材料、食品、饲料和纤维，同时减少农业的能源投入和温室气体（GHG）排放，并尊重可持续发展原则。这意味着可以同时实现经济（收入、经济绩效）和环境（提供公共产品、保护环境、外部性内部化和保护生物多样性）收益。因此，本书认为"低能耗、低排放、高效益"是低碳农业的首要发展目标，通过科技、政策、管理等措施，在维持农业产出持续增长的同时，尽可能降低农业物资投入、减少农业碳排放，进而减弱农业生产过程中对生态环境的污染程度，实现经济功能、生态功能和社会功能统筹发展的新型现代化农业。

（3）农业碳排放影响因素研究

国外研究人员大多从内部角度研究影响碳排放的因素，例如分析农业碳排放的来源。一些学者研究了土地利用变化的速率和空间格局如何影响农业碳排放，结果表明，土地利用的变化会导致大量的碳排放，主要是由森林和牧场的转变引起的[21]。相比之下，国内学者主要研究碳排放的外部视角，例如，研究分析影响农业碳排放的主要影响因素，如农村人口、技术水平、财富、能源效率和城市化率[22]。也有人注意到，主要因素是农业人口、地区 GDP 和对农业的财政支持。

并且，对于农业碳排放影响因素的研究主要围绕碳排放量的测算及其驱动因素展开。比如贺亚亚等[23]、胡中应[24]、刘丽辉[25]、杨小娟等[26]、曹俐等[27]、李政通等[28]、戴小文等[29]、韦沁等[30]分别测算分析了湖北、安徽、广东、甘肃、山东、东北地区及全国的农业碳排放量和时空特征，并分别采用 LMDI 模型、Kaya 恒等式等分析了农业碳排放的驱动因素。贺青等[31]从农业产业聚集视角实证分析了农业产业聚集对农业碳排放的非线性影响，结果显示：农业产业聚集对农业碳排放的影响具有双重门槛效应，随着农业产业聚集水平的提高，农业碳排放量具有倒 U 形特征。旷爱萍和胡超[32]研究发现农村人口、经济发展水平、农业机械总动力因素这三种因素对广西农业碳排放起着促进作用；区域产业结构状况、城镇化率、农村投资、农村居民人均可支配收入则起着抑制碳排放的作用。田云和王梦晨[33]运用 Tobit 模型探究发现农村经济发展水平、城镇化水平、农村用电量均对湖北省农业碳排放效率产生了显著的正向影响；而农业产业结构所处情形正好相反。孟军和范婷婷[34]通过 LMDI 分解模型分析显示黑龙江省农业碳排放增加的首要原因是农业经济水平，然后是农业生产结构；抑制农业碳排放的主要原因是农业生产效率，然后是农业劳动力规模。刘琼和肖海峰[35]构建有调节的中介效应检验模型，表明农地经营规模与农业碳排放之间呈现 U 形变化趋势，财政支农政策在种植结构、化肥投入强度对农业碳排放的影响中起到显著的调节作用。胡婉玲等[36]利用 LMDI 分解结果显示，对于全国及东部，生产效率、农业产业结构和农村人口是 3 个减排因素；产业结构、地区经济发展水平和城镇化是 3 个增排因素，但是对于中部和西部而言，农业生产效率和农村人口是 2 个减排因素，农业产业结构、产业结构、地区经济发展水平和城镇化是 4 个增排因素。李慧等[37]基于 GWR 模型发现农用机械总动力对碳排放具有正向影响，农业对外开放度、人均农业 GDP 对大部分省份碳排放具有负向影响。王若梅等[38]研究结果显示农业碳排放强度、农业水土资源和人均耕地面积抑制农业碳排放，而经济产出和人口则促进农业碳排放。王劼和朱朝枝[39]采用 ML 方法和 Probit 模型分析农业碳排放，得出市场规模、人力资本和机械化程度对农业碳排放效率有着显著的正面影响。伍国勇等[40]测算 1997—2018 年我国 31 个省份（不含港澳台，下同）农业碳排放量发现，农业碳排放量总体呈现波动上升趋势，农业碳排放强度不断下降。吴昊玥等[41]基于 GB - US - SBM 模型测算 2000—2019 年我国 30 省份的农业碳排量，结果表明我国农业碳排放效率均值为 0.778，具有较大减排潜力。刘杨、刘鸿斌[42]测算了山东省 2000—2020 年农业碳排放量，采用 LMDI 模型开展影响因素分析，得出农业生产效率、产业结构、地区产业结构及劳动力规模影响农业碳减排。赵先超等[43]采用 IPCC 提供的碳排放系数法测算湖南省农业碳排放，运用 LMDI 模型分析得出湖南省碳排放量受到劳动力规模及农业生产效率的限制，而农业产业结构和经济水平可以调控农业碳排放。

1.3.2 农业碳排放预测研究

政府为了实现碳排放的减少，调整相关政策，需要对农业碳排放进行预判。

回归分析方法已被广泛用于发现碳排放与其影响因素之间的关系，Zhang 等[44] 采用自回归分布滞后（ARDL）模型、向量误差校正模型（VECM）等方法来研究农业碳排放、能源消耗和经济增长之间的关系，结果表明不管是长期还是短期，农业能源消耗对农业碳排放的影响都是负面的，农业碳排放与农业经济增长之间存在双向因果关系。Chen 等[45] 将农业 CO_2 排放的变化归因于技术、分配和人口效应等三方面因素，基于对数平均权重函数的差异开发了两种不同的链式 LMDI 分解方法，结果表明，国民收入分配格局和农村居民收入结构是分别刺激和抑制我国农业能源相关 CO_2 排放变化的两个关键因素。Tian 等[46] 通过对数平均 Divisia 指数（LMDI）模型对碳排放驱动因素进行分解分析，可得中国西部农业碳排放强度最高，中部次之，东部最低；效率、劳动力和结构因素分别减少了 65.78％、27.51％和 3.19％的碳排放；而经济因素增加了 113.16％的碳排放。Ismael 等[47] 研究了约旦农业技术因素与环境在碳排放方面的相互作用，预测发现化肥、作物和牲畜生产、谷物生产、土地、供水、农业附加值和实际收入对碳排放的影响越来越大。Cai[48] 设计了基于支持向量回归的农林业生态系统碳排放预测模型，选取根系分解、化肥、农药、农用薄膜、农业灌溉、农业机械和农田耕作 7 个碳源作为农林复合生态系统碳排放的影响因素，代入模型预测农林复合生态系统碳排放。实验表明，所设计的模型对 2010—2017 年两个试验省农林生态系统平均碳排放量的预测误差分别为 5.9 $\times 10^{-4}$ 吨和 6.4 $\times 10^{-4}$ 吨。Jiang 等[49] 使用 LMDI 模型来确定 2008—2017 年影响农业 CO_2 排放的驱动力。研究发现，人均耕地面积和农村人口分别是增加和减少农业二氧化碳排放的两个主要因素。

除了上述经典的统计和计量经济学方法外，随着近年来人工智能的发展，各种算法因其计算方便快捷的特点，而得到了广泛的研究。Sun 等[50] 利用最小二乘支持向量机（LSSVM）预测一、二、三产业的 CO_2 排放变化趋势。Wen 等[51]加入混沌变异和非线性权重指标，提出改进鸡群优化算法（ICSO）对 SVM 的参数进行优化，应用新的混合模型来预测中国上海与住宅能源相关的 CO_2 排放。Acheampong 和 Boateng[52]使用人工神经网络（ANN）来预测五个不同国家的碳排放强度。根据偏秩相关系数分析了影响各国碳排放的不同因素的敏感度权重。Wen 等[53]基于随机森林和 PSO 的指标量化能力，开发了一种新颖的 BP 神经网络预测模型，用于预测中国商业部门的二氧化碳。胡剑波等[54]基于 LSTM 神经网络模型并在一定的经济增长预期下推导预测出我国碳排放强度变化趋势，同时，建立 ARIMA - BP 神经网络模型作为验证模型对碳排放强度进行直接预测。杨蓉等[55]构建并评估了一套利用遗传算法（GA）优化长短期记忆（LSTM）神经网络的柴油机瞬态 NO_x 排放预测模型。张迪等[56]建立改进的粒子群算法（IPSO）优化 BP 神经网络模型，对山东省的碳排放量和排放强度进行仿真预测。周建国等[57]以灰色系统模型和支持向量机模型为基础，建立基于粗糙集的组合预测模型，对近 20 年来的 CO_2 排放量进行预测，不仅预测出中国碳排放的趋势还预测出排放数量。刘炳春等[58]构建了一个基于主成分分析（PCA）和支持向量回归（SVR）的中国 CO_2 排放量组合预测模型，以固定资本消耗、耗电量、石油消耗量、国家消费支出、居民最终收入、国内生产总值、总人口七个与 CO_2 排放相关的社会经济指标作为输入变量，CO_2 排放量作为目标预测变量。

随着政策不断变化，短期的碳排放数据能够更好地预测未来的趋势变化，因此，学者们采用灰色预测模型（GM）来预测碳排放。例如，Wu 等[59]将反向累积累加算子纳入现有的 GM（1，N）模型预测金砖国家的 CO_2 排放量。Pao 等[60]使用非线性灰色伯努利模型（NGBM）预测中国碳排放、能源消耗和经济增长之间的相互关系和未来发展。白义鑫等[61]基于 Tapio 脱钩模型分析区域农业碳排放量与农业 GDP 的脱钩关系，利用 GM（1，1）模型预测贵阳市未来 10 年农业碳排放量。赵宇[62]运用灰色预测模型运算得到 2016—2030 年江苏省农业碳排放量的预测值，表明江苏省农业碳排放量预计不会出现大幅增加趋势，将会呈现出缓步下降趋势。邱子健等[63]运用 STIRPAT 模型对 2020—2030 年江苏省农业碳排放进行趋势预测，预计 2020—2030 年，农业人均 GDP 提高和农业碳排放强度伴随城镇化的发展进一步降低，全省农业 CO_2-e 排放量仍将呈下降趋势，既保证了经济的飞速发展，也兼顾了减碳的任务。旷爱萍和胡超[64]利用 LMDI 模型分析广西农业碳排放影响因素，并用灰色 GM（1，1）模型对广西 2018—2025 年的农业碳排放进行了预测。黎孔清等[65]应用 STIRPAT 模型分析影响南京市 2000—2015 年农业碳排放的驱动因素，并结合灰色模型 GM（1，1）预测南京市 2016—2025 年农业碳排放量。高标等[66]采用环境库兹涅茨曲线（EKC）模型，对基于灰色预测模型的基准情景与基于碳约束的低碳情景进行比较，研究区域农业碳排放与经济增长的演进关系。

1.3.3 农业碳排放与经济关系研究

自 Kraft 在 1978 年做出开创性工作以来，能源消耗与经济增长之间的关系已成为学术界研究的热门课题，大量实证结果表明，能源消费与经济增长是正相关关系[67][68]。但是，环境污染和能源短缺随着经济的飞速发展已日益成为可持续发展道路上的绊脚石；此外，经济增长与可持续环境之间的关系也通过能源消耗联系起来[69]，因此，大量实证研究采用多种方法分析了不同地区经济增长、能源消耗和碳排放之间的关系，结果表明，经济增长、能源消耗和 CO_2 排放之间存在双向因果关系[70][71][72][73]。Wang 等[74]使用协整分析、向量误差校正模型（VECM）、脉冲响应分析和格兰杰因果检验检验了 1990—2012 年间中国的数据，发现能源消耗与 CO_2 排放之间存在单向因果关系。Arouri 等[75]使用协整技术对 1981—2005 年期间的 12 个中东和北非（MENA）国家研究发现，从长远来看，能源消耗会增加 CO_2 排放量，并且实际 GDP 与整个地区的 CO_2 排放量呈二次关系。朱欢等[76]基于新结构经济学理论研究经济增长对能源结构转型和 CO_2 排放的异质性作用，发现能源结构转型与经济增长呈 U 形关系，CO_2 排放与经济增长呈倒 U 形关系。徐斌等[77]运用非参数可加回归模型深入探究 30 个省份（不含西藏和港澳台，下同）清洁能源发展对区域经济增长和 CO_2 排放的线性和非线性影响。根据研究可以得出，以线性角度进行观察，排碳量和经济增长并没有明显地受到清洁能源发展的影响。肖德和张媛[78]指出：高等收入国家和低等收入国家的经济增长和能源消费、能源消费和 CO_2 排放之间均存在双向因果关系，同时存在由经济增长到 CO_2 排放的单向因果关系。然而，关于农业碳排放、能源消耗和经济增长之间关系的文献极为有限，实证研究的结果并不一致，多项研究发现，随着农业经济的增长，农业碳排放将逐渐增加[79][80][81]。Zafeiriou 和 Azam[82] 使用自回归分布滞后（ARDL）边界检验，西班牙、葡萄牙和法国 1992—2014 年农业部门的 CO_2 排放量与经济绩效之间的关系，证实了在法国和西班牙的 EKC 假说在短期或长期的有效性，而葡萄牙只满足了短期 EKC 假说。

Liu 等[83] 调查了 1970—2013 年间东盟国家人均可再生能源消费和农业增加值（AVA）对 CO_2 排放量的影响，结果表明：不可再生能源对 CO_2 排放具有显著作用，而农业和可再生能源对 CO_2 排放量有逆向作用。Gokmenoglu 和 Taspinar[84] 研究了 CO_2 排放、能源消耗、收入增长和农业之间的长期平衡关系，结果证实了在 1971—2014 年期间对巴基斯坦的农业 EKC 假设的存在；他们还发现，GDP、能源和 CO_2 排放之间存在双向因果关系。Jebli 和 Youssef[85] 扩展了上述多元框架，将贸易开放考虑在内，发现 CO_2 排放与 AVA 之间、贸易与 AVA 之间存在双向因果关系，短期内，从不可再生能源和 AVA 产出再到可再生能源，以及从 CO_2 排放到可再生能源之间存在单向因果关系。从长远来看，所有考虑的变量之间都存在双向因果关系。Ben Jebli 和 Ben Youssef[86] 使用面板协整方法和格兰杰因果检验检验了 1980—2011 年五个北非国家的 AVA、人均可再生能源消耗、实际 GDP 和 CO_2 排放之间的动态因果关系。研究发现 CO_2 排放与农业之间存在短期双向因果关系，GDP 与可再生能源消费、农业与 GDP、可再生能源消费与农业之间存在短期单向因果关系。

1.3.4　农业碳补偿机制及减排研究

全球 94% 的国家已将农业温室气体排放纳入温室气体减排体系[219]，许多国家已开始实施减少农业温室气体排放的相关计划和政策，如美国、日本和印度[220-221]。随着中国在能源相关温室气体排放、可再生能源和形成全国性碳交易计划方面取得的成就，中国能够并将在美国退出 2015 年《巴黎协定》后引领气候变化。然而，中国在农业温室气体减排方面做得并不好，缺乏农业温室气体减排的激励机制、税收机制和补偿机制。中国作为农业大国，应该实施有效的农业温室气体减排政策，尤其需要建立和完善农业碳补偿机制，这是减少农业温室气体排放的有效机制[222-223]。

中国区域间碳排放不平衡问题尤为突出。因此，中国的"碳补偿"引起了广泛关注。例如，《中国碳平衡交易框架研究》报告通过建立各省平衡账户来分析各地区碳源链的差异，并提出全国性的碳补偿制度[99]。赵荣钦等系统地分析总结了碳补偿的内涵、补偿原则、模型和标准，并对补偿方案的效益进行了评价[100]。吴昊玥等基于农业碳补偿视角探索农业生产净碳效应，以碳补偿率作为衡量指标，实现对农业碳吸收、碳排放双重效应的有机衔接[101]。陈儒和姜志德利用足迹法构建了农业碳补偿成本核算模型，计算了中国各省之间的农业碳补偿成本[102]。此外学者对森林碳补偿[103]、碳汇渔业碳补偿[104]、旅游碳补偿[105]和碳汇价值评价[106]也相应展开研究。

在农业碳补偿方面，国外学者的研究集中在政府碳汇补偿和碳汇市场补偿方面。在政府碳汇补偿方面，森林碳汇补偿的研究较多，主要涉及政府补偿的方式和标准。Murray[87]总结了一些学者的研究，认为在农业减排过程中应该把激励、税收和补偿三种手段有机结合。Yu 等[88]研究使用了改良后的计量植树造林碳汇补偿标准的方法来估算对参与项目农户形成激励的最小补偿额度。夏庆利[89]从农产品质量、农作物种植面积和秸秆返田三个角度分析了农业的"碳汇功能"，提出了实施农产品"碳补贴"、征收农产品进口"碳关税"、设立"农业碳基金"和开征化肥农药"环境税"等转变农业发展方式的政策建议。杜玲等[90]采用实地调研方法，利用博弈论模型对北京市农业生态补偿政策的执行力度进行评价。另一种碳汇补偿的重要方式是市场补偿，研究大多集中在碳排放权模型方面，目前比较认可的分配模型有四种：平等人均权利模型[91][92]、自然债务模型[93]、基于文化观点的分配模型[94]、能源需求模型[95]。中国碳补偿研究的重点是农业碳汇价值的实现路径和碳交易市场的研究[96][97][98]。在实践中，农业碳补偿在农业生态补偿中也有提及，如粮食补贴、退耕还林、退耕还草、三北防护林建设等，但在政府补偿中只是农业生态补偿的附属。在市场补偿方面，碳市场补偿发展缓慢，以森林资源补偿为主。目前，中国的 CDM 项目大多为森林项目，国内碳交易试点市场主要针对农业中的森林碳汇。在中国，四川、陕西和新疆也开展了土壤试验配方施肥、滴灌等农业温室气体减排自愿交易项目。

随着世界各国开展农业生态补偿，作为最大的发展中国家，中国从 20

世纪 80 年代初开始探索生态补偿，并从 90 年代开始试点。生态补偿最早由我国 Ge Y 等[107]学者提出，并提出了建立和完善生态补偿机制的 5 个原则，包括公平正义原则、责任对等原则、灵活性和有效性原则、"专项资金、依法执行"原则、政府补偿与市场补偿相辅相成的原则，为生态补偿机制的研究奠定了坚实的基础。从 20 世纪 90 年代开始，我国便开始农业生态补偿机制的实施。生态补偿机制的研究有了很大的进展，但是仍有不足之处。陈诗华、王玥、王洪良等[108]基于对欧盟和美国这些农业生态补偿机制较完善的国家的措施和经验的研究，针对我国当前生态补偿机制的不足之处提出了若干建议。我国学者刘桂环、王夏晖等[109]通过对我国近 20 年生态补偿相关文献资料的统计与整理，从政策变迁的角度研究我国生态补偿研究的发展进程，研究得出我国生态补偿的研究受政策导向的影响，未来需要生态补偿研究更加创新、多元和立体。刘芮琳、袁国华和张志敏[110]通过分析英、德国家生态补偿机制的做法和经验，结合我国目前状况，提出了一系列对我国生态补偿机制的启示。当前我国一部分学者较多从生态资源的角度出发，研究某一特定资源的保护措施，较少将"低碳农业"和"生态补偿机制"两个目标联系起来加以研究，低碳农业生态补偿机制的地位没有明确[111]。

1.3.5 灰色模型研究

为了解决"贫信息、少数据"多变量不确定系统的分析、建模、预测与控制问题，Deng[112]提出了多变量灰色 GM（1，N）模型。众多学者从不同侧面对传统 GM（1，N）模型进行了改进：一是 GM（1，N）模型的性质研究；二是 GM（1，N）模型背景值优化研究；三是 GM（1，N）模型结构优化研究；四是 GM（1，N）模型应用研究。

针对 GM（1，N）模型的性质进行分析是优化改进的前提和基础，目前有众多研究对 GM（1，N）模型进行研究。刘殿国和徐兵[113]证明了累加处理将产生多重共线性，并且用岭估计法改进了 GM（1，N）模型。王忠文等[114]在此基础上进一步探讨 GM（1，N）模型的病态矩阵的产生，并用主成分估计法进行改进。仇伟杰和刘思峰[115]通过对 GMC（1，N）模型的建模机理进行深入剖析，采用状态转移矩阵研究 GM（1，N）模型的离散化结构解。谢乃明和刘思峰[116]研究了数乘变换对 GM（n，h）模型参数取值的影响，结果表明因变量的数乘变换对模型结果有影响，而自变量的变换不影响 GM（n，h）模型预测。

针对 GM（1，N）模型背景值的构造会对预测效果产生较大的影响，何满喜和王勤[117]用数值积分算法提出了基于 Simpson 公式建立 GM（1，N）预测模型的新算法以优化背景值。Wang 等[118]通过增加插值系数优化背景值，提高了 GMC（1，N）的建模精度。Wu 和 Zhang[119]通过赋予数据不同的权重，提出具有新信息优先积累的 GM（1，N）模型。Zeng 等[120]建立了具有动态背景值系数的 OGM（1，N）模型。Ding 等[121]将 Simpson 规则引入背景值，有效地整合 GMC（1，N）模型的函数积分。詹棠森等[122]通过分析灰微分方程的建模机理，在系数矩阵中引入参数，得到含有引入参数的参数列，把参数列代入时间响应函数建立了参数优化 GM（1，N）模型。

针对 GM（1，N）模型结构优化，黄继[123]考虑了多变量贫信息不确定系统的延迟性和时间变化，提出灰色多变量 GM（1，N｜T，r）模型，并用粒子群优化算法求解。毛树华等[124]将时滞参数引入 GM（1，N）模型，并采用分数阶累加建立 GM（1，N）模型。Tien[125]引入灰色控制参数建立 GMC（1，N）模型，利用卷积积分算法优化参数，从而求解模型的模拟预测值。Ma 等[126]提出了离散 GM（1，N）模型精确预测油田产量。针对传统 GM（1，N）模型结构缺陷，Zeng 等[127]在传统 GM（1，N）模型的基础上增加了因变量滞后项、线性修正项和随机扰动项。这些结构改进在改进 GM（1，N）模型的性能方面发挥了重要作用。

为了能够反映相关因素与系统行为因素之间的非线性关系，传统的多变量模型被进一步扩展到多变量幂模型，王正新[128]首次提出 GM（1，N）幂模型，推导出其参数求解公式，给出 GM（1，N）幂模型的派生模型，并通过数值模拟和实际案例的应用加以分析说明。Wang 等[129]发展了非线性灰色多变量模型 NGM（1，N），并进一步变换了原模型方程的求解过程以减少误差。Ma 等[130][131]基于核方法提出了一种新的非线性多元灰色模型（KGM（1，N）模型），并将伯努利方程引入到 GMC（1，N）模型中，提出了非线性灰色伯努利模型（NGBM（1，N）模型）。Ding 等[132]考虑变量的非线性变化，设计了一种新的离散灰色幂模型，并利用该模型估算了与能

源相关的 CO_2 排放。

在 GM（1，N）模型的应用方面，周慧秋[133]利用灰模型 GM（1，N）方程对未来 15 年东北地区及分省的粮食综合生产能力进行了预测。段婕和林伟[134]建立动态 GM（1，N）模型预测我国社会保障水平对各经济变量之间的动态影响。罗党和秦嘉欣[135]采用混频 GM（1，N）模型来模拟因旱灾导致的粮食产量损失与降水量、气温和播种面积之间的响应关系。改进的非线性优化 GM（1，N）模型预测精确最高。付泽伟等[136]利用非线性优化 GM（1，N）模型预测海晏县未来不同时期生活需水量，并从人口自然增长率、城镇化建设和外来人口迁移三个方面分析了海晏县 2020—2035 年城镇需水量过快增长的原因。陈玉飞等[137]提出了一种考虑多种影响因素的 GM（1，N）预测模型，并将该模型应用于我国道路交通事故的预测。张开智等[138]建立 GM（1，5）预测模型，用于我国生姜种植面积的预测。黄莺和张筠汐[139]通过灰色关联分析找出关键影响因素，采用 GM（1，N）模型预测京东成交金额。谢康等[140]结合新陈代谢理论与马尔可夫理论，构建了新陈代谢马尔可夫 GM（1，N）模型，以微博热搜事件为例，对舆情发展走向进行了预测。

但 GM（1，N）模型仍然在建模机理、模型参数和结构上存在一定的缺陷[141]，翟军等[142]第一次提出了多变量灰色预测模型 MGM（1，m）。与传统的 GM（1，1）模型和 GM（1，N）模型相比，MGM（1，m）模型作为多变量灰色模型 GM（1，N）的推广形式，不再仅考虑单个变量，而是对多个变量的系统描述，它反映了各变量之间相互影响、相互制约的关系，并且有较好的预测性能。自 MGM（1，m）模型提出以来，已应用于许多领域[143][144][145][146]。

在后续的发展过程中，许多学者从初始值、背景值、建模机制和模型性质等不同方面对 MGM（1，m）模型进行了深入研究和扩展：夏卫国等[147]将各原始序列的第 n 个分量组成的向量作为模型的初值，对传统多变量 MGM（1，m）模型的初始条件进行优化。Zou 等[148]应用逐步优化的新信息建模方法构建多变量非等距新信息灰色模型 MGM（1，n）的新信息背景值。Wang 等[149]引入 Simpson 公式和 Boolean 公式优化 MGM（1，m）模型的背景值。熊萍萍等[150]根据 MGM（1，m）模型和 GM（1，N）模型两个模型的特点，构建了多因素变量影响下模拟预测多个系统行为变量的MGM（1，m，N）模型。罗党等[151]提出一类离散多变量 MGM（1，m）模型的优化模型。Wang 等[152]探讨非齐次多变量灰色预测 NMGM（1，m，k（alpha））模型的建模机制及其应用。周伟杰等[153]从系统中关联变量具有趋同性这一特征出发，提出一种新的向量多变量灰色预测模型（VGM（1，m））。

此外，考虑到组合模型能够更好地整体综合和把握数据的全部信息，学者们还将 MGM（1，m）模型与其他方法理论相结合，Wang 等[154]提出非线性灰色模型 - 自回归综合移动平均模型（MNGM - ARIMA），使用线性模型来校正非线性预测，有效地整合了线性和非线性模型的优点。Guo 等[155]将动力系统自忆性原理引入多变量灰色预测模型，该模型有机耦合了自忆性原理与传统 MGM（1，m）模型的优势。熊萍萍等[156]利用卡尔曼滤波消除数据的噪声误差，根据 MGM（1，m）模型对处理后的数据建模，再通过多维 AR（p）模型进行分析，得到基于卡尔曼滤波的 MGM - 多维 AR（p）模型的模拟预测值。

1.3.6　研究现状评述

以往文献中，学者对农业碳排放在碳排放测算方法方面的研究较为分散且研究较少，并对影响农业碳排放的影响因素考虑不够全面。随着农业政策的不断变化或农业结构的不断更新，过去几年农业碳排放具有较高的不确定性，建模数据量有限，另外，碳排放问题的来源和成因较为复杂，尤其是受到经济发展、能源、技术、人口、城镇化等众多因素的影响，并且该影响作用强度未知、互动关系不确定，进而导致碳排放呈现出非线性、波动性特征。

针对农业碳排放问题的研究，学者们多采用中长期的统计数据建立模型并进行数据分析，在一定程度上解决了农业碳排放测度、农业碳排放结构变化、农业碳排放预测等方面问题。近年来随着我国发展步伐加快，同一因素的数值往往在几年中会发生量级的变化，近期短数据对现状的解释作用和未来发展的预测作用明显比中长期数据更大，因而以上模型方法得到的结论存在时间上的局限性。目前已有的少数运用灰色建模技术研究农业碳排放的文献，虽考虑了短序列信息的问题，但鲜少考虑农业碳排放问题中存在的区域性和复杂性等非线性变化特征，需要进一步研究新的建模方法对农业碳排放进行分析。丁松等[157]和王正新[158]将驱动因素的交叉项引入 GM（1，N）模型中，以刻画不同驱动因素之间的交互作用对系统特征因素的影响，但却未考虑系统行为序列与相关因素序列之间的交互效应。

尽管中国是世界上最大的碳排放国，但很少有研究考察中国农业部门的碳排放、能源消耗和经济增长之间的关系。因此，为确保农业的可持续发展，有必要研究农业部门的碳排放、能源消耗与经济增长之间的关系。虽然能源消耗、CO_2 排放和经济增长之间的关系被广泛讨论，但结果仍然是结论性的，并没有考虑它们之间的相互作用关系。

通过农业碳排放与经济、能源之间的关系，为了进一步降低农业碳排放，政府补偿和市场补偿不可对立，是相辅相成的。政府补偿可以作为主要补偿方式在很长一段时间内存在，也可以让位于市场补偿，政府作为"看得见的手"，主要起监督和管理作用。但是在对农业碳补偿方面的研究上，对森林碳汇交易和补偿研究较多，狭义农业方面的研究很少。对于碳交易市场的补偿方式探讨较多，对政府补偿的探讨较少，对生态补偿方面的探讨不够全面。

我国农业碳减排路径的研究大多是从政策、法律法规和市场机制建设方面提出与农业温室气体碳减排相匹配的体系化建设路径。农业采用固碳减排的方法主要分为两类，一类是通过减少农田土壤的碳分解来提高土壤固碳能力；一类是通过提高农作物产量使固碳量增加。尽管相关研究不断进行，已经涉及了农业碳循环、固碳减排路径、减排技术及其机理等多个方面，但是中国特色农业碳减排的道路仍然崎岖难行，这是基础性研究和技术研发工作不足导致的必然结果。

1.4　研究内容和技术路线

1.4.1　主要研究内容

本书根据中国农业碳排放的发展现状，采用我国农牧业生产的统计数据，测算 2000—2020 年我国农业的碳排放量，对我国农业碳排放进行时空差异特征分析和影响因素的动态分析，并根据测算结果进行预测，探究能源消耗、经济增长和农业碳排放之间的相互作用关系，本研究主要内容安排如下：

（1）我国农业碳排放影响因素研究

选取内部因素包括农地利用、水稻种植、农作物种植和畜牧养殖以及外部因素农业经济水平、农业产业结构、人口城镇化率、农村人均可支配收入、农业机械化程度和农村用电量，采用中国 2001—2020 年的农业碳排放及其影响因素的数据，利用灰色动态关联分析模型对影响农业碳排放的内部和外部影响因素进行分析。首先对不同时间上的农业碳排放影响因素进行差异性分析，比较不同时间段各因素的大小。再从静态和动态两方面对碳排放影响因素之间的差异性进行比较分析。

（2）我国农业碳排放时序特征分析

本研究将农业碳排放的碳源分为农地利用、水稻种植、农作物种植和畜牧养殖四类，分析碳排放源的使用量，对每类碳源给出了具体的碳排放量测算公式，然后对 2000—2020 年中国碳排放现状和时序特征进行详细分析。

（3）我国农业碳排放预测

在传统 Verhulst 模型的基础上，构建新型时变灰色 Riccati 模型 TGRM（1，1）对我国农牧业碳排放进行预测，该模型通过引入时变参数和随机扰动项，反映参数随时间的变化，从微分信息原理出发，求解 TGRM（1，1）模型的差分方程，使预测具有较高的灵活性。构建时变非线性多变量灰色 TVNGM（1，N）模型，对于趋势变化明显的农业碳排放数据建立小样本的预测模型，通过筛选驱动因素后采用灰色系统预测模型对未来的农业碳总量进行预测。新模型能够反映相关因素与农业碳排放序列的非线性关系以及参数随时间的变化，选用实例对模型进行验证，并用新型模型预测中国农业碳排放，有效分析我国碳排放趋势。

（4）农业经济增长、能源消耗、碳排放关系及协调分析

从原始的 MGM（1，m）模型出发，将多群体 Lotka‐Volterra 模型与 MGM（1，m）模型相结合，构建基于 Lotka‐Volterra 理论的多变量灰色预测模型（LVMGM（1，m））及其直接建模模型的分析框架，利用 2000—2020 年中国农业碳排放的时间序列数据，论证在不同的发展阶段下农业经济增长、农业能源消耗与农业碳排放之间的影响，有效识别农业经济增长、

农业能源结构转型和农业碳排放的发展阶段特征。LVMGM（1，m）模型从变量自身的变化特征和变量间的交互作用两个角度出发，通过引入因素的非线性变化趋势项及变量之间的交互作用项，使得变量之间的相互作用关系考虑更加充分，并进一步运用系统动力学的方法研究农业经济增长、农业能源消耗、农业碳排放三者之间的协调关系，绘制三者之间的因果回路图，分析因果回路图的作用机理分析，探讨农业经济增长、农业能源消耗、农业碳排放三者间相互影响的有机整体及协调方法。

（5）农业碳减排博弈分析及补偿机制研究

我国低碳农业在实际推广过程中遇到很多问题，尤其是低碳农业实践中涉及的参与主体之间存在的诸多利益矛盾，严重制约着低碳农业的发展，减少农业碳排放的关键是措施是否得到有效实施。本书将低碳农业的两个主要利益主体政府、农户纳入分析框架，运用博弈方法分析政府与农户在碳排放过程中的博弈行为，探讨由传统农业生产方式转向低碳生产的过程中，各方的决策行为如何相互作用。在博弈分析的基础上，鉴于我国低碳农业生态补偿机制的研究具有理论基础体系尚不完善，低碳农业生态补偿研究方法较为传统、模型的创新性较为缺乏，区域之间的协调度较低等问题，本书通过ISM模型探索"补偿体系-区域协调-法律政策-公众意愿"四个维度的分析框架，加强对模型的创新研究，探究低碳农业生态补偿体系实施的影响体系，为农业低碳减排措施的有效实施提供参考。

（6）减排路径设计及政策建议

在前面几章研究分析的基础上，根据各省份地域的农业碳排放情况，设计我国农业碳排放的减排路径，分析各减排方案，选择促进地方减排的指标，以政府目标减排方案为靶心，建立灰色多属性灰靶决策，对农业碳排放减排方案进行评价，选择不同的减排方案，提出适合各地区的农业碳减排方法，为我国区域联合减排提供理论基础。

1.4.2 研究方法和技术路线

本书以实际问题为导向，围绕时变灰色预测模型、动态灰色综合关联度模型、时变非线性多变量灰色预测模型、时变灰色 Riccati 模型、情景预测、系统动力学模型、演化博弈模型开展相关研究。首先对农业碳排放量进行测度，在此基础上探讨农业碳排放的时空特征，分析各影响因素的非线性变化趋势、扰动性，通过研究这些模型的建模机理、参数优化与改进等内容构建新型灰色预测模型，并用改进的模型分析农业碳排放，并对农业经济增长和农业能源消耗的年均变化率设定了低速情景、中速情景、高速情景三个静态情景，构建灰色系统模型预测农业碳排放。准确的碳排放对我国制定碳排放政策，提高环境质量、发展生态农业、优化农业产业结构具有重要的理论和实践意义。通过引入因素的非线性变化趋势项及变量之间的交互作用项，构建灰色多变量模型研究农业碳排放、经济增长和能源消耗之间的关系。构建经济增长-能源消耗-农业碳排放协调发展的系统动力学模型，剖析系统间的内在联系以及政策管控的外部冲击。分析农业碳排放的动力，建立碳减排生态补偿机制的解释结构模型，绘制具有我国特色的温室气体减排路径方案。对于把握现阶段中国农业转型过程，实现农业生态环境质量保障下我国低碳农业发展与农业经济增长的良性互动，探索农业绿色发展路径提供一个有借鉴意义的理论分析框架。

本书的技术路线如图 1－3 所示。

1.5　主要创新点

（1）在碳排放测算方法上，鉴于现阶段对农业碳排放研究较为分散且研究较少，本研究在清单编制上，将水稻种植产生的 CH_4，主要农作物种植过程中产生的 N_2O，牲畜养殖过程中因肠道发酵和粪便管理产生的 CH_4 和 N_2O，以及在农地利用过程中投入的化肥、农药、农膜、柴油产生的碳排放纳入测算体系中来计算我国农牧业碳排放，农牧业碳排放的碳源相对较为全面。

（2）影响农业碳排放的因素涉及经济、技术、环境和人口等诸多方面，各因素对农业碳排放的影响并不全是线性的，还存在非线性影响，本书将农业碳排放影响因素分解为内部和外部两方面，运用灰色综合关联度模型从静态和动态维度，对碳排放空间驱动因素的差异性进行分析。同时，考虑中国经济五年期规划周期的特点，以五年作为间隔长度向后推进考察各影响因素对农业碳排放的动态影响。

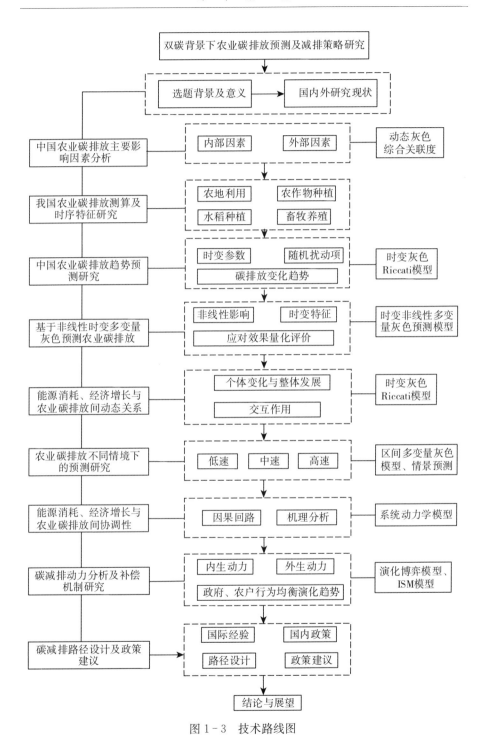

图 1-3　技术路线图

（3）随着农业政策的不断变化或农业结构的不断更新，过去几年农业碳排放具有较高的不确定性，建模数据量有限。另外，碳排放问题的来源和成因较为复杂，尤其是受到经济发展、能源消费、城镇化等众多因素的影响，并且该影响作用强度未知、互动关系不确定，进而导致碳排放呈现出非线性、波动性特征。因此，构建时变 Riccati 灰色模型和时变非线性多变量灰色预测模型，有效分析我国碳排放趋势，预测农业碳排放，对于政府相关部门如期实现碳减排目标和调整碳减排政策具有重要意义。

（4）尽管中国是碳排放大国，但很少有研究考察中国农业部门的碳排放、能源消耗和经济增长之间的关系。而为确保农业的可持续发展，有必要研究农业部门碳排放、能源消耗与经济增长之间的关系。本书在 GM（1，N）模型的基础上，针对 GM（1，N）模型结构、参数评估等方面的缺陷，深入思考因素的自身增长率、非线性变化趋势以及因素间的交互作用关系，构造一种基于 Lotka - Volterra 理论的多变量灰色预测模型，在该模型中引入非线性趋势项及交互作用项，以结合系统整体发展和个体变化改进模型结构。基于 Lotka - Volterra 理论的多变量灰色模型研究三者之间可能存在的双向关系以及两两之间的线性与非线性关系，并用系统动力学分析了三者的协调关系。扩大了灰色预测模型的理论研究，也使农业碳排放增加了科学有效的研究方法。

（5）农业碳减排博弈分析及补偿机制研究。我国低碳农业在实际推广过程中遇到很多问题，尤其是低碳农业实践中涉及的参与主体之间存在的诸多利益矛盾，严重制约着低碳农业的发展。减少农业碳排放的关键是措施是否得到有效实施，本书将低碳农业的两个主要利益主体政府、农户纳入分析框架，运用博弈方法分析政府与农户在碳排放过程中的博弈行为，探讨由传统农业生产方式转向低碳生产的过程中，各方的决策行为如何相互作用，为农业低碳减排措施的有效实施提供参考。在博弈分析的基础上，鉴于我国低碳农业生态补偿机制的研究具有理论基础体系尚不完善，低碳农业生态补偿研究方法较为传统、模型的创新性较为缺乏，区域之间的协调度较低等问题，本书通过 ISM 模型探索"补偿体系-区域协调-法律政策-公众意愿"四个维度的分析框架，加强对模型的创新研究，探究低碳农业生态补偿体系实施的影响体系。

第2章 农业碳排放影响因素分析

科学技术的快速进步以及农业现代化的迅猛发展，使得农业生产技术在不断提高的同时，农产品产量逐年增加，人们对食品的要求也越来越高。这也就要求农业碳排放对社会环境的不利影响逐步降低。因此，明确是何种因素对农业碳排放有显著性影响就显得尤为重要。对其影响因素进行分解，准确把握各个因素对碳排放的影响对国家制定农业生产政策有重要意义，也可以为国家制定碳减排政策提供依据。

影响农业碳排放的因素涉及经济、技术、环境和人口等诸多方面，各因素对农业碳排放的影响并不全是线性的，还存在非线性影响，而灰色关联分析方法是根据序列曲线的几何相似程度或曲线相对于初始点的变化速率形状来确定关联度的方法，适用于非线性问题的分析，而且灰色关联度计算简单，原理清晰，步骤规范。关联度的大小表明影响因素对目标的影响程度，所以本章采用此方法去分析农业碳排放与其影响因素之间的关系。同时，考虑中国经济五年期规划周期的特点，以五年作为间隔长度向后推进考察各影响因素对农业碳排放的动态影响。

2.1 我国农业碳排放影响因素

参考已有研究成果[32][33][34][35][36][37][38][39]并根据碳排放特点和数据的可得性，本章从农业经济规模、产业结构、技术水平、要素投入、农村能源消费等方面考量，对影响因素的选择考虑如下。

2.1.1 农业经济水平

农业经济发展是驱动碳排放的主要因素，但其是否会引起碳排放量的增长取决于经济发展质量与阶段。随着农业经济的不断发展，不同阶段的人均农业生产总值提高也会直接促进农业生产规模的扩大。而农业生产规模的扩大，会促进能源需求增加，从而促进农业碳排放不断增加。因此经济水平可以用人均农业生产总值来表示，即农业生产总值与农村总人口之比。

2.1.2 农业产业结构

农业由种植业、林业、畜牧业和渔业等四大产业部门构成。由于各自产业特征存在差异，其碳排放水平必然会有所区别，为此产业结构变化在一定程度上也会对农业碳排放产生影响。农业中种植业和畜牧业又占有很大比重，且碳排放量较大，对农业碳排放的影响取决于占主导的农业部门，所以不能忽视农业产业结构对碳排放的影响。在此对比林业、渔业，农业和畜牧业贡献了碳排放的主要份额，因此用农牧业在农林牧渔产值中的比重作为衡量标准。

2.1.3 人口城镇化率

近年来，随着社会经济水平的不断提升，我国城市化进程明显加快，一定程度上也对农业生产部门产生了影响。一方面，城镇化进程推动了农村劳动力向城市流动，促进了农业生产的集约化、规模化。规模化农业意味着能源消耗的增加，间接影响农业碳排放；另一方面，城镇化水平的提升必然会导致城市规模的扩大，在这过程中农业用地会受到一定冲击，种植业生产由此受到影响，客观上也会导致碳排放量的减少。为此，有必要将城镇化水平（即城镇人口占总人口的比重）作为农业碳排放的影响因素之一。

2.1.4 农村人均可支配收入

经济发展水平一定程度上决定农业发展高度、反映农民日常生活水准，因此它是呈现农业农村发展水平的重要指标。一般而言，经济水平越高的地区，农业生产会倾向于资本密集型而非劳动力密集型，农用物资投入量相对较高，客观上会导致温室气体排放绝对数量的增加；但同时，农资投入的增加会有助于农业现代化步伐的加快，进而使得农业产出水平得到提升。因此，本章将探讨农民人均纯收入对农业碳排放的影响。

2.1.5　农业机械化程度

农业机械化指机器完成的工作量占农业生产总工作量的比例。不同时期农业机械化程度的对比分析可以说明农业机械化程度。而农业技术进步不仅包括农业生产过程中的技术发展，也包括农业生产经营、管理、销售等环节中的新技术不断代替旧技术的过程，为便于表示我们采用农业机械总动力代替农业机械化。

2.1.6　农村用电量

农村能源消耗反映了地区经济水平与环保意识。"低能耗"是指农业生产过程中要尽量减少化石能源的消耗，是低碳农业的显著特点之一。之所以要降低农业生产过程中的能源消耗，一是可以降低农业生产的成本，二是能够减少由于能源消耗所带来的温室气体的排放，三是可以有效地节约不可再生资源的使用。农业农村发展离不开电力的有力支持，如农业灌溉活动在很大程度上会对电能产生依赖；另外，随着农业现代化步伐的加快，电能也正逐步取代以柴油为代表的农用能源，成为农业生产的重要动力支撑。因此，选择农村用电量这个因素作为农业能源使用方面对低碳农业发展的影响因素。

2.2　灰色关联分析模型

灰色关联分析是一种多因素统计方法，是灰色系统理论的一个重要分支。与传统的多因素统计方法（回归分析、方差分析）相比。灰色相关分析对样本数量和样本是否有明显规律的要求较低，计算量小，因此通常不会出现量化结果与定性分析结果不符的情况，因此应用范围很广。其基本思想是通过计算主因素序列与各行为因素序列之间的灰色关联度来判断因素之间关系的强弱、大小和顺序。主因子序列与行为因子序列的灰色关联度越大，它们的关系越密切，行为因子序列对主因子序列的影响越大，反之亦然[159]。常用的灰色关联模型主要有灰色绝对关联度、灰色相对关联度、灰色综合关联度三种，下面一一介绍。

2.2.1　灰色绝对关联度

（1）设参考序列 $\boldsymbol{X}_0$ 和比较序列 $\boldsymbol{X}_i$ 长度相同，且为 1-时距序列，其中：

$$\boldsymbol{X}_0 = \{x_0(1), x_0(2), \cdots, x_0(n)\}$$

$$\boldsymbol{X}_i = \{x_i(1), x_i(2), \cdots, x_i(n)\}$$

（2）对参考序列 $\boldsymbol{X}_0$ 和比较序列 $\boldsymbol{X}_i$ 进行初始化，得到参考序列 $\boldsymbol{X}_0$ 和比较序列 $\boldsymbol{X}_i$ 的始点零化像分别为：

$$\boldsymbol{X}_0^0 = \{x_0(1) - x_0(1), x_0(2) - x_0(1), \cdots, x_0(n) - x_0(1)\}$$

$$\boldsymbol{X}_i^0 = \{x_i(1) - x_i(1), x_i(2) - x_i(1), \cdots, x_i(n) - x_i(1)\}$$

其中，$x_0(k), k = 1, 2, \cdots, n$ 为参考序列 $\boldsymbol{X}_0$ 的第 k 个函数值；$x_i(k), k = 1, 2, \cdots, n$ 为比较序列 $\boldsymbol{X}_i$ 的第 k 个函数值。

设 $x_0^0(k)$ 为参考序列 $\boldsymbol{X}_0$ 第 k 个函数值的始点零化像，$x_i^0(k)$ 为比较序列 $\boldsymbol{X}_i$ 第 k 个函数值的始点零化像，则参考序列 X_0 和比较序列 $\boldsymbol{X}_i$ 的始点零化像记为：

$$\boldsymbol{X}_0^0 = \{0, x_0^0(2), \cdots, x_0^0(k), \cdots, x_0^0(n)\}$$

$$\boldsymbol{X}_i^0 = \{0, x_i^0(2), \cdots, x_i^0(k), \cdots, x_i^0(n)\}$$

（3）计算 $|s_0|$、$|s_i|$ 和 $|s_0 - s_i|$，有：

$$|s_0| = \left| \sum_{k=2}^{n-1} x_0^0(k) + \frac{1}{2} x_0^0(n) \right| \tag{2.1}$$

$$|s_i| = \left| \sum_{k=2}^{n-1} x_i^0(k) + \frac{1}{2} x_i^0(n) \right| \tag{2.2}$$

$$|s_0 - s_i| = \left| \sum_{k=2}^{n-1} (x_0^0(k) - x_i^0(k)) + \frac{1}{2} (x_0^0(n) - x_i^0(n)) \right| \tag{2.3}$$

（4）计算序列 $\boldsymbol{X}_0$ 和 $\boldsymbol{X}_i$ 的灰色绝对关联度 ε_{0i} 为：

$$\varepsilon_{0i} = \frac{1 + |s_0| + |s_i|}{1 + |s_0| + |s_i| + |s_0 - s_i|} \tag{2.4}$$

2.2.2　灰色相对关联度

（1）对参考序列 X_0 和比较序列 X_i 进行初值化，得到参考序列 X_0 和比较序列 $\boldsymbol{X}_i$ 的初值像分别为：

$$\boldsymbol{X}'_0 = \left\{ \frac{x_0(1)}{x_0(1)}, \frac{x_0(2)}{x_0(1)}, \cdots, \frac{x_0(n)}{x_0(1)} \right\}$$

$$\boldsymbol{X}'_i = \left\{ \frac{x_i(1)}{x_i(1)}, \frac{x_i(2)}{x_i(1)}, \cdots, \frac{x_i(n)}{x_i(1)} \right\}$$

其中，$x_0(k), k = 1, 2, \cdots, n$ 为参考序列 X_0 的第 k 个函数值；$x_i(k), k = 1, 2, \cdots, n$ 为比较序列 X_i 的第 k 个函数值。

设 $x'_0(k)$ 为参考序列 X_0 第 k 个函数值的初值化的值，$x'_i(k)$ 为比较序列 X_i 第 k 个函数值初值化的值，则参考序列 X_0 和比较序列 X_i 的初值化像记为：

$$\boldsymbol{X}'_0 = \{1, x'_0(2), \cdots, x'_0(k), \cdots, x'_0(n)\}$$

$$\boldsymbol{X}'_i = \{1, x'_i(2), \cdots, x'_i(k), \cdots, x'_i(n)\}$$

（2）对序列 $\boldsymbol{X}'_0$ 和 $\boldsymbol{X}'_i$ 进行始点零化操作，分别得到 $\boldsymbol{X}'_0$ 和 $\boldsymbol{X}'_i$ 的始点零化像为 $\boldsymbol{X}'^0_0 = \{1, x'^0_0(2), \cdots, x'^0_0(k), \cdots, x'^0_0(n)\}$ 和 $\boldsymbol{X}'^0_i = \{1, x'^0_i(2), \cdots, x'^0_i(k), \cdots, x'^0_i(n)\}$，其中，$x'^0_0 = x'^0_0(k) - x'^0_0(1), x'^0_i = x'^0_i(k) - x'^0_i(1), k = 1, 2, \cdots, n$。

（3）计算 $|s'_0|$、$|s'_i|$ 和 $|s'_0 - s'_i|$，有：

$$|s'_0| = \left| \sum_{k=2}^{n-1} x'^0_0(k) + \frac{1}{2} x'^0_0(n) \right| \tag{2.5}$$

$$|s'_i| = \left| \sum_{k=2}^{n-1} x'^0_i(k) + \frac{1}{2} x'^0_i(n) \right| \tag{2.6}$$

$$|s'_0 - s'_i| = \left| \sum_{k=2}^{n-1} (x'^0_0(k) - x'^0_i(k)) + \frac{1}{2} (x'^0_0(n) - x'^0_i(n)) \right| \tag{2.7}$$

（4）计算序列 $\boldsymbol{X}_0$ 和 $\boldsymbol{X}_i$ 的灰色相对关联度 γ_{0i} 为：

$$\gamma_{0i} = \frac{1 + |s'_0| + |s'_i|}{1 + |s'_0| + |s'_i| + |s'_0 - s'_i|} \tag{2.8}$$

2.2.3　灰色综合关联度

参考序列 X_0 和比较序列 X_i 的灰色综合关联度为：

$$\rho_{0i} = \theta\varepsilon_{0i} + (1-\theta)\gamma_{0i} \qquad (2.9)$$

其中，$\theta \in (0,1)$，通常取 $\theta = 0.5$。

2.3　农业碳排放影响因素动态分析

农业碳排放的影响因素既有内部因素，也有外部因素（表2-1）。内部因素包括农地利用、水稻种植、农作物种植和畜牧养殖四部分。外部因素由农业经济水平、农业产业结构、人口城镇化率、农村人均可支配收入、农业机械化程度和农村用电量组成，则可计算出农业碳排放与内部和外部影响因素的关联度。

从静态角度来看，2001—2020年四个"五年"规划周期，对农业碳排放的影响因素按重要性排序为：畜牧养殖＞农地利用＞农村用电量＞水稻种植＞农作物种植＞农业产业结构＞农业机械化程度＞人口城镇化率＞农村人均可支配收入＞农业经济水平。其中：内部因素对农业碳排放影响的关联度排序为：畜牧养殖＞农地利用＞水稻种植＞农作物种植。外部影响因素的关联度排序为：农村用电量＞农业产业结构＞农业机械化程度＞人口城镇化率＞农村人均可支配收入＞农业经济水平。

从动态角度来看，在2001—2005年期间，四个内部因素和六个外部因素对农业碳排放的灰色综合关联度均在0.70以上，但对农业碳排放影响的差别较大，畜牧养殖的关联度达到了0.90以上，但人口城镇化率最低为0.70。而到"十一五"期间，除人口城镇化率对农业碳排放影响的重要性无变化外，农地利用、农作物种植、畜牧养殖、农业产业结构有微弱的上升，但其余因素的重要性都有显著下降。但在2011—2015年期间，内部因素除农地利用外，其余因素对农业碳排放影响的重要性都有所降低，外部因素除农业产业结构有小幅下降外，其余外部因素均有所增加（表2-2）。

从各影响因素对农业碳排放影响力的长期趋势来看，除农地利用变动不大外，其余因素对农业碳排放影响的重要性都有不同程度的上升和下降，上升比较明显的因素是农业经济水平、人口城镇化率和农业机械化程度。四个内部因素在"十三五"期间对农业碳排放的灰色综合关联系数较 2001—2005 的第十个五年规划期间除农地利用上升了 0.01 外，其余三个因素分别下降了 0.05、0.02 和 0.06。在六个外部因素中，除农业产业结构和农村用电量在"十三五"期间比"十五"期间有所下降外，其余因素分别上升了 0.04、0.04、0.01 和 0.11。

表 2 - 1　2001—2020 年中国农业碳排放内外部影响因素数据

年份	农业总产值（亿元）	农村总人口（万人）	畜牧业（亿元）	农林牧渔产值（亿元）	城镇化率（%）	农村人均可支配收入（元）	农业机械总动力（万千瓦）	农村用电量（亿千瓦时）
2000	13 873.6	80 837	7 393.1	24 915.8	36.22	2 282.1	52 573.6	2 421.3
2001	14 462.8	79 563	7 963.1	26 179.6	37.70	2 406.9	55 172.0	2 610.8
2002	14 931.5	78 241	8 454.6	27 390.8	39.09	2 528.9	57 929.9	2 993.4
2003	14 870.1	76 851	9 538.6	29 691.6	40.53	2 690.3	60 386.5	3 432.9
2004	18 138.4	75 705	12 173.8	36 239.0	41.76	3 026.6	64 028.0	3 933.0
2005	19 613.4	74 544	13 310.8	39 450.9	42.99	3 370.0	68 397.8	4 375.7
2006	21 522.3	73 160	12 083.9	40 810.8	44.34	3 731.0	72 522.1	4 895.8
2007	24 444.7	71 496	16 068.6	48 651.8	45.89	4 327.0	76 589.6	5 509.9
2008	27 679.9	70 399	20 354.2	57 420.2	45.68	4 998.8	82 190.4	5 713.2
2009	29 983.8	68 938	19 184.6	59 311.3	48.30	5 435.1	87 496.1	6 104.4
2010	35 909.1	67 113	20 461.1	67 763.1	49.68	6 272.4	92 780.5	6 632.3
2011	40 339.6	64 989	25 194.2	78 837.0	51.27	7 393.9	97 734.7	7 139.6
2012	46 940.5	63 747	26 491.2	86 342.2	52.57	8 389.3	102 559.0	7 508.5
2013	51 497.4	62 224	27 572.4	96 995.3	53.73	9 429.6	103 906.8	8 549.5
2014	54 771.5	60 908	27 963.4	102 226.1	54.77	10 488.9	108 056.0	8 884.4
2015	57 635.8	59 024	28 649.3	107 403.4	56.10	11 421.7	111 728.1	9 026.6
2016	55 659.9	57 308	30 461.2	106 478.7	57.35	12 363.4	97 245.6	9 238.3
2017	61 720.2	55 668	29 361.2	114 653.1	58.50	13 432.4	98 783.9	9 524.4
2018	61 452.6	54 108	28 697.4	113 579.5	59.58	14 617.0	100 371.7	9 358.5
2019	66 066.5	52 582	33 064.3	123 967.9	60.60	16 020.7	102 758.3	9 482.9
2020	71 748.2	50 992	40 266.7	137 782.2	63.89	17 131.5	105 622.1	9 717.2

表 2-2　2001—2020 年中国农业碳排放内外部影响因素动态变化

	影响因素	2001—2005 年	2006—2010 年	2011—2015 年	2016—2020 年
内部因素	农地利用	0.83	0.86	0.86	0.84
	水稻种植	0.80	0.75	0.72	0.75
	农作物种植	0.73	0.75	0.74	0.71
	畜牧养殖	0.91	0.92	0.81	0.85
外部因素	农业经济水平	0.72	0.66	0.67	0.76
	农业产业结构	0.73	0.75	0.73	0.71
	人口城镇化率	0.70	0.70	0.71	0.74
	农村人均可支配收入	0.74	0.65	0.68	0.75
	农业机械化程度	0.71	0.64	0.71	0.82
	农村用电量	0.82	0.72	0.79	0.78

各种影响因素对农业碳排放影响的关联度增加变动与国家政策和对碳排放的调控有较大关系。在 2001—2005 年的"十五"期间，中国农业在技术进步的推动下，农业生产规模扩大，农业碳排放高速增长的问题也逐渐显现出来。"十一五"期间虽然受市场、牲畜疫病等因素影响导致该阶段我国农牧业碳排放呈逐年下降的趋势，但农业税收减免政策的颁布实施，大大提高了农民种地的积极性。为了增加产量，农户大量投入化肥、农药、农膜，促使农业碳排放量又有所回升，同时，农业生产的机械化程度也大幅度提高，造成农业机械化对农业碳排放影响力显著提升。农业发展"十二五"规划正式提出农业治污减排的具体措施，在一定程度上延缓了中国农业碳排放的高增长势头，推动中国农业碳排放进入"平达峰期"。2016 年后，中央相关部门通过颁布一系列减排防污政策，全方位监督管理农业碳排放的实施，就农业生态环境保护进行统筹推进，对农业碳排放实施持续把控，使其能够不断下降进入稳控期。

2.4　本章小结

本章主要选取内部因素包括农地利用、水稻种植、农作物种植和畜牧养殖以及外部因素农业经济水平、农业产业结构、人口城镇化率、农村人均可支配收入、农业机械化程度和农村用电量，选取中国 2001—2020 年的农业碳排放及其影响因素的数据，并运用灰色综合关联度研究农业碳排放的影响因素及影响因素的动态关系。从结果可以看出，内外影响因素对农业碳排放均有显著性影响，并且，中国未来较长时间内应重点关注农地利用减排，进一步推动反刍动物饲养减排技术发展和充分发挥农业经济、农业产业结构调整和农业机械化程度对减排的抑制作用。

第 3 章　农业碳排放测算及时序特征研究

农业碳排放量是衡量低碳农业发展现状的重要指标，中国的农业生产碳排放量是多少，是如何测算的？本章从碳排放源的使用量以及根据测算模型计算的碳排放总量来共同分析近些年中国碳排放现状及时序特征。

3.1　农业碳排放测算

农业碳排放在测算过程中比较复杂，主要是碳源涉及的方面比较多且基础数据的获取难度比较大，导致农业生态碳排放的测算比较困难。一方面，农药、化肥和能源的使用以及废物处理会导致碳排放；另一方面，水稻种植和畜牧养殖也会增加碳排放[160]。农业生产过程中会释放大量的 CH_4、N_2O 和 CO_2。据估计，$60\%\sim80\%$ 的 N_2O 排放是由农田、田间焚烧、放牧和动物粪便直接和间接造成的；由牲畜、水稻种植和动物粪便的肠道发酵引起的 CH_4 排放为 $50\%\sim70\%$；1% 的 CO_2 排放是由农业机械、化肥和其他化学投入物的生产和使用造成的[161]。

大量的反刍动物肠道发酵产生的 CH_4 排放与动物的特性和饲料质量有关。牲畜粪便的储存和处理也会导致 CH_4 排放[162]，牲畜粪便造成的 CH_4 排放量与粪便处理方法和气候条件有关，来自土壤的 N_2O 排放缘于土壤微生物参与的硝化反硝化作用机理。一般认为，反硝化机制对 N_2O 排放的贡献大于硝化作用，N_2O 排放受多种因素影响，例如作物类型、土壤质量、肥料、灌溉技术和气候条件[163]。

因此，此处将农业碳排放的碳源分为四类：一是农用地使用产生的碳排放，包括化肥、农药、农膜等农业材料，还包括农田翻耕过程中破坏土壤表层及土壤呼吸、农业灌溉消耗电能产生的与碳元素有关物质的排放，以及农业机械使用期间柴油产生的碳排放量；二是水稻生长过程中产生的碳相关排放；三是各种农作物种植产生的 N_2O 排放；四是畜牧业的养殖过程中，动物肠道发酵和粪便管理过程中产生的碳排放。农业碳排放测算模型为：

$$E = E_{农地} + E_{水稻} + E_{农作物} + E_{畜牧} \qquad (3.1)$$

式中，E 表示农业碳排放总量，$E_{农地}$ 表示农地利用过程中产生的碳排放量，相应地，$E_{水稻}$、$E_{农作物}$、$E_{畜牧}$ 分别表示水稻生长、农作物种植和畜牧养殖过程中所产生的碳排放量。

3.1.1　农地利用碳排放测算

以众多学者的理论和实证研究为基础[164][165][15][166]，本章将农地利用生产活动中的碳排放源分为六类：农用化肥、农药、农膜使用、农用设备柴油消耗、翻耕土地所产生的有机碳以及农业灌溉的电能消耗，其所对应的碳排放系数以及系数参考来源如表 3-1 所示。上述六种农地利用产生碳排放的测算公式为：

$$E_{农地} = \sum q_{i农地} \times f_{i农地} \qquad (3.2)$$

式中，$q_{i农地}$ 表示第 i 类农地利用生产过程中产生的碳排放量，具体包括化肥、农药等农业生产材料的使用，以及农作物播种面积和农业有效灌溉面积；$f_{i农地}$ 为第 i 类活动的碳排放系数。

表 3-1　农业用地碳排放系数

碳源	排放系数	数据来源
化肥	0.895 6 千克（C）/千克	美国橡树岭国家实验室
农药	4.934 1 千克（C）/千克	美国橡树岭国家实验室
农膜	5.18 千克（C）/千克	南京农业大学农业资源与生态环境研究所
农用柴油	0.592 7 千克（C）/千克	IPCC
农业灌溉	266.48 千克（C）/公顷	West 等[167]

3.1.2　水稻种植碳排放测算

中国地域广阔，不同气候、生长环境和生长周期的水稻所排放的温室气体量是有差异的。因此有必要根据 31 个省份的碳排放系数测算水稻种植产生的碳排放量。本章借鉴闵继胜等[168]学者的研究成果，得到各省份水稻碳排放系数如表 3-2 所示。

因此，水稻生产发育产生碳排放的测算公式为：

$$E_{水稻} = \sum q_{i水稻} \times f_{i水稻} \times 6.82 \qquad (3.3)$$

式中，$q_{i水稻}$ 表示第 i 省水稻的种植面积，$f_{i水稻}$ 为第 i 省水稻的碳排放系数，6.82 是 CH_4 和 C 的换算系数。为方便分析，本章将计算出的 CH_4 排放按照 1 吨 CH_4 ＝6.82 吨 C 换算成碳当量。

表 3-2　各省份水稻碳排放系数

单位：克/平方米

省份	早稻	中季稻	晚稻
北京	0	13.23	0
天津	0	11.34	0
河北	0	15.33	0
山西	0	6.62	0
内蒙古	0	8.93	0
辽宁	0	9.24	0
吉林	0	5.57	0
黑龙江	0	8.31	0
上海	12.41	53.87	27.5
江苏	16.07	53.55	27.6
浙江	14.37	57.96	34.5
安徽	16.75	51.24	27.6
福建	7.74	43.47	52.6
江西	15.47	65.42	45.8
山东	0	21	0
河南	0	17.85	0
湖北	17.51	58.17	39
湖南	14.71	56.28	34.1
广东	15.05	57.02	51.6
广西	12.41	47.78	49.1
海南	13.43	52.29	49.4

（续）

省份	早稻	中季稻	晚稻
重庆	6.55	25.73	18.5
四川	6.55	25.73	18.5
贵州	5.1	22.05	21
云南	2.38	7.25	7.6
西藏	0	6.83	0
陕西	0	12.51	0
甘肃	0	6.83	0
青海	0	0	0
宁夏	0	7.35	0
新疆	0	10.5	0

3.1.3　农作物种植碳排放测算

种植期间对土壤表面的破坏很容易导致大量温室气体流失到大气中，其中 N_2O 起着最重要的作用。与其他温室气体相比，N_2O 具有许多特征，例如造成更大的升温潜力和破坏臭氧层等[169]。

目前，国内研究人员通过大量实验估算了我国主要农作物品种土壤 N_2O 排放系数，如表 3-3 所示。这些 N_2O 排放系数已得到学术界的广泛认可。主要农作物产生碳排放的测算公式为：

$$E_{农作物} = \sum q_{i农作物} \times f_{i农作物} \times 81.27 \qquad (3.4)$$

式中，$q_{i农作物}$ 表示第 i 种农作物的年播种面积，$f_{i农作物}$ 为单位面积的第 i 种农作物年底 N_2O 的排放系数，81.27 是 N_2O 和 C 的换算系数。

表 3-3　各类农作物土壤 N_2O 排放系数

农作物种类	N_2O 排放系数（千克/公顷）
水稻	0.24
春小麦	0.4
冬小麦	1.75
大豆	2.29
玉米	2.532
蔬菜	4.944
旱地作物	0.95

3.1.4 畜牧养殖碳排放测算

农业碳排放的主要来源之一是农业畜禽养殖所产生的碳排放，主要涵盖两个方面：一是畜禽粪便所排放的 CH_4 和 N_2O，二是畜禽肠道中食物发酵所产生的 CH_4。综合我国养殖业的具体状况，为保证数据采集的可取性和可信度，最终确定的测量对象为驴、马、牛以及家禽等，其中具体的相关排放系数见表 3-4，来源是文献 [170]、[171] 以及 IPCC（2007）。

表 3-4 畜牧动物养殖碳排放系数

单位：千克（C）/（头·年）

畜牧动物	CH_4 排放系数		N_2O 排放系数
	肠胃发酵	粪便管理	粪便管理
牛	370.55	47.74	101.04
马	122.76	11.18	112.97
驴	68.21	6.14	112.96
骡	68.21	6.14	112.96
猪	6.82	27.28	112.96
山羊	34.11	1.16	26.82
绵羊	34.11	1.02	26.82

注：此系数为 CH_4 与 N_2O 置换成标准 C 后的系数。

将 CH_4 和 N_2O 按照 1 吨 CH_4＝6.82 吨 C，1 吨 N_2O＝81.27 吨 C 的标准转换成碳当量，具体公式如下所示：

$$E_{畜牧} = \sum [q_{i畜牧} \times \gamma_i + q_{i畜牧} \times \beta_i] \tag{3.5}$$

式中，$q_{i畜牧}$ 为第 i 种牲畜的年均饲养量，γ_i 为第 i 种牲畜的 CH_4 排放系数，β_i 为第 i 种牲畜的 N_2O 排放系数。

对于牲畜年均饲养量的计算，则继续参考文献 [168] 的方法。由于生猪的出栏率大于 1，且其年平均生命周期为 200 天，因此生猪的年均饲养量计算公式如式（3.6）所示。牛、奶牛、马、驴、骡、猪、羊的出栏率小于1，因此这些牲畜的年均饲养量计算公式如式（3.7）所示。

$$N_i = Days\_alive \times M_i / 365 \tag{3.6}$$

$$N_i = (C_{it} + C_{i(t-1)})/2 \tag{3.7}$$

在上述公式中：N_i 为第 i 种牲畜年平均饲养量，$Days\_alive$ 为生命周期，M_i 为第 i 种牲畜年生产量（出栏量），C_{it} 为第 i 种牲畜第 t 年年末存栏量，$C_{i(t-1)}$ 为第 i 种牲畜第 $t-1$ 年年末存栏量。

3.2 农业碳排放时序特征

3.2.1 农地利用碳排放时序特征

2000—2020 年间，中国农地利用碳排放量总体呈"升高-降低"的变化趋势（图 3-1），并在 2015 年达到峰值 10 680.40 万吨。在农地利用中，化肥的碳排放量贡献最大，平均达 50.51%。其次，农业灌溉和农用柴油碳排放的贡献较大，平均贡献 17.45% 和 12.17%。农药碳排放的占比近年略有降低，而农膜的碳排放有所增加，平均分别贡献 8.31% 和 11.57%。在 2000—2015 年间，化肥等相关农用化学用品增加，而化肥正是我国农地利用碳排放的最大碳源，从而导致农地利用排放总量持续上升，由 7 303.52 万吨增至 10 680.40 万吨，增加 46.24%。但随着环境保护意识的提高，政府开始重视农业的绿色可持续发展，逐步控制对化肥、农药等农业投入品的滥用，化肥、农药等投入的环比增速也均呈下降趋势。据统计，2016 年我国农药使用量实现零增长，化肥也接近零增长[172]，此后，2015—2020 年农地利用碳排放整体呈缓慢降低趋势，2020 年已降至 9 526.29 万吨，较 2015 年减少 10.81%。

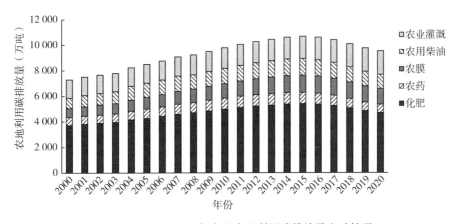

图 3-1 2000—2020 年中国农地利用碳排放量变动情况

3.2.2 水稻种植碳排放时序特征

2000—2020 年间，水稻种植的碳排放量减少幅度较小，起伏不大，由 6 048.24 万吨减少到 5 713.02 万吨，年均降低 0.26%。主要是由于水稻的种植规模和结构都发生了相应的变化。2002—2003 年连续出现水稻受害症状，水稻减产，因而排放量大幅减少。自 2004 年中央一系列政策的相继出台，促进了农业生产快速复苏，水稻种植规模不断增加使得碳排放量迅猛增加，在 2015 年达到峰值，为 5 889.27 万吨，之后便不断下降，并在 2020 年又有所回升（图 3-2）。

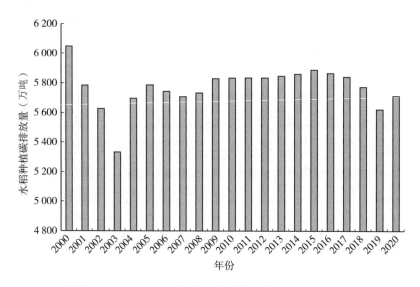

图 3-2 2000—2020 年中国水稻种植碳排放量变动情况

3.2.3 农作物种植碳排放时序特征

2000—2020 年间，农作物（主要包括水稻、小麦、大豆、玉米、蔬菜、花生、谷子、高粱、土豆）的播种面积总体呈不断上升的变化趋势，因此作物种植产生的 N_2O 排放增长趋势较为显著，平均增长率为 1.49%。在农作物种植中，玉米和蔬菜的碳排放量贡献最大，平均分别达 36.56% 和 33.05%；其次，冬小麦的贡献也较大，平均贡献为 19.69%；水稻、春小麦、大豆和旱地作物的占比近年略有降低（图 3-3）。

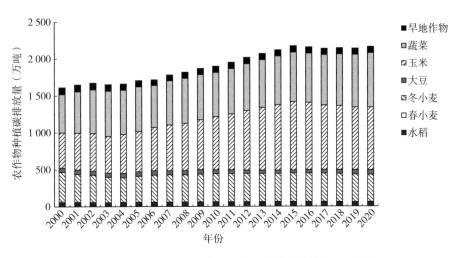

图 3-3　2000—2020 年中国农作物种植碳排放量变动情况

3.2.4　畜牧养殖碳排放时序特征

2000—2020 年间，我国畜牧养殖碳排放量总体呈"升高-降低-回升-降低"的变化趋势（图 3-4），并在 2004 年达峰，为 14 768.42 万吨。2005年后排放量降幅明显，2007 年已降至 12 584.24 万吨，2019 年因受猪瘟等影响，排放量降至 11 796.06 万吨。所有畜禽中，牛和猪养殖过程中的碳排放量远高于其他畜禽，平均分别占比 41.09％和 38.78％，为两大排放来源。

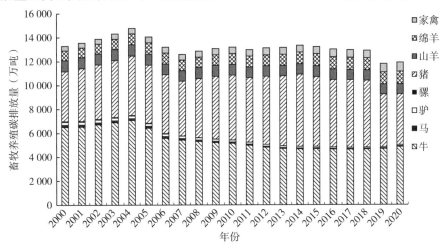

图 3-4　2000—2020 年中国畜牧养殖碳排放量变动情况

我国主要牲畜中，以肉牛存栏量的变化幅度最大，肉牛存栏量的大幅下降主要受生产方式的演变和牛的用途改变的影响。由于农业机械化的普及，牛的用途由耕牛转变为肉牛，农户养牛逐渐减少，再加上人工、饲料成本的提高、疫病等因素，肉牛的存栏量逐渐减少（环球网，2013）。马、驴、骡、山羊、绵羊及家禽则分别占 1.07%、0.79%、0.33%、6.75%、7.03% 和 4.16%。因此，合理控制牛和猪养殖规模、加强它们的粪便减排处理尤为关键。

3.2.5　中国农业碳排放总量时序特征

基于上述碳排放计算公式，可以算出 2000—2020 年我国农业总的碳排放量，如表 3 - 5 所示。为直观地分析农业碳排放随时间的变化趋势，将历年农业碳排放的测算结果绘制成图 3 - 5。结果表明，2000—2020 年中国农业碳排放量总体呈现"上升-降低-回升-降低"的变化趋势。根据增长率可知，当前农业整体已呈降低趋势，特别是在 2006 年（-2.07%）、2019 年（-5.18%）有大幅减少，碳排放量于 2015 年达峰，为 31 956.50 万吨，到 2020 年已降至 29 301.37 万吨。2000—2020 年间，农业各排放源中，畜牧养殖对农业碳排放总量贡献最大，平均贡献 43.75%，其次是农地利用，贡献了 30.80%。

从结构上来看，水稻生长在农业碳排放中的份额呈现下降趋势，由 2000 年的 21.40% 下降至 2020 年的 19.50%，畜牧养殖由 2000 年的 47.04% 下降至 2020 年的 40.61%，这两者的比重都呈现下降趋势。农地利用在农业碳排放中比重逐渐增大，由 2000 年的 25.85% 上升到 2020 年的 32.51%，份额约上升了 6%，农地利用投入持续增加对农业产值的贡献很大。

从增速的差异来看，2000—2020 年间农业碳排放的总量总的来说是波动上升的，年均增长 0.20%，不同阶段的上升趋势变化有一定的差异，大致可以划分为四个阶段：

第一阶段为 2000—2004 年，为农牧业碳排放增长阶段。该阶段农牧业碳排放环比增速变化波动较大，在环比增速方面，2004 年达到最大值 4.32% 后，随即呈下降趋势。第一阶段碳排放增长主要是因为 1997 年后我国正值改革开放的第三阶段，良好的政策市场促进了我国农牧业的发展，也促进了我国农牧业碳排放的增长。

表 3-5　2000—2020 年我国农业碳排放总量情况

单位：万吨

年份	农地利用	水稻种植	农作物种植	畜牧养殖	碳排放总量	环比增速（%）
2000	7 303.52	6 048.24	1 612.21	13 293.14	28 257.10	
2001	7 515.39	5 785.13	1 648.53	13 547.75	28 496.80	0.85
2002	7 668.36	5 627.49	1 673.31	13 881.09	28 850.24	1.24
2003	7 802.21	5 332.48	1 654.26	14 316.38	29 105.33	0.88
2004	8 236.79	5 697.24	1 661.20	14 768.42	30 363.64	4.32
2005	8 495.78	5 787.01	1 706.86	14 050.38	30 040.03	−1.07
2006	8 753.17	5 743.66	1 716.42	13 203.46	29 416.71	−2.07
2007	9 082.45	5 707.33	1 780.85	12 584.24	29 154.87	−0.89
2008	9 233.89	5 733.96	1 817.60	12 854.58	29 640.03	1.66
2009	9 501.68	5 829.43	1 868.03	13 066.68	30 265.83	2.11
2010	9 781.43	5 834.23	1 897.49	13 186.15	30 699.30	1.43
2011	10 042.35	5 835.10	1 949.65	12 980.37	30 807.47	0.35
2012	10 269.22	5 835.68	2 015.83	13 115.38	31 236.11	1.39
2013	10 443.87	5 847.69	2 070.92	13 157.53	31 520.01	0.91
2014	10 607.71	5 861.45	2 119.89	13 322.73	31 911.77	1.24
2015	10 680.40	5 889.27	2 174.17	13 212.66	31 956.50	0.14
2016	10 611.03	5 866.29	2 156.94	13 001.44	31 635.70	−1.00
2017	10 422.75	5 841.29	2 137.93	12 953.77	31 355.74	−0.88
2018	10 088.66	5 773.58	2 144.79	12 903.42	30 910.45	−1.42
2019	9 750.06	5 621.59	2 140.03	11 796.06	29 307.75	−5.18
2020	9 526.29	5 713.02	2 162.21	11 899.84	29 301.37	−0.02

　　第二阶段为 2005—2007 年，为农牧业碳排放下降阶段。受市场、牲畜疫病等因素影响，牲畜数量骤降，导致该阶段我国农牧业碳排放呈逐年下降的趋势，年均增长幅度为−1.34%。环比增速也呈逐年递减态势，且下降趋势明显，其中以 2006 年的降幅最大，较上一年减少了 2.07%，到 2007 年，环比增速尽管有所上升，但仍在 0% 以下，为−0.89%。

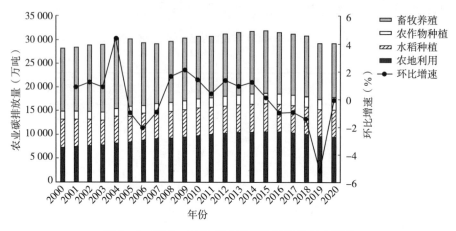

图 3-5　2000—2020 年中国碳排放总量变动情况

第三阶段是 2008—2015 年，农业碳排放总量缓慢上升，年均增长
1.16%，这时期国家陆续颁布了一系列的惠农政策来促进农业生产的迅速
发展。农资投入和水稻种植规模的不断增加，导致农业碳排放总量迅速
增加。

第四阶段是 2016—2020 年，由图 3-5 可以看出，农业碳排放总量自
2015 年达到峰值以来呈下降趋势，这是"十二五"节能减排综合工作计划
全面实施的结果。规划明确要求，推进农业节能减排，推广农业节能机械设
备，实施耕地质量保护，推广秸秆还田，施用有机肥，加强高标准农田建
设，控制畜禽温室气体排放，促进畜禽废弃物综合利用，为推进农业绿色转
型取得了显著成效，也带来了农业的结构性减排。

3.3　本章小结

本章从碳排放源的使用量以及根据测算模型计算的碳排放总量来共同分
析 2000—2020 年中国碳排放现状及时序特征。首先本研究将农业碳排放的
碳源分为四类：农地利用碳排放、水稻种植碳排放、农作物种植碳排放和畜
牧养殖碳排放，对每类碳源给出了具体的碳排放量测算公式。然后探讨了四
类碳排放量的时序特征，结果表明：我国农业碳排放变化趋势总体表现为
"上升-降低-回升-降低"四个阶段特征。2016 年以后，农业碳排放的变化

趋势表现为明显的下降趋势。在各碳源中，农地利用的碳排放量增长最快，而畜牧养殖呈下降趋势，但一直是碳排放量占比最高的。水稻种植的 CH_4 排放量位列第三，农作物种植的 N_2O 排放一直最低，总体呈快速增长态势。中国农业碳排放总量在"十三五"期间是逐年下降的，这说明近年来，农业可持续发展模式推动了农业生产生活方式在不断转变。

第 4 章　基于灰色模型的农业碳排放预测

为了应对日益严重的环境问题，2009 年，在联合国气候变化峰会上，我国提出了碳减排目标：到 2020 年，我国单位 GDP 的碳排放量要比 2005 年降低 40%～45%，并将其作为我国经济发展中长期规划的约束性指标。为实现中国碳排放在 2030 年达到峰值的目标，政府又制定了"十三五"期间单位 GDP 碳排放下降 18% 的约束指标，并提出单位 GDP 能源消耗"十三五"期间要下降 15%。2015 年，农业碳排放达到了 31 956.50 万吨的峰值并开始下降。2016 年，中国政府颁发了《"十三五"控制温室气体排放工作方案》，对温室气体排放设定了限制并宣布了大力发展低碳农业的目标。而准确预测农业碳排放是科学制定和完善政策措施使得目标如期完成的重要前提。

预测农业碳排放的方法有很多，包括高斯过程回归[173]、支持向量机[174][175]、人工神经网络（ANN）[176]、BP 神经网络[53] 等。然而，这些回归分析方法和智能预测方法都是依靠训练数据的数量来发现潜在的关系。而且传统的预测模型，如回归分析方法需要大量的样本数据，样本量会限制这些方法的预测准确性，短期数据在解释一个国家的宏观政策趋势方面更具有优势。因此，对于短期数据，建立可以使用有限样本预测农业碳排放的新模型是必要的。

由邓聚龙教授提出的灰色系统理论自面世以来，已经在许多领域得到了广泛的应用。作为灰色系统理论最重要的分支，灰色预测模型以有限信息源的不确定性为研究对象，通过对小样本信息和部分已知信息的挖掘和开发，提取出有价值的信息，从而预测系统未来的发展趋势。随着农业政策的不断变化或农业结构的不断更新，过去几年农业碳排放具有较高的不确定性，建模数据量有限。而且，碳排放问题的来源和成因较为复杂[177][178]，不仅与内部因素有关，并且受农业科技水平、农业结构、城镇化率、农业机械化程度和农村用电量等众多因素的影响，且该影响作用强度未知、互动关系不确定，进而导致碳排放呈现出非线性、波动性特征。现有灰色预测技术没有考虑相关因素参数随时间的变化特征对灰色预测模型精度的重要影响，很难支撑对碳排放趋势的定量分析，因此，本章在原有模型的基础上，构建新型的灰色预测模型来预测农业碳排放，既考虑了诸多因素的不确定影响，也能提高农业碳排放预测的准确性。

4.1　基于灰色 Riccati 模型的农业碳排放预测

基于区间灰数的特点，结合灰色 Verhulst 和 Riccati 方程，构建新型时变灰色 Riccati 模型。在该模型中，区间灰数序列被转换为中间值序列和梯形面积序列，通过引入时变参数和随机扰动项，反映参数随时间的变化，进而，借助于梯形定积分公式，从微分信息原理出发，求解模型的差分方程，得到了基于区间灰数序列的新型时变灰色 Riccati 模型的精确解，用改进的灰色预测模型对我国农牧业碳排放进行预测，提高了模型的稳定性和预测的准确性。

4.1.1　传统的 Verhulst 模型

4.1.1.1　区间灰数的有效变换

定义 4.1　令 $x(\otimes) \in [a,b] (a \leqslant b, a,b \in \boldsymbol{R})$，则称 $x(\otimes)$ 为区间灰数，其中 a,b 是区间灰数的下边界和上边界。如果 $a=b$，那么 $x(\otimes)$ 就变成一个实数，即 $x(\otimes)=a$。

定义 4.2[179]　区间灰数序列可以表示为 $\boldsymbol{R}(\otimes) = (x_1(\otimes), x_2(\otimes), \cdots, x_n(\otimes))$，其中 $x_i(\otimes) \in [a_i, b_i], a_i \leqslant b_i, i = 1,2,\cdots,n$，将区间灰数序列的所有元素都表示在二维坐标系中，将相邻区间灰数的上下界依次连接而成的图称为灰数带，介于 $x_i(\otimes)$ 和 $x_{i+1}(\otimes)(i = 1,2,\cdots,n-1)$ 之间的灰数带称为灰数层，如图 4-1 所示。

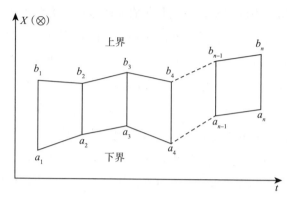

图 4-1　区间灰数的灰数带

引理 4.1[180]　　在图 4-1 的灰数带中，区间灰数序列中间值的纵坐标可描述为 $\boldsymbol{X}(L_i) = (L_1, L_2, \cdots, L_{n-1})$，其中 $L_i = \dfrac{a_i + b_i + a_{i+1} + b_{i+1}}{4}, i = 1, 2, \cdots, n-1$。同样，下界和上界的面积坐标定义为 $\boldsymbol{X}(S_i) = (S_1, S_2, \cdots, S_{n-1})$，其中 $S_i = \dfrac{(b_i - a_i) + (b_{i+1} - a_{i+1})}{2}, i = 1, 2, \cdots, n-1$。

根据定义 4.1 和引理 4.1，可以得到：

$$\begin{cases} a_i + a_{i+1} = 2L_i - S_i \\ b_i + b_{i+1} = 2L_i + S_i \end{cases}$$

4.1.1.2　Verhulst 模型

定义 4.3　设 $\boldsymbol{X}^{(0)} = (x^{(0)}(1), x^{(0)}(2), \cdots, x^{(0)}(n))$ 是原始的非负序列，$\boldsymbol{X}^{(1)} = (x^{(1)}(1), x^{(1)}(2), \cdots, x^{(1)}(n))$ 是 $\boldsymbol{X}^{(0)}$ 的一阶累加生成序列（1 - AGO），其中 $x^{(1)}(k) = \sum\limits_{j=1}^{k} x^{(0)}(j), k = 1, 2, \cdots, n$，$\boldsymbol{Z}^{(1)} = (z^{(1)}(1), z^{(1)}(2), \cdots, z^{(1)}(n))$ 是 $\boldsymbol{X}^{(1)}$ 的均值生成序列，则称：

$$x^{(0)}(k) + az^{(1)}(k) = b(z^{(1)}(k))^2 \tag{4.1}$$

为灰色 Verhulst 模型[181]，并且称：

$$\frac{\mathrm{d}x^{(1)}}{\mathrm{d}t} + ax^{(1)} = b(x^{(1)})^2 \tag{4.2}$$

为灰色 Verhulst 模型的白化方程。

式（4.2）中参数列 $\hat{\boldsymbol{P}} = [a, b]^{\mathrm{T}}$ 可通过最小二乘估计求解得到：

$$\hat{\boldsymbol{P}} = [a, b]^{\mathrm{T}} = (\boldsymbol{B}^{\mathrm{T}}\boldsymbol{B})^{-1}\boldsymbol{B}^{\mathrm{T}}\boldsymbol{Y} \tag{4.3}$$

其中：

$$\boldsymbol{B} = \begin{bmatrix} -z^{(1)}(2) & (z^{(1)}(2))^2 \\ -z^{(1)}(3) & (z^{(1)}(3))^2 \\ \vdots & \vdots \\ -z^{(1)}(n) & (z^{(1)}(n))^2 \end{bmatrix}, \quad \boldsymbol{Y} = \begin{bmatrix} x^{(0)}(2) \\ x^{(0)}(3) \\ \vdots \\ x^{(0)}(n) \end{bmatrix}$$

因此，灰色 $Verhulst$ 微分方程的时间响应函数为：

$$\hat{x}^{(1)}(k+1) = \frac{a x^{(0)}(1)}{b x^{(0)}(1) + (a - b x^{(0)}(1)) e^{ak}}, k = 1, 2, \cdots, n$$

$$(4.4)$$

4.1.2　时变灰色 Riccati 模型

4.1.2.1　时变灰色 Riccati 模型构建

$Riccati$ 方程[182]一般形式为：

$$\frac{\mathrm{d}y}{\mathrm{d}x} = a(x)y + b(x)y^2 + c(x) \tag{4.5}$$

其中，$a(x)$、$b(x)$ 和 $c(x)$ 是连续函数。当 $a(x)$ 和 $b(x)$ 为常数和 $c(x)=0$ 时，式（4.5）表示为简单的 Logistic 微分方程。但是当样本数据的数量非常有限时，其预测性能会受到贫信息的影响，并且往往表现出"灰色"的特征。从式（4.5）的结构可以看出，灰色 Verhulst 模型本质上是一个 Logistic 方程。

定义 4.4　假设 $\boldsymbol{X}^{(0)}$、$\boldsymbol{X}^{(1)}$ 和 $\boldsymbol{Z}^{(1)}$ 与定义 4.3 相同，$a(x) = -\alpha, b(x) = \beta$ 和 $c(x) = h_1(k-1) + h_2$，代入式（4.5），则称：

$$\frac{\mathrm{d}x^{(1)}(t)}{\mathrm{d}t} + \alpha x^{(1)}(t) = \beta(x^{(1)}(t))^2 + h_1(t-1) + h_2 \tag{4.6}$$

为时变灰色 Riccati 模型（缩写为 TGRM（1，1））的白化方程，其中 α 是发展系数，β 是控制系数，并且 h_1 $(t-1)$ 和 h_2 分别是时变参数和随机扰动项。当系数值 h_1 和 h_2 等于 0 时，TGRM（1，1）转换为传统的灰色 Verhulst 模型。

通过式（4.6）两边在区间 $[k-1, k]$ 上进行积分，可得：

$$\int_{k-1}^{k} \mathrm{d}x^{(1)}(t) + \alpha \int_{k-1}^{k} x^{(1)}(t)\mathrm{d}t = \beta \int_{k-1}^{k} (x^{(1)}(t))^2 \mathrm{d}t + h_1 \int_{k-1}^{k} (t-1)\mathrm{d}t + \int_{k-1}^{k} h_2 \mathrm{d}t$$

$$(4.7)$$

根据 $\int_{k-1}^{k} \mathrm{d}x^{(1)}(t) = x^{(1)}(k) - x^{(1)}(k-1)$ 和定积分的梯形公式，式 (4.7) 可被重写为：

$$x^{(0)}(k) + \alpha z^{(1)}(k) = \beta(z^{(1)}(k))^2 + h_1(k-1) + h_2, k = 2, 3, \cdots, n$$

$$(4.8)$$

该式称为时变灰色 Riccati 模型的差分方程，缩写为 TGRM (1, 1)。

4.1.2.2　TGRM (1, 1) 模型的求解过程

基于最小二乘估计方法，对式 (4.8) 的参数进行求解，参数序列满足：

$$\hat{\boldsymbol{P}} = [\hat{\alpha}, \hat{\beta}, \hat{h}_1, \hat{h}_2]^{\mathrm{T}} = (\boldsymbol{B}^{\mathrm{T}}\boldsymbol{B})^{-1}\boldsymbol{B}^{\mathrm{T}}\boldsymbol{Y} \qquad (4.9)$$

其中：

$$\boldsymbol{B} = \begin{bmatrix} -z^{(1)}(2) & (z^{(1)}(2))^2 & 1 & 1 \\ -z^{(1)}(3) & (z^{(1)}(3))^2 & 2 & 1 \\ \vdots & \vdots & \vdots & \vdots \\ -z^{(1)}(n) & (z^{(1)}(n))^2 & n-1 & 1 \end{bmatrix} \qquad \boldsymbol{Y} = \begin{bmatrix} x^{(0)}(2) \\ x^{(0)}(3) \\ \vdots \\ x^{(0)}(n) \end{bmatrix}$$

整理式 (4.8) 的两边，TGRM (1, 1) 模型可以表示为：

$$\int \frac{1}{\beta(x^{(1)}(t))^2 - \alpha x^{(1)}(t) + h_1(t-1) + h_2} \mathrm{d}x^{(1)}(t) = \int \mathrm{d}t$$

$$(4.10)$$

上式可简化为：

$$\int \frac{1}{\left(x^{(1)}(t) - \frac{\alpha}{2\beta}\right)^2 - \left(\frac{\alpha^2}{4\beta^2} - \frac{h_1(t-1) + h_2}{\beta}\right)} \mathrm{d}x^{(1)}(t) = \int \beta \mathrm{d}t$$

$$(4.11)$$

令 $\Delta = \alpha^2 - 4\beta[h_1(t-1) + h_2]$，则从式 (4.11) 中可推导出 TGRM (1, 1) 模型的时间响应式有如下三种情况：

(1) 当 $\Delta > 0$ 时，通过式 (4.11) 计算可得：

$$\frac{1}{\sqrt{\Delta}} \ln \left| \frac{2\beta x^{(1)}(t) - \alpha - \sqrt{\Delta}}{2\beta x^{(1)}(t) - \alpha + \sqrt{\Delta}} \right| = t + C_1 \qquad (4.12)$$

将 $x^{(0)}(1)$ 代入式 (4.12) 可以得到常数项为：

$$C_1 = \frac{1}{\sqrt{\Delta}} \ln \left| \frac{2\beta x^{(0)}(1) - \alpha - \sqrt{\Delta}}{2\beta x^{(0)}(1) - \alpha + \sqrt{\Delta}} \right| \qquad (4.13)$$

基于式（4.12）和式（4.13），方程（4.11）的解为：

$$\hat{x}^{(1)}(t) = \frac{(-\alpha+\sqrt{\Delta})e^{\sqrt{\Delta}(t+C_1)}+\alpha+\sqrt{\Delta}}{2\beta\left[1-\text{sign}\left(\dfrac{2\beta x^{(1)}(t)-\alpha-\sqrt{\Delta}}{2\beta x^{(1)}(t)-\alpha+\sqrt{\Delta}}\right)e^{\sqrt{\Delta}(t+C_1)}\right]} \tag{4.14}$$

然后 TGRM（1，1）模型的时间响应函数为：

$$\hat{x}^{(1)}(k) = \frac{(-\alpha+\sqrt{\Delta})e^{\sqrt{\Delta}(k+C_1)}+\alpha+\sqrt{\Delta}}{2\beta\left[1-\text{sign}\left(\dfrac{2\beta x^{(1)}(k)-\alpha-\sqrt{\Delta}}{2\beta x^{(1)}(k)-\alpha+\sqrt{\Delta}}\right)e^{\sqrt{\Delta}(k+C_1)}\right]},k=2,3,\cdots,n$$

$$\tag{4.15}$$

（2）当 $\Delta=0$ 时，式（4.11）被表示为：

$$\int \frac{1}{\left(x^{(1)}(t)-\dfrac{\alpha}{2\beta}\right)^2}dx^{(1)}(t) = \int \beta dt \tag{4.16}$$

根据式（4.16），可以得出：

$$-\frac{1}{x^{(1)}(t)-\dfrac{\alpha}{2\beta}} = \beta t + C_2 \tag{4.17}$$

将初始值 $x^{(1)}(1)=x^{(0)}(1)$ 代入式（4.17），可得：

$$C_2 = -\frac{1}{x^{(0)}(1)-\dfrac{\alpha}{2\beta}} - \beta \tag{4.18}$$

求得式（4.16）的解为：

$$\hat{x}^{(1)}(t) = -\frac{1}{\beta t+C_2} + \frac{\alpha}{2\beta} \tag{4.19}$$

则 TGRM（1，1）的时间响应函数为：

$$\hat{x}^{(1)}(k) = -\frac{1}{\beta k+C_2} + \frac{\alpha}{2\beta},k=2,3,\cdots,n \tag{4.20}$$

（3）当 $\Delta<0$ 时，式（4.11）可表示为：

$$\frac{2\beta}{\sqrt{-\Delta}}\arctan\frac{2\beta x^{(1)}(t)-\alpha}{\sqrt{-\Delta}} = \beta t + C_3 \tag{4.21}$$

通过将初始值 $x^{(1)}(1)=x^{(0)}(1)$ 代入式（4.21）中：

$$C_3 = \frac{2\beta}{\sqrt{-\Delta}}\arctan\frac{2\beta x^{(0)}(1)-\alpha}{\sqrt{-\Delta}} - \beta \tag{4.22}$$

基于式（4.21）和式（4.22）可求得：

$$\hat{x}^{(1)}(t) = \frac{\sqrt{-\Delta}\tan\left(\sqrt{-\Delta}\left(\frac{t}{2}+C_3\right)\right)+\alpha}{2\beta} \tag{4.23}$$

则 TGRM（1，1）的时间响应函数为：

$$\hat{x}^{(1)}(k) = \frac{\sqrt{-\Delta}\tan\left(\sqrt{-\Delta}\left(\frac{k}{2}+C_3\right)\right)+\alpha}{2\beta}, k = 2,3,\cdots,n \tag{4.24}$$

因此，还原可得模拟值和预测值为：

$$\hat{x}^{(0)}(k) = \hat{x}^{(1)}(k) - \hat{x}^{(1)}(k-1), k = 2,3,\cdots,n \tag{4.25}$$

详细的建模步骤如图 4-2 所示：

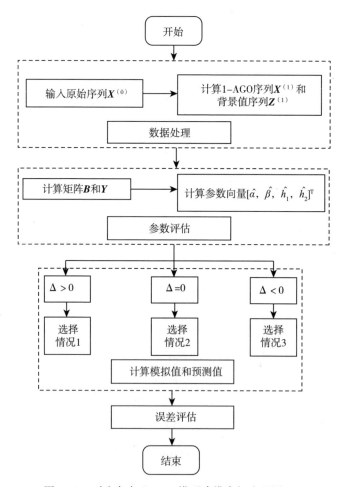

图 4-2 时变灰色 Riccati 模型建模求解流程图

4.1.2.3　算例分析

设某一原始序列为 $\boldsymbol{X}^{(0)} = \{5.94,\ 7.64,\ 10.83,\ 11.91,\ 16.05,$ $15.73,\ 20.84,\ 28.16,\ 33.82,\ 35.88,\ 43.22\}$，如表 4-1 所示，检验所提出新型时变灰色 Riccati 模型的有效性和实用性。

表 4-1　不同模型的建模结果

序号	实际值	TGRM (1，1)		GM (1，1)		DGM (1，1)		Verhulst		ARIMA	
		拟合值	APE (%)	拟合值	APE (%)	拟合值	APE (%)	拟合值	APE (%)	拟合值	APE (%)
1	5.94	—	—	—	—	—	—	—	—	—	—
2	7.64	7.64	0	7.64	0	7.64	0	7.64	0	7.64	0
3	10.83	11.33	4.64	9.81	9.43	9.93	8.35	9.28	14.32	8.39	22.53
4	11.91	11.67	2.01	11.59	2.75	11.62	2.48	11.75	1.40	14.29	19.95
5	16.05	17.38	8.27	14.65	8.74	14.81	7.76	14.29	11.00	13.50	15.92
6	15.73	15.46	1.72	17.52	11.40	17.60	11.91	17.80	13.18	20.61	31.02
7	20.84	20.86	0.09	21.93	5.22	22.15	6.29	21.57	3.48	17.80	14.58
8	28.16	28.96	2.83	26.46	6.05	26.62	5.49	26.51	5.85	29.18	3.63
9	33.82	33.61	0.62	32.89	2.76	33.21	1.81	31.99	5.42	32.73	3.22
MAPE		2.88		6.62		6.30		7.81		15.83	
		预测值	APE (%)	预测值	APE (%)	预测值	APE (%)	预测值	APE (%)	预测值	APE (%)
10	35.88	36.93	2.93	39.90	11.20	40.18	11.98	52.74	46.98	40.64	13.26
11	43.22	44.03	1.86	49.39	14.25	49.86	15.35	51.07	18.17	46.80	8.29
MAPE		2.39		12.73		13.67		32.57		10.77	

由表 4-1 可知，TGRM (1，1) 模型的模拟和预测误差均小于 3%，表明该模型具有良好的性能。同时，建立三个传统的单变量灰色模型，它们的模拟 MAPE 分别为 6.62%（GM (1，1) 模型）、6.30%（DGM (1，1) 模型）、7.81%（Verhulst 模型），其预测 MAPE 均在 10%以上，有的甚至高于 30%。此外，与其他方法相比，ARIMA 方法的预测 MAPE 为 10.77%，说明其具有良好的预测性能，但是，ARIMA 的模拟误差效果较差，MAPE 为 15.83%。模拟和预测的具体结果如图 4-3 所示。

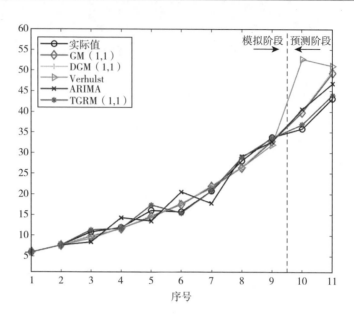

图 4 - 3　五种模型的模拟值和预测值结果对比

4.1.3　基于区间灰数的时变灰色 Riccati 模型

将区间灰数序列转化为中值序列和梯形面积序列。然后，分别建立基于中值序列和梯形面积序列的时变灰色 Riccati 模型。最后，还原得到区间灰数序列的上界和下界，并计算误差。

4.1.3.1　中值序列和梯形面积序列的计算

假设区间灰数序列 $\boldsymbol{X}(\otimes) = (x_1(\otimes), x_2(\otimes), \cdots, x_n(\otimes))^{\mathrm{T}}$ 与定义 4.2 相同，其中 $x_k(\otimes) \in [a_k, b_k], k = 1, 2, \cdots, n$，区间灰数序列对应的中间值序列计算为 $\boldsymbol{L}^{(0)} = (L^{(0)}(1), L^{(0)}(2), \cdots, L^{(0)}(n-1))^{\mathrm{T}}$，区间灰数序列的梯形面积序列定义为 $\boldsymbol{S}^{(0)} = (S^{(0)}(1), S^{(0)}(2), \cdots, S^{(0)}(n-1))^{\mathrm{T}}$，其中：

$$\begin{cases} L^{(0)}(k) = \dfrac{a_k + b_k + a_{k+1} + b_{k+1}}{4} \\ S^{(0)}(k) = \dfrac{(b_k - a_k) + (b_{k+1} - a_{k+1})}{2} \end{cases} \tag{4.26}$$

4.1.3.2　基于中值序列的 TGRM（1，1）模型构建

对于中间值序列 $\boldsymbol{L}^{(0)} = (L^{(0)}(1), L^{(0)}(2), \cdots, L^{(0)}(n-1))^{\mathrm{T}}$，其一阶累

加生成序列为 $\boldsymbol{L}^{(1)} = (L^{(1)}(1), L^{(1)}(2), \cdots, L^{(1)}(n-1))^{\mathrm{T}}$，其中 $L^{(1)}(k) = \sum_{j=1}^{k} L^{(0)}(j), k = 1, 2, \cdots, n-1$，均值生成序列为 $Z^{(1)}(L(k)) = (z^{(1)}(L(2)),$ $z^{(1)}(L(3)), \cdots, z^{(1)}(L(n-1)))^{\mathrm{T}}$，其中 $z^{(1)}(L(k)) = \frac{1}{2}(L^{(1)}(k) + L^{(1)}(k-1)), k = 2, 3, \cdots, n-1$。则基于中间值序列的 TGRM（1，1）模型建立为：

$$L^{(0)}(k) + c z^{(1)}(L(k)) = d(z^{(1)}(L(k)))^2 + f_1(k-1) + f_2, k = 2, 3, \cdots, n-1$$

$$(4.27)$$

式（4.27）的白化方程表示为：

$$\frac{\mathrm{d}L^{(1)}}{\mathrm{d}t} + cL^{(1)} = d(L^{(1)})^2 + f_1(t-1) + f_2 \qquad (4.28)$$

应用最小二乘法得到参数向量为：

$$\left[\hat{c}, \hat{d}, \hat{f}_1, \hat{f}_2\right]^{\mathrm{T}} = (\boldsymbol{P}^{\mathrm{T}} \boldsymbol{P})^{-1} \boldsymbol{P}^{\mathrm{T}} \boldsymbol{Q} \qquad (4.29)$$

其中：

$$\boldsymbol{P} = \begin{bmatrix} -z^{(1)}(L(2)) & (z^{(1)}(L(2)))^2 & 1 & 1 \\ -z^{(1)}(L(3)) & (z^{(1)}(L(3)))^2 & 2 & 1 \\ \vdots & \vdots & \vdots & \vdots \\ -z^{(1)}(L(n-1)) & (z^{(1)}(L(n-1)))^2 & n-2 & 1 \end{bmatrix}, \quad \boldsymbol{Q} = \begin{bmatrix} L^{(0)}(2) \\ L^{(0)}(3) \\ \vdots \\ L^{(0)}(n-1) \end{bmatrix}$$

令 $\Delta = c^2 - 4d\left[f_1(t-1) + f_2\right]$，则基于中间值序列的 TGRM（1，1）模型的时间响应函数分为以下三种情况：

（1）当 $\Delta > 0$ 时，时间响应函数为：

$$\hat{L}^{(1)}(k) = \frac{(-c+\sqrt{\Delta})\mathrm{e}^{\sqrt{\Delta}(k+C_1)} + c + \sqrt{\Delta}}{2d\left[1 - \mathrm{sign}\left(\dfrac{2\mathrm{d}L^{(1)}(k) - c - \sqrt{\Delta}}{2\mathrm{d}L^{(1)}(k) - c + \sqrt{\Delta}}\right)\mathrm{e}^{\sqrt{\Delta}(k+C_1)}\right]}, k = 2, 3, \cdots, n-1$$

$$(4.30)$$

其中：

$$C_1 = \frac{1}{\sqrt{\Delta}}\ln\left|\frac{2\mathrm{d}L^{(0)}(1) - c - \sqrt{\Delta}}{2\mathrm{d}L^{(0)}(1) - c + \sqrt{\Delta}}\right|$$

（2）当 $\Delta = 0$ 时，时间响应函数为：

$$\hat{L}^{(1)}(k) = -\frac{1}{\mathrm{d}k + C_2} + \frac{c}{2d}, k = 2, 3, \cdots, n-1 \qquad (4.31)$$

其中：

$$C_2 = -\frac{1}{L^{(0)}(1) - \dfrac{c}{2d}} - d$$

（3）当 $\Delta < 0$ 时，时间响应函数为：

$$\hat{L}^{(1)}(k) = \frac{\sqrt{-\Delta}\tan\left(\sqrt{-\Delta}\left(\dfrac{k}{2} + C_3\right)\right) + c}{2d}, k = 2,3,\cdots,n-1$$

$$(4.32)$$

其中：

$$C_3 = \frac{2d}{\sqrt{-\Delta}}\arctan\frac{2dL^{(0)}(1) - c}{\sqrt{-\Delta}} - d$$

$\hat{L}^{(1)}(k)$ 的还原值 $\hat{L}^{(0)}(k)$ 为：

$$\hat{L}^{(0)}(k) = \hat{L}^{(1)}(k) - \hat{L}^{(1)}(k-1), k = 2,3,\cdots,n-1 \quad (4.33)$$

4.1.3.3 基于梯形序列的 TGRM（1，1）模型构建

基于梯形面积序列的 TGRM（1，1）基本建模过程与 4.1.3.2 节类似。$\Delta = p^2 - 4q\left[g_1(t-1) + g_2\right]$ 设梯形面积序列 TGRM（1，1）模型的时间响应函数为：

（1）当 $\Delta > 0$ 时，时间响应函数为：

$$\hat{S}^{(1)}(k) = \frac{(-p+\sqrt{\Delta})e^{\sqrt{\Delta}(k+C_1)} + p + \sqrt{\Delta}}{2q\left[1 - \text{sign}\left(\dfrac{2qS^{(1)}(k) - p - \sqrt{\Delta}}{2qS^{(1)}(k) - p + \sqrt{\Delta}}\right)e^{\sqrt{\Delta}(k+C_1)}\right]}, k = 2,3,\cdots,n-1$$

$$(4.34)$$

其中：

$$C_1 = \frac{1}{\sqrt{\Delta}}\ln\left|\frac{2qS^{(0)}(1) - p - \sqrt{\Delta}}{2qS^{(0)}(1) - p + \sqrt{\Delta}}\right|$$

（2）当 $\Delta = 0$ 时，时间响应函数为：

$$\hat{S}^{(1)}(k) = -\frac{1}{qk + C_2} + \frac{p}{2q}, k = 2,3,\cdots,n-1 \quad (4.35)$$

其中：

$$C_2 = -\frac{1}{S^{(0)}(1) - \dfrac{p}{2q}} - q$$

（3）当 $\Delta < 0$ 时，时间响应函数为：

$$\hat{S}^{(1)}(k) = \frac{\sqrt{-\Delta}\tan\left(\sqrt{-\Delta}\left(\frac{k}{2}+C_3\right)\right)+p}{2q}, k=2,3,\cdots,n-1$$

$$(4.36)$$

其中：

$$C_3 = \frac{2q}{\sqrt{-\Delta}}\arctan\frac{2qS^{(0)}(1)-p}{\sqrt{-\Delta}}-q$$

根据最小二乘法，参数列 $[\hat{p},\ \hat{q},\ \hat{g}_1,\ \hat{g}_2]^{\mathrm{T}}$ 满足：

$$[\hat{p},\hat{q},\hat{g}_1,\hat{g}_2]^{\mathrm{T}} = (\boldsymbol{R}^{\mathrm{T}}\boldsymbol{R})^{-1}\boldsymbol{R}^{\mathrm{T}}\boldsymbol{W} \tag{4.37}$$

其中：

$$\boldsymbol{R} = \begin{bmatrix} -z^{(1)}(S(2)) & (z^{(1)}(S(2)))^2 & 1 & 1 \\ -z^{(1)}(S(3)) & (z^{(1)}(S(3)))^2 & 2 & 1 \\ \vdots & \vdots & \vdots & \vdots \\ -z^{(1)}(S(n-1)) & (z^{(1)}(S(n-1)))^2 & n-2 & 1 \end{bmatrix}, \boldsymbol{W} = \begin{bmatrix} S^{(0)}(2) \\ S^{(0)}(3) \\ \vdots \\ S^{(0)}(n-1) \end{bmatrix},$$

$$S^{(1)}(k) = \sum_{j=1}^{k}S^{(0)}(j), k=1,2,\cdots,n-1$$

$$z^{(1)}(S(k)) = \frac{1}{2}(S^{(1)}(k)+S^{(1)}(k-1)), k=2,3,\cdots,n-1$$

$\hat{S}^{(1)}(k)$ 的还原值 $\hat{S}^{(0)}(k)$ 为：

$$\hat{S}^{(0)}(k) = \hat{S}^{(1)}(k)-\hat{S}^{(1)}(k-1), k=2,3,\cdots,n-1 \tag{4.38}$$

4.1.3.4　预测值的还原及建模步骤

根据式（4.26），区间灰数序列的上、下限的模拟和预测值可得出：

$$\begin{cases} \hat{a}_{k+1} = 2\hat{L}^{(0)}(k)-\hat{S}^{(0)}(k)-\hat{a}_k \\ \hat{b}_{k+1} = 2\hat{L}^{(0)}(k)+\hat{S}^{(0)}(k)-\hat{b}_k \end{cases} \tag{4.39}$$

区间灰数的预测值为 $\hat{x}_k(\otimes)=[\hat{a}_k,\ \hat{b}_k]$，$k=2$，$3$，$\cdots$，$n$，初始值为 $x_k(\otimes)=[a_k,\ b_k]$，$k=2$，3，$\cdots$，n，则使用区间灰数序列的平均绝对百分比误差（$MAPE$）用于表征和比较不同模型的模拟和预测误差，如下所示：

$$MAPE = \frac{1}{2(n-1)}\sum_{k=2}^{n}\left(\frac{|a_k-\hat{a}_k|}{a_k}+\frac{|b_k-\hat{b}_k|}{b_k}\right) \tag{4.40}$$

详细的建模步骤如图 4-4 所示。

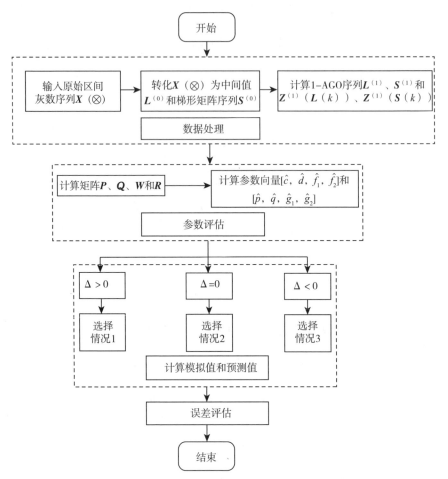

图 4-4　基于区间灰数序列的 TGRM（1，1）模型流程图

4.1.4　实例分析

近年来能源结构的转型升级表明，中国正走在生态友好、绿色发展的道路上，能源"去煤化"趋势明显。以风电、水电、核电为代表的清洁能源的快速发展，增加了清洁低碳的电力供应，促进了能源结构的优化。选取中国风力发电、中国水力发电和中国核电，对基于区间灰数序列的新型 TGRM（1，1）模型进行了性能检验。月度统计数据来自中国电力行业协会官网（www.cec.org.cn）。然而，在某些年份，1 月和 2 月的数据会丢失。因此，取 3 月至 12 月的最大值和最小值作为区间灰数的上下限。通过建立 GM

（1，1）、DGM（1，1）、Verhulst、ARIMA 和 TGRM（1，1）模型，将模拟和预测结果与实际数据进行比较。

案例 1 风力发电预测

以 2010—2018 年的数据作为训练样本，用 2019 年和 2020 年的数据验证所提出模型的预测精度。2010—2020 年风力发电量的实际值见表 4-2。首先根据引理 4.1 计算中间值序列和梯形面积序列，并根据式（4.29）和式（4.37）得到参数列为：

$$[\hat{c},\hat{d},\hat{f}_1,\hat{f}_2]^{\mathrm{T}} = [0.215\ 6,0.000\ 2,31.020\ 1,61.500\ 3]^{\mathrm{T}}$$

$$[\hat{p},\hat{q},\hat{g}_1,\hat{g}_2]^{\mathrm{T}} = [0.784\ 0,0.001\ 1,30.462\ 1,44.781\ 9]^{\mathrm{T}}$$

因此，基于风力发电的中值序列和梯形面积序列的 TGRM（1，1）模型被建立为：

$$\frac{\mathrm{d}L^{(1)}}{\mathrm{d}t} + 0.215\ 6L^{(1)} = 0.000\ 2(L^{(1)})^2 + 31.020\ 1(t-1) + 61.500\ 3$$

$$\frac{\mathrm{d}S^{(1)}}{\mathrm{d}t} + 0.784\ 0S^{(1)} = 0.001\ 1(S^{(1)})^2 + 30.462\ 1(t-1) + 44.781\ 9$$

然后通过对 Δ 值的正负进行判断，得到中间值序列和梯形面积序列的模拟值和预测值。最后，利用式（4.39）可以计算出区间灰数序列上下界的还原值。

由表 4-2 可知，TGRM（1，1）模型的模拟和预测误差均小于 5%，表明该模型具有良好的性能。同时，建立三个传统的单变量灰色模型，它们的模拟 MAPE 分别为 8.35%（GM（1，1）模型）、8.35%（DGM（1，1）模型）、17.09%（Verhulst 模型），其预测 MAPE 均在 10% 以上，有的甚至高于 30%。此外，与其他方法相比，ARIMA 方法的预测 MAPE 为 6.88%，说明其具有良好的预测性能，但是，ARIMA 的模拟误差效果较差，MAPE 为 14.09%。模拟和预测的具体结果如图 4-5 所示。

由图 4-5 可见，GM（1，1）和 DGM（1，1）绘制的曲线仅呈指数增长趋势，并不能反映原始区间灰数的波动。对于其他模型的结果，

ARIMA 模型和 Verhulst 模型对区间灰数上下界的拟合曲线与实际数据存在较大差异。对于 Verhulst 模型的模拟曲线，模拟部分的大部分值都低于实际值，而预测曲线都远远高于实际数据。相比之下，基于区间灰数序列的 TGRM（1，1）模型模拟和预测的曲线不仅呈现出原始区间灰数序列上下界的增长趋势，而且还能够呈现出实际数据的波动趋势。

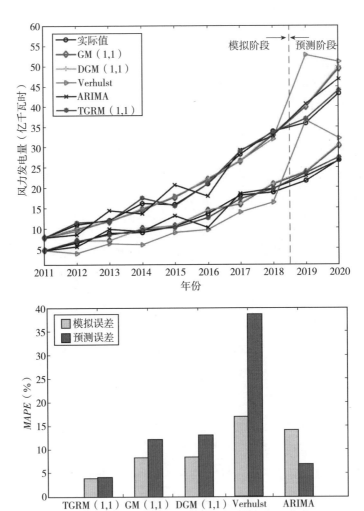

图 4-5　五种模型对于风力发电量的模拟和预测结果及误差对比

表4-2 不同模型对于风力发电量的拟合和预测值

单位：亿千瓦时

年份	实际值	TGRM (1, 1) 拟合值	APE (%)	GM (1, 1) 拟合值	APE (%)	DGM (1, 1) 拟合值	APE (%)	Verhulst 拟合值	APE (%)	ARIMA 拟合值	APE (%)
2010	[2.41, 5.94]	—	—	—	—	—	—	—	—	—	—
2011	[4.46, 7.64]	[4.46, 7.64]	0	[4.46, 7.64]	0	[4.46, 7.64]	0	[4.46, 7.64]	0	[4.46, 7.64]	0
2012	[6.34, 10.83]	[6.72, 11.33]	5.28	[6.90, 9.81]	9.20	[6.94, 9.93]	8.89	[3.75, 9.28]	27.63	[5.39, 8.39]	18.76
2013	[8.71, 11.91]	[8.36, 11.67]	3.04	[6.91, 11.59]	11.70	[6.93, 11.62]	11.47	[6.12, 11.75]	15.57	[9.71, 14.29]	15.72
2014	[8.91, 16.05]	[9.50, 17.38]	7.49	[9.89, 14.65]	9.90	[9.94, 14.81]	9.69	[5.87, 14.29]	22.56	[9.16, 13.50]	9.39
2015	[10.42, 15.73]	[10.12, 15.46]	2.31	[10.53, 17.52]	6.25	[10.58, 17.60]	6.73	[8.90, 17.80]	13.89	[12.99, 20.61]	27.85
2016	[13.46, 20.84]	[12.50, 20.86]	3.59	[14.29, 21.93]	5.69	[14.38, 22.15]	6.55	[9.56, 21.57]	16.22	[10.08, 17.80]	19.84
2017	[18.02, 28.16]	[17.15, 28.96]	3.84	[15.88, 26.46]	8.98	[15.97, 26.62]	8.42	[13.87, 26.51]	14.44	[18.47, 29.18]	3.05
2018	[18.76, 33.82]	[19.59, 33.61]	2.51	[20.77, 32.89]	6.75	[20.93, 33.21]	6.70	[16.28, 31.99]	9.33	[19.67, 32.73]	4.03
MAPE			4.01		8.35		8.35		17.09		14.09
年份	实际值	预测值	APE (%)	预测值	APE (%)	预测值	APE (%)	预测值	APE (%)	预测值	APE (%)
2019	[21.59, 35.88]	[23.56, 36.93]	6.02	[23.75, 39.90]	10.60	[23.94, 40.18]	11.43	[36.58, 52.74]	58.20	[22.80, 40.64]	9.44
2020	[26.72, 43.22]	[27.41, 44.03]	2.22	[30.33, 49.39]	13.88	[30.61, 49.86]	14.95	[32.18, 51.07]	19.30	[26.62, 46.80]	4.33
MAPE			4.12		12.24		13.19		38.75		6.88

案例 2　水力发电预测

选取 2005—2017 年水电发电量作为样本内数据构建 TGRM（1，1）、GM（1，1）、DGM（1，1）、Verhulst 和 ARIMA 模型，并利用 2018—2020 年样本外数据检验预测精度。因此，建立基于水力发电量区间数的中值序列和梯形面积序列的 TGRM（1，1）模型为：

$$\frac{dL^{(1)}}{dt} - 0.193\,2L^{(1)} = -6.14 \times 10^{-6}(L^{(1)})^2 - 35.146\,2(t-1) + 321.228\,5$$

$$\frac{dS^{(1)}}{dt} + 0.286\,1S^{(1)} = 1.03 \times 10^{-5}(S^{(1)})^2 + 131.304\,2(t-1) + 198.669\,4$$

然后，得到区间灰数的模拟值和预测值。表 4-3 所示为各种模型计算的水力发电模拟和预测结果。

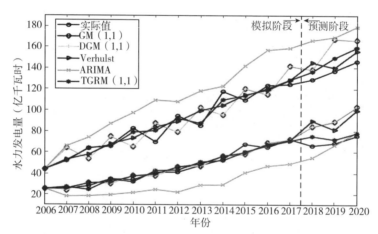

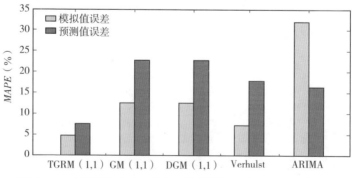

图 4-6　五种模型对于水力发电量的模拟和预测结果及误差对比

表 4 - 3　不同模型对于水力发电量的拟合和预测值

单位：亿千瓦时

年份	实际值	TGRM (1, 1) 拟合值	APE (%)	GM (1, 1) 拟合值	APE (%)	DGM (1, 1) 拟合值	APE (%)	Verhulst 拟合值	APE (%)	ARIMA 拟合值	APE (%)
2005	[21.0, 40.4]										
2006	[25.4, 44.1]	[25.4, 44.1]	0	[25.4, 44.1]	0	[25.4, 44.1]	0	[25.4, 44.1]	0	[25.4, 44.1]	0
2007	[25.3, 52.7]	[27.1, 51.9]	4.21	[25.4, 64.3]	13.87	[23.9, 64.5]	13.96	[25.8, 53.3]	1.35	[18.3, 66.0]	26.51
2008	[28.0, 63.8]	[24.5, 64.3]	6.59	[23.9, 53.8]	13.34	[31.1, 53.8]	13.35	[30.7, 58.1]	9.47	[18.6, 74.2]	24.86
2009	[34.8, 66.8]	[34.2, 65.6]	1.85	[31.1, 74.9]	12.89	[30.1, 75.1]	12.95	[31.7, 68.1]	5.40	[19.7, 87.2]	36.98
2010	[33.9, 82.7]	[32.0, 79.3]	5.10	[30.1, 65.4]	16.37	[38.0, 65.4]	16.40	[37.6, 73.4]	10.94	[21.7, 97.5]	26.92
2011	[41.2, 69.8]	[42.8, 80.5]	9.59	[37.7, 87.6]	16.89	[37.8, 87.7]	16.93	[39.5, 83.8]	12.07	[24.6, 109.5]	48.53
2012	[41.3, 94.5]	[43.3, 92.2]	3.62	[46.4, 79.2]	14.18	[46.4, 79.2]	14.24	[46.2, 89.3]	8.66	[22.2, 108.3]	30.49
2013	[47.8, 85.4]	[51.0, 87.6]	4.63	[47.0, 102.6]	10.87	[47.1, 102.8]	10.88	[49.0, 99.6]	9.56	[28.9, 118.4]	39.04
2014	[53.4, 117.8]	[52.4, 109.9]	4.30	[56.7, 95.6]	12.45	[56.7, 95.7]	12.51	[56.5, 104.8]	8.42	[29.2, 122.9]	24.79
2015	[67.6, 109.8]	[60.6, 114.0]	7.10	[58.4, 120.6]	11.70	[58.5, 120.8]	11.70	[59.9, 114.7]	7.94	[40.8, 142.1]	34.79
2016	[65.1, 123.7]	[66.5, 120.6]	2.34	[69.2, 115.2]	6.62	[69.3, 115.3]	6.69	[67.7, 119.4]	3.77	[47.1, 157.0]	27.27
2017	[72.5, 124.6]	[71.0, 128.8]	2.68	[72.3, 142.0]	7.10	[72.5, 142.2]	7.07	[71.2, 128.6]	2.53	[49.3, 159.0]	29.78
MAPE			4.73		12.39		12.43		7.28		31.79

年份	实际值	TGRM (1, 1) 预测值	APE (%)	GM (1, 1) 预测值	APE (%)	DGM (1, 1) 预测值	APE (%)	Verhulst 预测值	APE (%)	ARIMA 预测值	APE (%)
2018	[66.5, 129.1]	[75.4, 136.6]	9.58	[94.6, 138.6]	17.29	[84.7, 138.7]	17.43	[89.8, 145.1]	23.77	[55.0, 166.2]	23.00
2019	[68.7, 137.4]	[72.3, 149.6]	7.07	[89.3, 167.5]	25.91	[89.5, 167.7]	26.13	[81.6, 140.3]	10.46	[66.8, 169.3]	12.98
2020	[75.7, 146.3]	[78.3, 159.4]	6.15	[103.3, 166.5]	25.09	[103.5, 166.6]	25.26	[99.7, 155.9]	19.13	[79.0, 179.2]	13.42
MAPE			7.60		22.76		22.94		17.78		16.47

在表 4-3 中，ARIMA 模型（$MAPE$＝31.79%）的模拟性能最差，而 TGRM（1，1）（$MAPE$＝4.73%）的模拟精度最高。其中，GM（1，1）、DGM（1，1）、Verhulst 和 ARIMA 模型预测的 $MAPE$ 值均在 10% 以上，分别为 22.76%、22.94%、17.78% 和 16.47%，这四个模型在预测水力发电的趋势方面表现相对较差。结果表明，TGRM（1，1）模型在水电发电区间灰数序列的模拟和预测方面优于 GM（1，1）、DGM（1，1）、Verhulst 和 ARIMA 模型。

图 4-6 为五种模型得到的水力发电量的模拟预测值与实际数据对比，误差比较见图 4-6 右侧。对于模拟和预测结果，TGRM（1，1）模型的曲线比其他模型更接近原始序列的曲线。GM（1，1）、DGM（1，1）和 Verhulst 模型在水电发电量预测中的性能较差，特别是 ARIMA 上界序列的趋势完全超过实际上界序列，而下界序列的增长完全低于实际下界序列，它甚至有最高的模拟 $MAPE$，这说明该模型更加不合理。

案例 3　核能产电量预测

将核能产电量数据分为两组，其中 2005—2017 年的原始区间灰数用于建立预测模型，剩余的区间灰数样本用于检验这些模型的预测精度。然后，建立基于核能产电量的中值序列和梯形面积序列的 TGRM（1，1）模型为：

$$\frac{dL^{(1)}}{dt} - 0.634\,6L^{(1)} = -0.000\,14(L^{(1)})^2 - 29.429\,9(t-1) + 36.609\,5$$

$$\frac{dS^{(1)}}{dt} - 1.423\,7S^{(1)} = -0.001\,76(S^{(1)})^2 - 21.426\,4(t-1) + 6.287\,4$$

然后得到区间灰数的模拟值和预测值，如表 4-4 所示。此外，图 4-7 显示了 TGRM（1，1）、GM（1，1）、DGM（1，1）、Verhulst 和 ARIMA 模型在模拟阶段和预测阶段的预测结果。

由表 4-4 可见，TGRM（1，1）、GM（1，1）、DGM（1，1）、Verhulst 和 ARIMA 模型的拟合值对应的 $MAPE$ 值分别为 7.33%、23.75%、23.23%、72.77% 和 14.50%；预测结果对应的 $MAPE$ 值分别为 6.46%、9.39%、9.17%、42.82% 和 11.11%。通过比较可以得出，无论是在模拟阶段还是在预测阶段，TGRM（1，1）模型的模拟结果和预测结果对应的 $MAPE$ 值都是最小的，因此，在这种情况下也证明了相同的发现。

从图 4-7 可以看出，新提出模型的结果更接近实际的核能发电量数据的上下界，表明 TGRM（1，1）模型成功地捕捉到了实际区间灰数序列所呈现的变化趋势。对于 Verhulst 模型，值得注意的是，通过观察图 4-7 得到的上下限增长率远远超过实际区间灰数序列，且 $MAPE$ 值高于其他比较模型。

基于上述三个实例，GM（1，1）、DGM（1，1）、Verhulst 和 ARIMA 模型在模拟和预测清洁能源发电量方面的结果是不合理的。GM（1，1）与 DGM（1，1）两个模型之间差异不明显，也说明两个模型之间的相似性[99]。此外，还可以看出 GM（1，1）和 DGM（1，1）曲线仅反映了清洁能源发电的增长趋势，ARIMA 和 Verhulst 模型显示出与实际数据的巨大差异。

由上述结果还可以看出，基于区间灰数序列的 TGRM（1，1）模型的模拟和预测精度优于其他模型。这是因为 TGRM（1，1）模型中引入了动态时变参数和随机扰动项，能够反映原始数据的变化趋势，此外，通过将微分方程原理引入灰色模型，求解了基于区间灰数序列的灰色 Riccati 模型，该模型考虑了区间灰数序列的非线性特征，并根据参数变化有效地选择不同的求解过程。综上所述，基于区间灰数序列的 TGRM（1，1）模型不仅在模拟期具有最高的模拟精度，而且在预测期也比其他四种模型表现出更高的预测精度，达到了高精度水平。清洁能源发电数据趋势呈现明显的非线性和不确定性变化，因此建立基于区间灰数的 TGRM（1，1）模型是可行的。

表4－4 不同模型对于核能发电量的拟合和预测值

单位：亿千瓦时

年份	实际值	TGRM (1, 1) 拟合值	APE (%)	GM (1, 1) 拟合值	APE (%)	DGM (1, 1) 拟合值	APE (%)	Verhulst 拟合值	APE (%)	ARIMA 拟合值	APE (%)
2005	[3.92, 5.03]	—	—	—	—	—	—	—	—	—	—
2006	[4.09, 5.12]	[4.09, 5.12]	0	[4.09, 5.12]	0	[4.09, 5.12]	0	[4.09, 5.12]	0	[4.09, 5.12]	0
2007	[3.59, 6.41]	[3.83, 6.19]	5.06	[1.00, 2.99]	62.78	[1.04, 3.10]	61.35	[5.63, 5.12]	35.60	[4.19, 5.80]	13.12
2008	[4.93, 6.46]	[4.45, 5.94]	8.84	[5.08, 6.52]	2.09	[5.09, 6.54]	2.27	[6.15, 7.32]	23.34	[3.77, 6.52]	12.23
2009	[4.14, 6.66]	[4.52, 7.05]	7.57	[2.17, 4.65]	38.89	[2.22, 4.77]	37.29	[8.09, 7.87]	77.37	[5.83, 9.10]	31.25
2010	[5.10, 7.03]	[5.08, 7.32]	2.24	[6.48, 8.47]	23.76	[6.50, 8.50]	24.16	[9.08, 10.60]	72.53	[3.06, 5.52]	30.69
2011	[6.55, 8.14]	[5.38, 8.80]	13.00	[3.84, 6.93]	28.14	[3.90, 7.07]	26.76	[11.58, 11.74]	81.19	[6.82, 9.57]	10.87
2012	[6.95, 9.27]	[6.63, 8.53]	6.34	[8.46, 11.16]	21.04	[8.50, 11.20]	21.57	[13.21, 15.11]	86.28	[7.29, 8.90]	4.44
2013	[7.16, 10.49]	[7.29, 12.10]	8.57	[6.19, 10.09]	8.67	[6.28, 10.25]	7.28	[16.40, 16.92]	114.54	[7.90, 11.05]	7.86
2014	[7.26, 13.20]	[9.03, 12.94]	13.14	[11.26, 14.87]	33.85	[11.33, 14.93]	34.54	[18.76, 20.99]	118.16	[7.82, 11.25]	11.24
2015	[12.25, 16.86]	[10.06, 17.22]	10.02	[9.52, 14.46]	18.26	[9.64, 14.64]	17.23	[22.70, 23.51]	76.44	[9.26, 16.01]	14.72
2016	[15.00, 21.36]	[14.84, 20.47]	2.64	[15.21, 20.02]	3.85	[15.32, 20.10]	4.01	[25.77, 28.25]	59.36	[17.99, 22.89]	13.57
2017	[19.91, 23.08]	[20.77, 22.59]	3.23	[14.21, 20.52]	19.87	[14.38, 20.71]	19.47	[30.35, 31.38]	55.60	[17.16, 24.30]	9.55
MAPE			7.33		23.75		23.23		72.77		14.50
年份	实际值	TGRM (1, 1) 预测值	APE (%)	GM (1, 1) 预测值	APE (%)	DGM (1, 1) 预测值	APE (%)	Verhulst 预测值	APE (%)	ARIMA 预测值	APE (%)
2018	[21.58, 30.59]	[24.13, 29.81]	7.18	[20.79, 27.14]	7.48	[20.94, 27.24]	6.96	[33.93, 40.16]	44.27	[24.63, 28.30]	10.81
2019	[27.20, 33.21]	[23.40, 33.06]	7.21	[20.83, 28.90]	18.20	[21.05, 29.11]	17.47	[38.85, 45.66]	40.17	[25.08, 34.67]	6.10
2020	[28.67, 35.28]	[30.01, 37.15]	4.99	[28.65, 37.00]	2.48	[28.86, 37.12]	2.95	[42.59, 49.23]	44.04	[34.54, 39.64]	16.41
MAPE			6.46		9.39		9.17		42.82		11.11

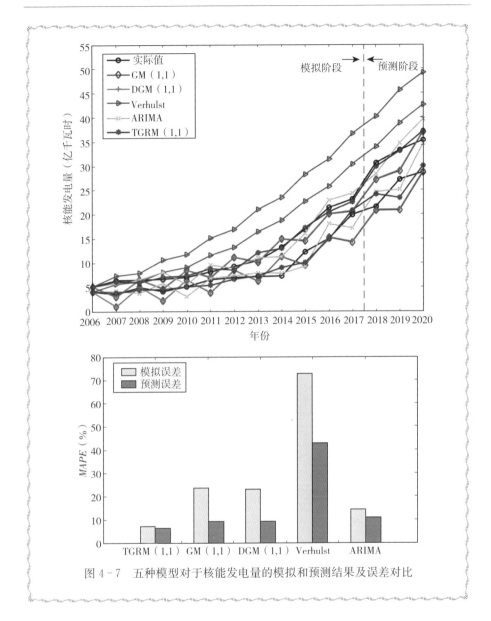

图 4 - 7　五种模型对于核能发电量的模拟和预测结果及误差对比

4.1.5　基于时变灰色 Riccati 模型的农业碳排放预测

根据当前我国农业发展情况，为更好地达到预测效果，本研究选取 2015—2020 年的农业碳排放数据，利用新型时变灰色 Riccati 模型对我国农牧业碳排放进行预测，该模型通过引入时变参数和随机扰动项，反映参数随时间的变化，从微分信息原理出发，求解 TGRM（1，1）模型的差分方程，使预测具有较高的灵活性。通过将 2015—2020 年农业碳排放作为原始序列，将原始序列进行初值化处理，在此基础上，建立时变灰色 Riccati 模型，得到拟合和预测序列之后再通过逆变换，还原模拟值和预测值，构建出我国农地利用、水稻种植、农作物种植、畜牧养殖和农业碳排放总量的预测模型，如式（4.26）至式（4.30）所示，并预测 2021—2025 年农业碳排放的变化趋势，结果如表 4-5 所示。

表 4-5　2021—2025 年我国农业碳排放情况

单位：万吨

年份	农地利用	水稻种植	农作物种植	畜牧养殖	碳排放总量
2021	8 739.17	5 656.92	2 145.99	11 096.36	27 816.23
2022	8 288.61	5 634.70	2 145.78	10 651.68	26 999.91
2023	7 795.06	5 614.45	2 145.66	10 171.62	26 125.69
2024	7 263.87	5 595.99	2 145.59	9 658.96	25 195.49
2025	6 702.92	5 579.15	2 145.56	9 117.75	24 212.51

农地利用预测模型为：

$$\frac{\mathrm{d}x^{(1)}(t)}{\mathrm{d}t} + 2.230\ 5x^{(1)}(t) = -0.039\ 9(x^{(1)}(t))^2 + 2.334\ 9(t-1) + 2.086\ 7$$

$$(4.41)$$

水稻种植预测模型为：

$$\frac{\mathrm{d}x^{(1)}(t)}{\mathrm{d}t} - 3.381\ 4x^{(1)}(t) = 0.023\ 6(x^{(1)}(t))^2 - 3.472\ 9(t-1) - 0.645\ 0$$

$$(4.42)$$

农作物种植预测模型为：

$$\frac{\mathrm{d}x^{(1)}(t)}{\mathrm{d}t} - 0.078\ 8x^{(1)}(t) = 0.002\ 4(x^{(1)}(t))^2 - 0.093\ 3(t-1) + 0.961\ 7$$

$$(4.43)$$

畜牧养殖预测模型为：

$$\frac{\mathrm{d}x^{(1)}(t)}{\mathrm{d}t} + 0.929\ 5x^{(1)}(t) = -0.023\ 4(x^{(1)}(t))^2 + 1.008\ 1(t-1) + 1.414\ 8$$

$$(4.44)$$

农业碳排放总量预测模型为：

$$\frac{\mathrm{d}x^{(1)}(t)}{\mathrm{d}t} + 1.108\,7x^{(1)}(t) = -0.017\,9(x^{(1)}(t))^2 + 1.155\,1(t-1) + 1.533\,4$$

$$(4.45)$$

通过计算可以得到，模型的平均相对误差是 0.975 6%，小于 0.001，这说明该模型的预测精度为一级，所以该模型的精准度较高。

根据时变灰色 Riccati 模型的预测结果可以看出，从 2021—2025 年，我国农业碳排放的变化趋势总体均呈下降趋势明显（图 4-8）。这是由于近年来我国意识到农业碳排放不断上升问题的严重性，长此以往会导致居民生活水平的下降以及更为恶劣的生态污染，故颁布了一系列减少碳排放量、优化生态环境的法案。利用新技术、新生产方式加强对农业中种植业、畜牧业的主要温室气体排放源排放量的削减，从而有效控制农业温室气体的总体排放，实现减源增汇。

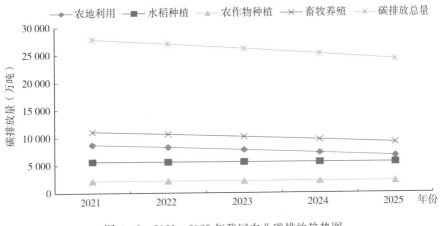

图 4-8 2021—2025 年我国农业碳排放趋势图

近年来，随着低碳种植技术的应用，稻田优化灌溉、化肥减施增效均是控制并减少种植业乃至农业总体碳排放的重要举措之一。尽管化肥及农药在生产、施用等环节易造成环境负效应，但农户使用习惯仍需要很长时间转变，在缺乏优质环保的替代品的前提下，发展精准农业可以在提高单产的同时减少化肥、农药用量，大大提高农业资源的利用效率和有效性。事实上，除需重点推进化肥减施增效外，优化间歇灌溉、推广秸秆还田也可以更好地减少作物碳排放，增加碳汇[183]。未来随着集约化、规模化养殖程度提高，配套的畜禽粪便管理措施灵活改进，粪便管理过程会减少温室气体的排放。

4.2 基于灰色 TVNGM（1，N）模型的农业碳排放预测

多变量灰色预测模型因其能够反映变量之间的相互关系而备受关注，且在现实生活中，相关因素会对系统特征因素产生非线性影响，得到越来越多学者的关注[184][157]，但没有考虑相关因素参数随时间的变化特征对灰色预测模型精度的重要影响，因此，本章引入线性时变项和误差项代替固定参数，构建时变多变量非线性灰色预测模型（TVNGM（1，N）），并在实例中验证优化模型的建模效果。最后，对于趋势变化明显的农业碳排放数据建立小样本的预测模型是有效分析我国碳排放趋势的基础。因此，本章构建基于灰色系统的预测模型来预测农业碳排放，对于政府相关部门实现碳减排目标和调整碳减排政策具有重要意义。

4.2.1 原始 GM（1，N）模型及其缺陷分析

4.2.1.1 原始 GM（1，N）模型

定义 4.5 设系统特征序列 $X_1^{(0)} = \{x_1^{(0)}(1), x_1^{(0)}(2), \cdots, x_1^{(0)}(m)\}$，相关因素序列为 $X_i^{(0)} = \{x_i^{(0)}(1), x_i^{(0)}(2), \cdots, x_i^{(0)}(m)\}, i = 2, 3, \cdots, N$，$X_1^{(1)}$ 与 $X_i^{(1)}$ 分别为 $X_1^{(0)}$ 与 $X_i^{(0)}$ 的一阶累加生成序列，其中 $x_i^{(1)}(k) = \sum_{j=1}^{k} x_i^{(0)}(j)$，$i = 1, 2, \cdots, N, k = 1, 2, \cdots, m$，$Z_1^{(1)}$ 是 $X_1^{(1)}$ 的紧邻均值生成序列，则称：

$$x_1^{(0)}(k) + az_1^{(1)}(k) = \sum_{i=2}^{N} b_i x_i^{(1)}(k) \tag{4.46}$$

为 GM（1，N）模型的基本形式。

$$\frac{dx_1^{(1)}}{dt} + ax_1^{(1)} = \sum_{i=2}^{N} b_i x_i^{(1)} \tag{4.47}$$

记为 GM（1，N）模型的白化微分方程。

定理 4.1 设 $X_i^{(0)}$，$X_i^{(1)}(i = 2, 3, \cdots, m)$，$Z_1^{(1)}$ 如定义 4.5 所示，$\hat{a} = [a, b_2, \cdots, b_N]^T$ 为参数列，且：

$$Y = \begin{bmatrix} x_1^{(0)}(2) \\ x_1^{(0)}(3) \\ \vdots \\ x_1^{(0)}(n) \end{bmatrix}, \quad B = \begin{bmatrix} -z_1^{(1)}(2) & x_2^{(1)}(2) & \cdots & x_N^{(1)}(2) \\ -z_1^{(1)}(3) & x_2^{(1)}(3) & \cdots & x_N^{(1)}(3) \\ \vdots & \vdots & & \vdots \\ -z_1^{(1)}(n) & x_2^{(1)}(n) & \cdots & x_N^{(1)}(n) \end{bmatrix}$$

则 GM（1，N）模型的参数列满足 $\hat{a}=(\boldsymbol{B}^{\mathrm{T}}\boldsymbol{B})^{-1}\boldsymbol{B}^{\mathrm{T}}\boldsymbol{Y}$。

证明：由矩阵 $\boldsymbol{B}$、$\boldsymbol{Y}$ 的表达式可见，GM（1，N）模型可以转化为 $\boldsymbol{Y}=\boldsymbol{B}\hat{a}$，考虑到 $\boldsymbol{B}$ 为列满秩的情况，则有 $\boldsymbol{B}^{\mathrm{T}}\boldsymbol{Y}=\boldsymbol{B}^{\mathrm{T}}\boldsymbol{B}\hat{a}$，进一步求解可得 $\hat{a}=(\boldsymbol{B}^{\mathrm{T}}\boldsymbol{B})^{-1}\boldsymbol{B}^{\mathrm{T}}\boldsymbol{Y}$，定理可得。

定理 4.2 设 $X_i^{(0)}$，$X_i^{(1)}$（$i=2,3,\cdots,m$），$Z_1^{(1)}$ 和矩阵 $\boldsymbol{B}$、$\boldsymbol{Y}$ 如定义 4.5 和定理 4.1 所示，则式（4.47）的解为：

$$x_1^{(1)}(t)=\mathrm{e}^{-at}\left[x_1^{(1)}(0)-t\sum_{i=2}^N b_ix_i^{(1)}(0)+\sum_{i=2}^N\int b_ix_i^{(1)}(t)\mathrm{e}^{at}\mathrm{d}t\right]$$

$$(4.48)$$

当 $X_i^{(1)}(i=1,2,\cdots,N)$ 变化幅度很小，$\sum_{i=2}^N b_ix_i^{(1)}(k)$ 可以认为是灰常量，则 GM（1，N）模型的近似时间响应式为：

$$\hat{x}_1^{(1)}(k+1)=\left[x_1^{(1)}(1)-\frac{1}{a}\sum_{i=2}^N b_ix_i^{(1)}(k+1)\right]\mathrm{e}^{-ak}+\frac{1}{a}\sum_{i=2}^N b_ix_i^{(1)}(k+1)$$

$$(4.49)$$

4.2.1.2　原始 GM（1，N）模型缺陷分析

从原始 GM（1，N）模型的定义和建模过程可以看出在建模过程、参数应用和模型结构上有一些缺陷将影响模型的稳定性和实用性，主要的缺陷包括：

（1）建模过程缺陷：现存的原始 GM（1，N）模型的建模过程是在理想条件下从 GM（1，N）模型的白化方程推导出近似的时间响应式，特别地，$\sum_{i=2}^N b_ix_i^{(1)}(k)$ 被视为灰常量是在 $X_i^{(1)}(i=1,2,\cdots,N)$ 变化幅度很小的情况下，这与实际情况是不符合的。

（2）参数应用缺陷：参数列 $\hat{a}=[a,b_2,\cdots,b_N]^{\mathrm{T}}$ 通过式（4.46）运用最小二乘法评估，然而，GM（1，N）模型的时间响应式从等式（4.47）推导出来，参数评估与时间响应式求解分别采用差分方程和白化微分方程将产生跳跃误差。

（3）结构缺陷：从式（4.46）可以看出 GM（1，N）模型的结构是简单的，没有考虑相关因素变量非线性的变化和参数随时间变化的特征，另一方面，当 $N=1$ 时，GM（1，N）模型不能够转换为相应的 GM（1，1）模

型，这些都导致原始的 GM（1，N）模型有较差的预测精度。

4.2.2 非线性 GM（1，N）模型及其缺陷分析

4.2.2.1 非线性 GM（1，N）模型

定义 4.6 设系统特征序列 $X_1^{(0)} = \{x_1^{(0)}(1), x_1^{(0)}(2), \cdots, x_1^{(0)}(m)\}$，相关因素序列为 $X_i^{(0)} = \{x_i^{(0)}(1), x_i^{(0)}(2), \cdots, x_i^{(0)}(m)\}$，$i = 2, 3, \cdots, N$，$X_1^{(1)}$ 与 $X_i^{(1)}$ 分别为 $X_1^{(0)}$ 与 $X_i^{(0)}$ 的一阶累加生成序列，其中 $x_i^{(1)}(k) = \sum_{j=1}^{k} x_i^{(0)}(j)$，$i = 1, 2, \cdots, N, k = 1, 2, \cdots, m$，$Z_1^{(1)}$ 是 $X_1^{(1)}$ 的紧邻均值生成序列，则称：

$$x_1^{(0)}(k) + az_1^{(1)}(k) = \sum_{i=2}^{N} b_i x_i^{(1)}(k)^{\gamma_i} \qquad (4.50)$$

为非线性多变量灰色预测模型，简记为 NGM（1，N）。其中，γ_i 是相关因素变量 i 对应的幂指数，反映第 i 个相关变量对系统行为变量的非线性影响。当 $\gamma_i = 1(i = 2, 3, \cdots, N)$ 时，NGM（1，N）模型转换为 GM（1，N）模型。

定义 4.7 在 NGM（1，N）模型中，$-a$ 是发展系数，$b_i x_i^{(1)}(k)^{\gamma_i}$ 表示驱动项，b_i 是驱动系数，并且 $\hat{a} = [a, b_2, \cdots, b_N]^T$ 是参数列。

定理 4.3 设 $X_1^{(0)}$ 是系统特征序列，$X_i^{(0)}$（$i = 2, 3, \cdots, N$）是相关因素序列，$X_i^{(1)}$ 是 $X_i^{(0)}$ 的 1 - AGO 序列，并且 $Z_1^{(1)}$ 是 $X_1^{(1)}$ 的紧邻均值生成序列，且：

$$\boldsymbol{Y} = \begin{bmatrix} x_1^{(0)}(2) \\ x_1^{(0)}(3) \\ \vdots \\ x_1^{(0)}(n) \end{bmatrix}, \boldsymbol{B} = \begin{bmatrix} -z_1^{(1)}(2) & (x_2^{(1)}(2))^{\gamma_2} & \cdots & (x_N^{(1)}(2))^{\gamma_N} \\ -z_1^{(1)}(3) & (x_2^{(1)}(3))^{\gamma_2} & \cdots & (x_N^{(1)}(3))^{\gamma_N} \\ \vdots & \vdots & & \vdots \\ -z_1^{(1)}(n) & (x_2^{(1)}(n))^{\gamma_2} & \cdots & (x_N^{(1)}(n))^{\gamma_N} \end{bmatrix}$$

则 NGM（1，N）模型的参数列 $\hat{a} = [a, b_2, \cdots, b_N]^T$ 满足 $\hat{a} = (\boldsymbol{B}^T \boldsymbol{B})^{-1} \boldsymbol{B}^T \boldsymbol{Y}$。

定义 4.8 设 $\hat{a} = [a, b_2, \cdots, b_N]^T$，则：

$$\frac{\mathrm{d} x_1^{(1)}}{\mathrm{d} t} + a x_1^{(1)} = \sum_{i=2}^{N} b_i (x_i^{(1)}(t))^{\gamma_i} \qquad (4.51)$$

记为 NGM（1，N）模型的白化微分方程。

定理 4.4　设 $X_i^{(0)}$，$X_i^{(1)}(i=2,3,\cdots,m)$，$Z_1^{(1)}$ 和矩阵 $\boldsymbol{B}$、$\boldsymbol{Y}$ 如定义 4.6 和定理 4.3 所示，则式（4.51）的解为：

$$x_1^{(1)}(t) = \mathrm{e}^{-at}\left[x_1^{(1)}(0) - t\sum_{i=2}^{N} b_i(x_i^{(1)}(0))^{\gamma_i} + \sum_{i=2}^{N}\int b_i(x_i^{(1)}(t))^{\gamma_i}\,\mathrm{e}^{at}\,\mathrm{d}t \right]$$

$$(4.52)$$

当 $X_i^{(1)}$（$i=1$，2，$\cdots$，N）变化幅度很小，可视 $\sum\limits_{i=2}^{N} b_i(x_i^{(1)}(k))^{\gamma_i}$ 为灰常量，则 NGM（1，N）模型的近似时间响应式为：

$$\hat{x}_1^{(1)}(k+1) = \left[x_1^{(1)}(1) - \frac{1}{a}\sum_{i=2}^{N} b_i(x_i^{(1)}(k+1))^{\gamma_i} \right]\mathrm{e}^{-ak} + \frac{1}{a}\sum_{i=2}^{N} b_i(x_i^{(1)}(k+1))^{\gamma_i}$$

$$(4.53)$$

4.2.2.2　非线性 GM（1，N）模型缺陷分析

从 NGM（1，N）模型的定义和建模过程可以看出在建模过程、参数应用和模型结构上与 GM（1，N）模型有一些类似的缺陷，主要的缺陷包括：

（1）建模过程缺陷：NGM（1，N）模型的建模过程是在 $\sum\limits_{i=2}^{N} b_i(x_i^{(1)}(k))^{\gamma_i}$ 被视为灰常量的情况下推导出的时间响应式，这与实际情况是不符合的。

（2）参数应用缺陷：参数列 $\hat{a} = [a，b_2，\cdots，b_N]^{\mathrm{T}}$ 通过式（4.50）运用最小二乘法评估，然而，NGM（1，N）模型的时间响应式却从等式（4.51）推导出来，参数评估与时间响应式求解分别采用差分方程和白化微分方程将产生跳跃误差。

（3）结构缺陷：NGM（1，N）模型没有考虑参数随时间变化的特征，另一方面，当 N=1 时，NGM（1，N）模型不能够转换为相应的 GM（1，1）模型。

4.2.3　灰色 TVNGM（1，N）预测模型

针对系统特征序列与相关因素序列之间复杂的非线性关系，非线性灰色多变量模型被提出。然而，NGM（1，N）模型在建模机制上存在一定缺陷：一方面，原始 NGM（1，N）模型的驱动项，不能反映相关因素随时间的不同变化趋势；另一方面，参数估计与模拟值和预测值的计算使用不同的

方程，会产生跳跃误差。针对这些问题，通过引入线性时变项和误差项，建立新型时变多变量非线性灰色预测模型，即 TVNGM（1，N）模型，并推导出模型的直接建模步骤。

4.2.3.1 TVNGM（1，N）模型构建

定义 4.9 假设 $\boldsymbol{X}_1^{(0)} = \{x_1^{(0)}(1), x_1^{(0)}(2), \cdots, x_1^{(0)}(m)\}$ 为系统特征序列，$\boldsymbol{X}_i^{(0)} = \{x_i^{(0)}(1), x_i^{(0)}(2), \cdots, x_i^{(0)}(m)\}, i = 2, 3, \cdots, N$ 是相关因素序列，$\boldsymbol{X}_1^{(1)}$ 与 $\boldsymbol{X}_i^{(1)}$ 分别为 $\boldsymbol{X}_1^{(0)}$ 与 $\boldsymbol{X}_i^{(0)}$ 的一阶累积生成序列，其中 $x_i^{(1)}(k) = \sum\limits_{j=1}^{k} x_i^{(0)}(j)$，$i = 1, 2, \cdots, N, k = 1, 2, \cdots, m, z_1^{(1)}(k) = 0.5 \times (x_1^{(1)}(k) + x_1^{(1)}(k-1)), k = 2, 3, \cdots, n$ 是 $\boldsymbol{X}_1^{(1)}$ 均值生成序列，则称：

$$x_1^{(0)}(k) + az_1^{(1)}(k) = \sum_{i=2}^{N} (b_{i1} + b_{i2}k)(x_i^{(1)}(k))^{\gamma_i} + u \quad (4.54)$$

为新型时变非线性多变量灰色预测模型，简称 TVNGM（1，N）。其中，$b_{i2}k$ 是线性时变项，a，b_{21}，$\cdots$，b_{N1}，b_{22}，$\cdots$，b_{N2}，u 是参数列，γ_i 是幂指数。当 $\gamma_i = 1$，$u = 0$，$b_{i2} = 0$ 时，TVNGM（1，N）模型转化为 GM（1，N）模型[185]。

在等式（4.54）中，γ_i 反映相关因素对系统特征行为因素的非线性影响，时变项 $b_{i1} + b_{i2}k$ 反映参数在时刻 k 时的动态变化特征，此外，引入控制扰动项 u 来表示未知因素或变量偏差的影响。

值得注意的是，TVNGM（1，N）模型可以转化为各种单一变量或多变量的灰色预测模型。

（1）当 $b_{i2} = 0$，$u = 0$ 时，TVNGM（1，N）模型转化为非线性灰色多变量模型（NGM（1，N）模型）[186]：

$$x_1^{(0)}(k) + az_1^{(1)}(k) = \sum_{i=2}^{N} b_{i1}(x_i^{(1)}(k))^{\gamma_i} \quad (4.55)$$

（2）当 $\gamma_i = 2$，$b_{i2} = 0$ 时，TVNGM（1，N）模型转化为灰色多变量 Verhulst 模型（GMVM（1，N）模型）[187]：

$$x_1^{(0)}(k) + az_1^{(1)}(k) = \sum_{i=2}^{N} b_{i1}(x_i^{(1)}(k))^2 + u \quad (4.56)$$

（3）当 $\gamma_i = 1$，$b_{i2} = 0$ 时，TVNGM（1，N）模型转化为灰色多变量卷积模型（GMC（1，N）模型）[188]：

$$x_1^{(0)}(k) + az_1^{(1)}(k) = \sum_{i=2}^{N} b_{i1}x_i^{(1)}(k) + u \tag{4.57}$$

（4）当 $\gamma_i = 1$，$b_{i2} = 0$，$u = 0$ 时，TVNGM（1，N）模型转化为 GM（1，N）模型[189]：

$$x_1^{(0)}(k) + az_1^{(1)}(k) = \sum_{i=2}^{N} b_{i1}(x_i^{(1)}(k)) \tag{4.58}$$

（5）当 $N = 1$ 时，TVNGM（1，N）模型等价于原始的 GM（1，1）模型[190]：

$$x_1^{(0)}(k) + az_1^{(1)}(k) = u \tag{4.59}$$

因此，TVNGM（1，N）模型是 GM（1，1）、GM（1，N）、GMC（1，N）、GMVM（1，N）、NGM（1，N）的通用一般形式。在实际应用中，可以根据实际情况调整 TVNGM（1，N）模型的参数值，选择合适的模型进行预测。

4.2.3.2　TVNGM（1，N）模型参数求解

定理 4.5[127]　假设 $\boldsymbol{X}_1^{(0)}$、$\boldsymbol{X}_i^{(0)}$、$\boldsymbol{X}_1^{(1)}$、$\boldsymbol{X}_i^{(1)}$ 和 $z_1^{(1)}(k)$ 与定义 4.9 相同，则用最小二乘法可计算出参数序列 $\hat{a} = [a, b_{21}, \cdots, b_{N1}, b_{22}, \cdots, b_{N2}, u]^{\mathrm{T}}$ 如下：

（1）当 $m-1 = 2N$ 且 $|\boldsymbol{B}| \neq 0$，则 $\hat{a} = \boldsymbol{B}^{-1}\boldsymbol{Y}$；

（2）当 $m-1 > 2N$ 且 $|\boldsymbol{B}^{\mathrm{T}}\boldsymbol{B}| \neq 0$，则 $\hat{a} = (\boldsymbol{B}^{\mathrm{T}}\boldsymbol{B})^{-1}\boldsymbol{B}^{\mathrm{T}}\boldsymbol{Y}$；

（3）当 $m-1 < 2N$ 且 $|\boldsymbol{B}\boldsymbol{B}^{\mathrm{T}}| \neq 0$，则 $\hat{a} = \boldsymbol{B}^{\mathrm{T}}(\boldsymbol{B}^{\mathrm{T}}\boldsymbol{B})^{-1}\boldsymbol{Y}$；

其中：

$$\boldsymbol{B} = \begin{bmatrix} -z_1^{(1)}(2) & (x_2^{(1)}(2))^{\gamma_2} & \cdots & (x_N^{(1)}(2))^{\gamma_N} \\ -z_1^{(1)}(3) & (x_2^{(1)}(3))^{\gamma_2} & \cdots & (x_N^{(1)}(3))^{\gamma_N} \\ \vdots & \vdots & & \vdots \\ -z_1^{(1)}(m) & (x_2^{(1)}(m))^{\gamma_2} & \cdots & (x_N^{(1)}(m))^{\gamma_N} \end{bmatrix},$$

$$\begin{matrix} 2(x_2^{(1)}(2))^{\gamma_2} & \cdots & 2(x_N^{(1)}(2))^{\gamma_N} & 1 \\ 3(x_2^{(1)}(3))^{\gamma_2} & \cdots & 3(x_N^{(1)}(3))^{\gamma_N} & 1 \\ \vdots & & \vdots & \vdots \\ m(x_2^{(1)}(m))^{\gamma_2} & \cdots & m(x_N^{(1)}(m))^{\gamma_N} & 1 \end{matrix}, \boldsymbol{Y} = \begin{bmatrix} x_1^{(0)}(2) \\ x_1^{(0)}(3) \\ \vdots \\ x_1^{(0)}(m) \end{bmatrix}$$

证明：（1）将 $k = 2, 3, \cdots, m$ 代入到等式（4.54），可以得到：

$$
\begin{cases}
x_1^{(0)}(2) = -az_1^{(1)}(2) + (b_{21} + 2b_{22})(x_2^{(1)}(2))^{\gamma_2} + (b_{31} + 2b_{32}) \\
\qquad (x_3^{(1)}(2))^{\gamma_3} + \cdots + (b_{N1} + 2b_{N2})(x_N^{(1)}(2))^{\gamma_N} + u \\
x_1^{(0)}(3) = -az_1^{(1)}(3) + (b_{21} + 3b_{22})(x_2^{(1)}(3))^{\gamma_2} + (b_{31} + 3b_{32}) \\
\qquad (x_3^{(1)}(3))^{\gamma_3} + \cdots + (b_{N1} + 3b_{N2})(x_N^{(1)}(3))^{\gamma_N} + u \\
x_1^{(0)}(m) = -az_1^{(1)}(m) + (b_{21} + mb_{22})(x_2^{(1)}(m))^{\gamma_2} + (b_{31} + mb_{32}) \\
\qquad (x_3^{(1)}(m))^{\gamma_3} + \cdots + (b_{N1} + mb_{N2})(x_N^{(1)}(m))^{\gamma_N} + u
\end{cases}
$$

$$(4.60)$$

当 $|\boldsymbol{B}| \neq 0$ 时，有可逆矩阵 $\boldsymbol{B}^{-1}$，则等式（4.60）中的参数有特解 $\hat{a} = \boldsymbol{B}^{-1}\boldsymbol{Y}$。

（2）当 $m > 2N+1$ 时，$\boldsymbol{B}$ 是列满秩矩阵，有 $\boldsymbol{B}$ 的满秩分解为 $\boldsymbol{B} = \boldsymbol{EC}$，进而可以得到 $\boldsymbol{B}$ 的广义逆矩阵为：

$$\boldsymbol{B}^+ = \boldsymbol{C}^{\mathrm{T}}(\boldsymbol{CC}^{\mathrm{T}})^{-1}(\boldsymbol{EE}^{\mathrm{T}})^{-1}\boldsymbol{E}^{\mathrm{T}} \qquad (4.61)$$

由于 $\boldsymbol{B}$ 是列满秩矩阵，设 $\boldsymbol{C}$ 为单位矩阵，则可以得到模型参数为：

$$\hat{a} = \boldsymbol{C}^{\mathrm{T}}(\boldsymbol{CC}^{\mathrm{T}})^{-1}(\boldsymbol{EE}^{\mathrm{T}})^{-1}\boldsymbol{E}^{\mathrm{T}}\boldsymbol{Y} = \boldsymbol{I}_{2N}^{\mathrm{T}}(\boldsymbol{I}_{2N}\boldsymbol{I}_{2N}^{\mathrm{T}})^{-1}(\boldsymbol{B}^{\mathrm{T}}\boldsymbol{B})\boldsymbol{B}^{\mathrm{T}}\boldsymbol{Y} = (\boldsymbol{B}^{\mathrm{T}}\boldsymbol{B})^{-1}\boldsymbol{B}^{\mathrm{T}}\boldsymbol{Y}$$

$$(4.62)$$

（3）当 $m < 2N+1$ 时，$\boldsymbol{B}$ 是行满秩矩阵，有 $\boldsymbol{E} = \boldsymbol{I}_{m-1}$，则：

$$\boldsymbol{B} = \boldsymbol{EC} = \boldsymbol{I}_{m-1}\boldsymbol{C} = \boldsymbol{C} \qquad (4.63)$$

$$\hat{a} = \boldsymbol{C}^{\mathrm{T}}(\boldsymbol{CC}^{\mathrm{T}})^{-1}(\boldsymbol{EE}^{\mathrm{T}})^{-1}\boldsymbol{E}^{\mathrm{T}}\boldsymbol{Y} = \boldsymbol{B}^{\mathrm{T}}(\boldsymbol{BB}^{\mathrm{T}})^{-1}\boldsymbol{Y} \qquad (4.64)$$

4.2.3.3 TVNGM（1，N）模型递推响应式

定理 4.6 对于定义 4.9 中的 TVNGM（1，N）模型，其时间响应式为：

$$\hat{x}_1^{(1)}(k) = \sum_{j=1}^{k-1} \Big[\sum_{i=2}^{N} h_1 h_2^{j-1} \big[b_{i1} + (k-j+1)b_{i2} \big] (x_i^{(1)}(k-j+1))^{\gamma_i} \Big]$$

$$+ h_2^{k-1}\hat{x}_1^{(1)}(1) + \sum_{v=0}^{k-2} h_2^v h_3, k = 2, 3, \cdots, m \qquad (4.65)$$

其中：

$$h_1 = \frac{1}{1+0.5a}, h_2 = \frac{1-0.5a}{1+0.5a}, h_3 = \frac{u}{1+0.5a}$$

证明：将 $x_1^{(0)}(k) = x_1^{(1)}(k) - x_1^{(1)}(k-1)$ 和 $z_1^{(1)}(k) = 0.5 \times (x_1^{(1)}(k) + x_1^{(1)}(k-1))$ 代入 TVNGM（1，N）模型方程，得到：

$$x_1^{(1)}(k) - x_1^{(1)}(k-1) + 0.5a(x_1^{(1)}(k) + x_1^{(1)}(k-1)) =$$

$$\sum_{i=2}^{N} (b_{i1} + b_{i2}k)(x_i^{(1)}(k))^{\gamma_i} + u \qquad (4.66)$$

对等式（4.66）进行移项，可以得到递归函数：

$$\hat{x}_1^{(1)}(k) = \frac{1}{1+0.5a} \sum_{i=2}^{N} (b_{i1} + b_{i2}k)(x_i^{(1)}(k))^{\gamma_i}$$

$$+ \frac{1-0.5a}{1+0.5a} \hat{x}_1^{(1)}(k-1) + \frac{u}{1+0.5a} \qquad (4.67)$$

令 $h_1 = \dfrac{1}{1+0.5a}, h_2 = \dfrac{1-0.5a}{1+0.5a}, h_3 = \dfrac{u}{1+0.5a}$ ，然后等式（4.67）变

为：

$$\hat{x}_1^{(1)}(k) = h_1 \sum_{i=2}^{N} (b_{i1} + b_{i2}k)(x_i^{(1)}(k))^{\gamma_i} + h_2 \hat{x}_1^{(1)}(k-1) + h_3$$

$$(4.68)$$

即：

$$\hat{x}_1^{(1)}(k) = h_1 \sum_{i=2}^{N} (b_{i1} + b_{i2}k)(x_i^{(1)}(k))^{\gamma_i} + h_1 h_2 \sum_{i=2}^{N} (b_{i1} + b_{i2}(k-1))$$

$$(x_i^{(1)}(k-1))^{\gamma_i} + \cdots + h_1 h_2^{k-2} \sum_{i=2}^{N} (b_{i1} + 2b_{i2})(x_i^{(1)}(2))^{\gamma_i}$$

$$+ h_2^{k-1} \hat{x}_1^{(1)}(1) + h_2^{k-2} h_3 + \cdots + h_3 \qquad (4.69)$$

对等式（4.69）的右项进行递推可得：

$$h_1 \sum_{i=2}^{N} (b_{i1} + b_{i2}k)(x_i^{(1)}(k))^{\gamma_i} + h_1 h_2 \sum_{i=2}^{N} (b_{i1} + b_{i2}(k-1))(x_i^{(1)}(k-1))^{\gamma_i} + \cdots$$

$$+ h_1 h_2^{k-2} \sum_{i=2}^{N} (b_{i1} + 2b_{i2})(x_i^{(1)}(2))^{\gamma_i}$$

$$= \sum_{j=1}^{k-1} \Big[\sum_{i=2}^{N} h_1 h_2^{j-1} [b_{i1} + (k-j+1)b_{i2}](x_i^{(1)}(k-j+1))^{\gamma_i} \Big]$$

$$h_2^{k-1} \hat{x}_1^{(1)}(1) + h_2^{k-2} h_3 + \cdots + h_3 = h_2^{k-1} \hat{x}_1^{(1)}(1) + \sum_{v=0}^{k-2} h_2^v h_3$$

然后，可推导出时间响应式为：

$$\hat{x}_1^{(1)}(k) = \sum_{j=1}^{k-1} \Big[\sum_{i=2}^{N} h_1 h_2^{j-1} [b_{i1} + (k-j+1)b_{i2}](x_i^{(1)}(k-j+1))^{\gamma_i} \Big]$$

$$+ h_2^{k-1} \hat{x}_1^{(1)}(1) + \sum_{v=0}^{k-2} h_2^v h_3$$

$$k = 2, 3, \cdots, m$$

证毕。

令 $\hat{x}_1^{(1)}(1) = x_1^{(0)}(1)$，则根据定义 4.9 累减还原得：

$$\hat{x}_1^{(0)}(k) = \hat{x}_1^{(1)}(k) - \hat{x}_1^{(1)}(k-1)$$

$$= h_1 \sum_{i=2}^{N} (b_{i1} + b_{i2}k)(x_i^{(1)}(k))^{\gamma_i} + h_1(h_2 - 1)$$

$$\sum_{j=1}^{k-2} \Big[\sum_{i=2}^{N} h_2^{j-1}[b_{i1} + (k-j)b_{i2}](x_i^{(1)}(k-j))^{\gamma_i} \Big] \qquad k = 2,3,\cdots,N$$

$$+ (h_2 - 1)h_2^{k-2} \hat{x}_1^{(0)}(1) + h_2^{k-2}h_3$$

$$\tag{4.70}$$

4.2.4 TVNGM（1，N）模型参数优化

参数的精确估计对于提高预测精度至关重要，对于给定的系统，TVNGM（1，N）模型中幂指数反映相关因素序列 $X_i^{(1)}(i=2,3,\cdots,N)$ 对系统特征数据序列 $X_1^{(0)}$ 具有非线性影响，在建模过程中，这些幂指数是未知的，必须在估计参数序列之前确定。因此，遵循预测值和实际值之间的平均误差最小化准则，考虑参数之间的约束关系，可以计算出幂指数的最优值，目标函数如下所示：

$$\min avg(e(\gamma_i)) = \frac{1}{m-1} \sum_{k=2}^{m} \frac{|\hat{x}_1^{(0)}(k) - x_1^{(0)}(k)|}{x_1^{(0)}(k)}$$

$$\text{s. t.} \begin{cases} \hat{x}_1^{(0)}(k) = h_1 \sum_{i=2}^{N} (b_{i1} + b_{i2}k)(x_i^{(1)}(k))^{\gamma_i} + h_1(h_2 - 1) \\ \quad \times \sum_{j=1}^{k-2} \Big[\sum_{i=2}^{N} h_2^{j-1}[b_{i1} + (k-j)b_{i2}](x_i^{(1)}(k-j))^{\gamma_i} \Big] \\ \quad + (h_2 - 1)h_2^{k-2} \hat{x}_1^{(0)}(1) + h_2^{k-2}h_3, k = 2,3,\cdots,N \\ \hat{x} = [a,b_{21},\cdots,b_{N1},b_{22},\cdots,b_{N2},u]^{\mathrm{T}} \end{cases} \tag{4.71}$$

上述优化问题可以通过在 MATLAB 中编程使用粒子群优化算法（PSO）来解决。PSO 算法以随机解开始，通过连续迭代找到最优目标解。因此，以模拟值与原始值之间的绝对百分比误差为适应度函数，则有：

$$Fitness = \min_{\gamma_i} \sum_{k=1}^{m} \frac{|\hat{x}_1^{(0)}(k) - x_1^{(0)}(k)|}{x_1^{(0)}(k)}, i = 2,3,\cdots,N$$

$$\tag{4.72}$$

首先，粒子群中每个粒子 i 在 n 维空间中的位置和速度可以随机表示为 $\boldsymbol{X}_i = \left[x_{i1}, x_{i1}, \cdots, x_{im}\right]$ 与 $\boldsymbol{V}_i = \left[v_{i1}, v_{i1}, \cdots, v_{im}\right]$。

随后，设置 $pBest$ 为第 i 次迭代时的最小适应度，设置 $gBest$ 为群体中的全局最优位置，并且 $gBest$ 在 $pBest < gBest$ 情况下被接受，进化过程中粒子速度和位置更新公式如下所示：

$$v_{k+1} = \omega \times v_k + c_1 \times (pBest_k - x_k) \times r_1 + c_2 \times (gBest_k - x_k) \times r_2$$
$$x_{k+1} = x_k + v_{k+1} \tag{4.73}$$

式中，c_1，c_2 是加速度因子，r_1，r_2 是 $[0, 1]$ 范围内的随机变量，ω 是惯性权重。

最后，当适应度函数值最小时，此时确定最佳 γ_i，并计算参数列 a，b_{21}，$\cdots$，b_{N1}，b_{22}，$\cdots$，b_{N2}，u。

4.2.5　模型误差检验

绝对百分比误差（APE）和平均绝对百分比误差（MAPE）被用来估计模型的预测精度。APE 和 $MAPE$ 的数学公式表示[191]：

$$APE(\%) = \frac{\left|\hat{x}_1^{(0)}(k) - x_1^{(0)}(k)\right|}{x_1^{(0)}(k)} \times 100 \tag{4.74}$$

$$MAPE(\%) = \sum_{k=1}^{m} \frac{\left|\hat{x}_1^{(0)}(k) - x_1^{(0)}(k)\right|}{x_1^{(0)}(k)} \times \frac{100}{m} \tag{4.75}$$

式中 $x_i^{(0)}(k)$ 是实际值，$\hat{x}_i^{(0)}(k)$ 是预测值。如果 $MAPE$ 小于 10%，则认为模型精度高；$10\% \sim 20\%$ 被认为模型精度较高；$20\% \sim 50\%$ 则预测精度中等；若超过 50% 则模型精度较差[192]。

根据上述研究，TVNGM（1，N）的建模过程可以概括为五个步骤：

步骤 1：输入原始系统特征序列 $x_1^{(0)}(k)$ 和相关变量序列 $x_2^{(0)}(k)$，$x_3^{(0)}(k)$，$\cdots$，$x_N^{(0)}(k)$；

步骤 2：计算系统特征序列与相关变量序列之间的灰色关联度；

步骤 3：根据定义 4.9 计算累计生成序列和背景值序列；

步骤 4：通过定理 4.5 和等式（4.71）构造矩阵 $\boldsymbol{B}$ 和矩阵 $\boldsymbol{Y}$，利用估计的幂指数 γ_i 计算参数值 $\hat{a} = [a, b_{21}, \cdots, b_{N1}, b_{22}, \cdots, b_{N2}, u]^{\mathrm{T}}$；

步骤 5：通过等式（4.70）计算拟合值和预测值，并使用等式（4.74）

和式（4.75）得到模型的误差。

4.2.6　案例分析

在减少化肥、农药等农业资源投入、控制农业环境污染、减少农业碳排放的同时，要确保农业产出不下降。农业技术创新注重农业资源的利用，通过增加农业资源的使用效率，可以最大限度地减少废物排放，从根本上遏制农业碳排放。因此，农业技术创新不仅可以增加农户收入，保障粮食安全，还可以在实现农业可持续发展的同时，保证农业经济的稳定增长。本章选取农业生产总值（GAP）作为农业经济增长的测度，农业专利数量（AP）作为农业技术创新水平的测度。2006—2018 年的 GAP 和 AP 观测数据来源于《中国统计年鉴》和《中国科技统计年鉴》，见表 4-6，$X_1^{(0)}$ 和 $X_2^{(0)}$ 分别表示 GAP 和 AP，其关联度为 $\gamma\left(X_1^{(0)}, X_2^{(0)}\right) = 0.759\ 6$，说明 AP 与 GAP 有很大的关联性。

表 4-6　GAP 和 AP 的原始数据

年份	$X_1^{(0)}$	$X_2^{(0)}$	年份	$X_1^{(0)}$	$X_2^{(0)}$
2006	4 081.08	460	2013	9 317.37	1 713
2007	4 865.18	427	2014	9 782.25	1 929
2008	5 742.08	535	2015	10 189.35	2 363
2009	5 931.13	604	2016	10 647.87	2 482
2010	6 776.31	784	2017	10 933.17	3 128
2011	7 883.70	986	2018	11 357.95	3 725
2012	8 634.22	1 474			

按照 TVNGM（1，N）的建模步骤，求得模型的参数及方程为：

$$x_1^{(0)}(k) - 0.124\ 4z_1^{(1)}(k) = (0.224\ 9 - 0.040\ 9k)(x_2^{(1)}(k))^{0.730\ 9} + 3\ 908.053\ 6$$

$$(4.76)$$

由公式（4.76）计算得出 GAP 的模拟值和预测值，结果见表 4-7 和图 4-9。从中可以看出，NGM（1，2）模型模拟值和预测值的 MAPE 分别为 1.87% 和 1.71%，远远小于 GM（1，1）模型和 GM（1，2）模型，且曲线更接近实际值曲线，对于 GM（1，1）模型和 GM（1，2）模型，预测值表明，图 4-9 中 GAP 将随着 2015 年以来的增长趋势而出现较高的涨幅，忽略了农业技术创新的非线性影响。而 NGM（1，2）模型由于引入了幂指数，其结果考虑了相关因素的非线性影响。经时变参数修正后，TVNGM（1，2）的模拟误差和预测误差分别为 1.78% 和 1.21%，精度较高。此外，通过与 GM（1，2）、NGM（1，2）和 TVNGM（1，2）曲线的比较，可以明显看出 TVNGM（1，2）在 GAP 预测结果中的误差最小。

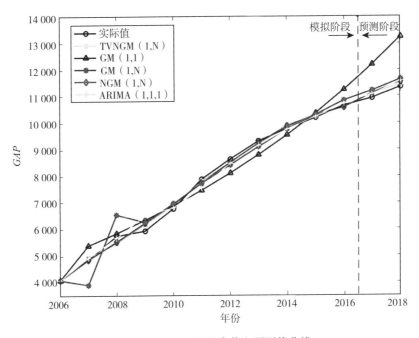

图 4-9　GAP 的拟合值和预测值曲线

4.2.7　基于 TVNGM（1，2）模型的农业碳排放预测

4.2.7.1　不同模型预测模拟比较

中国作为一个发展中国家，随着城市化进程的加快，未来农业碳排放的变化趋势值得关注，为此，本研究将中国农业碳排放分成不同时期进行模拟和预测。从灰色建模理论中可以知道，灰色预测模型只需要少量的样本数据来构建模型，过多的样本数据会降低灰色模型的适应性，为增强由于灰色模型对大样本数据的适应性，本章采用一种类似于滚动建模机制的样本分割方

表 4-7 四种模型对于 GAP 的模拟值和预测值

年份	实际值	TVNGM (1, 2)		GM (1, 1)		GM (1, 2)		NGM (1, 2)		ARIMA	
		模拟值	APE (%)	模拟值	APE (%)	模拟值	APE (%)	模拟值	APE (%)	模拟值	APE (%)
2006	4 081.08	4 081.08	—	4 081.08	—	4 081.08	—	4 081.08	—	—	—
2007	4 865.18	4 930.90	1.35	5 382.14	10.63	3 896.11	19.92	4 845.51	0.40	4 922.65	1.18
2008	5 742.08	5 468.98	4.76	5 841.37	1.73	6 546.10	14.00	5 523.81	3.80	5 679.51	1.09
2009	5 931.13	6 177.22	4.15	6 339.80	6.89	6 253.58	5.44	6 228.85	5.02	6 492.74	9.47
2010	6 776.31	6 891.03	1.69	6 880.75	1.54	6 958.70	2.69	6 952.42	2.60	6 815.92	0.58
2011	7 883.70	7 809.86	0.94	7 467.85	5.27	7 730.25	1.95	7 729.09	1.96	7 557.56	4.14
2012	8 634.22	8 506.37	1.48	8 105.06	6.13	8 412.93	2.56	8 510.52	1.43	8 466.66	1.94
2013	9 317.37	9 225.46	0.99	8 796.63	5.59	9 097.75	2.36	9 235.93	0.87	9 143.50	1.87
2014	9 782.25	9 927.89	1.49	9 547.22	2.40	9 771.64	0.11	9 861.49	0.81	9 764.26	0.18
2015	10 189.35	10 236.77	0.47	10 361.84	1.69	10 298.44	1.07	10 303.27	1.12	10 233.34	0.43
2016	10 647.87	10 594.98	0.50	11 245.98	5.62	10 839.54	1.80	10 578.57	0.65	10 647.38	0.71
MAPE			1.78		4.75		3.94		1.87		2.16
		预测值	APE (%)	预测值	APE (%)	预测值	APE (%)	预测值	APE (%)	预测值	APE (%)
2017	10 933.17	11 081.80	1.36	12 205.56	11.64	11 213.37	2.56	11 115.41	1.67	11 074.13	1.29
2018	11 357.95	11 478.63	1.06	13 247.01	16.63	11 642.18	2.50	11 556.11	1.74	11 578.79	1.94
MAPE			1.21		14.13		2.53		1.71		1.62

法，将 21 个观测结果从 2000 年开始划分为 4 个阶段，每个阶段包含 6 个观察值。同时，考虑到求解灰色模型需要以第一个样本数据为初始条件，会造成一个样本点的丢失，我们将前一阶段样本的最后一个数据点作为下一阶段的第一个数据点，这样我们就可以将 2000 年数据对应的碳排放量作为灰色模型的初始条件，并将 2000—2020 年的样本分成总共 5 个连续的样本（2000—2005 年，2005—2010 年，2010—2015 年，2015—2020 年）。

本研究通过对第二章影响因素的重要程度进行排序，选取每个阶段关联度最高的外部影响因素作为相关因素序列，然后分别构造 GM（1，2）、NGM（1，2）和 TVNGM（1，2）模型来预测农业碳排放，为了消除量纲不一致的影响，首先对指标进行初值化，然后再进行还原。对于 TVNGM（1，2）来说，通过引入幂指数 γ_2、时变参数 b_{21} 和 b_{22} 以及调节系数 u，而 NGM（1，2）模型我们需要估计三个参数，即 a、b_2 和 γ_2，但是对于 GM（1，2）模型不需要估计幂指数，因为它的默认值为 1。在本研究中，新参数的引入可能会增加模型的复杂性，通过使用粒子群优化算法，可以快速求解模型，参数估计结果如表 4 - 8 所示。

表 4 - 8　GM（1，2）、NGM（1，2）和 TVNGM（1，2）参数评估结果

时期	GM（1，2）		NGM（1，2）			TVNGM（1，2）				
	a	b_2	a	b_2	γ_2	a	b_{21}	b_{22}	γ_2	u
1	-2.118 8	-1.339 5	-0.033 2	0.980 2	0.012 0	0.943 6	0.991 0	-0.045 7	0.750 8	0.560 5
2	1.774 2	1.751 1	-0.062 4	0.976 8	0.049 0	-0.385 2	-0.407 0	0.005 2	-1.160 0	1.222 8
3	4.148 4	3.428 5	-0.062 3	0.997 2	0.042 2	0.013 8	0.032 7	-0.001 9	0.094 6	0.964 2
4	2.287 7	2.392 5	-0.036 4	1.054 6	0.061 2	1.118 1	1.395 5	-0.030 6	0.590 5	0.166 7

从表 4 - 8 中可以看出，GM（1，2）、NGM（1，2）和 TVNGM（1，2）模型在不同阶段的参数估计结果不同，因此采用分段的方法建模有助于获取这些重要参数的动态变化特征。图 4 - 10 显示了这三个模型中发展系数的变化趋势：NGM（1，2）模型的发展系数在零附近波动，而 GM（1，2）模型剧烈波动，TVNGM（1，2）模型在第 3 阶段的幂指数接近于零，在其他阶段也有非常明显的波动，因此，TVNGM（1，2）的预测结果与使用 GM（1，2）和 NGM（1，2）的预测结果不同。TVNGM（1，2）模型的

发展系数整体有非常明显的波动，有助于获得实际观测到的农业碳排放数据的非线性波动特征。

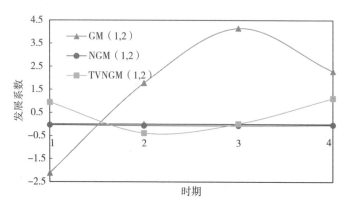

图 4-10　GM（1，2）、NGM（1，2）和 TVNGM（1，2）模型的发展系数变化

　　幂指数作为描述非线性特征的主要参数，NGM（1，2）和 TVNGM（1，2）的幂指数反映了相关因素序列对农业碳排放的非线性影响，两种非线性模型的幂指数变化如图 4-11 所示。从图中可以看出，TVNGM（1，2）模型的幂指数的波动性明显强于 NGM（1，2），在所有的四个阶段，NGM（1，2）模型的幂指数接近于零。此时，该模型的形式接近于原始的 GM（1，2）模型。不同阶段的幂指数值不同，意味着相关因素序列对农业碳排放之间的非线性关系正在发生变化，虽然 TVNGM（1，2）的发展和幂指数表现出比 NGM（1，2）更大的波动，但 NGM（1，2）的鲁棒性不一定优于 TVNGM（1，2）模型。因为 TVNGM（1，2）模型和 NGM（1，

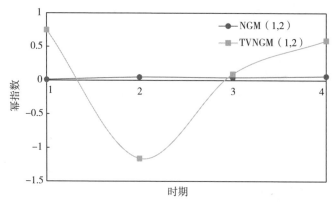

图 4-11　NGM（1，2）和 TVNGM（1，2）模型的幂指数变化

2）模型是变化模型，实际上是相同的，它们的区别在于：TVNGM（1，2）模型的解是准确的，而NGM（1，2）则是近似解。与NGM（1，2）相比，TVNGM（1，2）模型能更好地识别相关因素序列对农业碳排放的非线性影响。

上述三种灰色模型对中国农业碳排放的模拟结果及误差见表4-9所示，GM（1，2）、NGM（1，2）和TVNGM（1，2）的$MAPE$分别为6.11%、0.85%和0.37%。

表4-9 GM（1，2）、NGM（1，2）和TVNGM（1，2）模拟结果

单位：万吨

年份	碳排放总量	GM（1，2）		NGM（1，2）		TVNGM（1，2）	
		模拟值	APE（%）	模拟值	APE（%）	模拟值	APE（%）
2000	28 257.10	28 257.10		28 257.10	—	28 257.10	—
2001	28 496.80	28 644.22	0.52	28 403.22	0.33	28 556.31	0.21
2002	28 850.24	29 017.22	0.58	28 936.32	0.30	28 639.50	0.73
2003	29 105.33	29 373.26	0.92	29 417.85	1.07	29 384.28	0.96
2004	30 363.64	29 715.17	2.14	29 854.37	1.68	30 199.02	0.54
2005	30 040.03	30 291.61	0.84	30 244.29	0.68	30 075.87	0.12
2006	29 416.71	25 792.37	12.32	29 103.29	1.07	29 418.30	0.01
2007	29 154.87	33 476.61	14.82	27 695.76	5.00	29 136.92	0.06
2008	29 640.03	30 067.07	1.44	29 850.64	0.71	29 689.47	0.17
2009	30 265.83	30 487.63	0.73	30 223.12	0.14	30 217.78	0.16
2010	30 699.30	31 680.22	3.20	30 556.42	0.47	30 713.33	0.05
2011	30 807.47	21 636.87	29.77	30 798.72	0.03	30 810.97	0.01
2012	31 236.11	29 056.89	6.98	31 265.90	0.10	31 205.34	0.10
2013	31 520.01	32 719.32	3.80	31 552.03	0.10	31 586.93	0.21
2014	31 911.77	33 987.20	6.50	31 793.82	0.37	31 852.63	0.19
2015	31 956.50	34 533.65	8.06	32 021.39	0.20	31 976.28	0.06
2016	31 635.70	27 450.63	13.23	31 781.51	0.46	31 660.82	0.08
2017	31 355.74	32 030.00	2.15	31 198.11	0.50	31 449.25	0.30
2018	30 910.45	30 547.22	1.18	30 573.71	1.09	30 491.78	1.35
2019	29 307.75	30 818.85	5.16	29 870.26	1.92	29 769.82	1.58
2020	29 301.37	31 604.98	7.86	29 087.41	0.73	29 140.72	0.55
$MAPE$			6.11		0.85		0.37

显然，具有非线性效应项的 NGM（1，2）和 TVNGM（1，2）的预测精度明显高于线性多变量灰色模型 GM（1，2）。对于农业碳排放与相关影响因素之间的非线性关系，本章提出的非线性模型具有良好的适用性，并且，由于 NGM（1，2）的白化响应函数是近似解，而 TVNGM（1，2）的时间响应函数是精确解，因此 TVNGM（1，2）模型的预测精度高于 NGM（1，2）模型。这三种多变量灰色模型的模拟结果与中国农业碳排放的实际数据的接近度如图 4-12 所示。从图 4-12 中可以更清晰地看到，NGM（1，2）模型和 TVNGM（1，2）模型更接近实际数据，而 GM（1，2）的模拟数据在多个样本点处与实际数据有明显的不同。

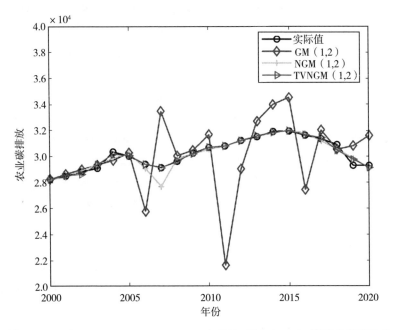

图 4-12　GM（1，2）、NGM（1，2）和 TVNGM（1，2）模型的模拟结果

4.2.7.2　农业碳排放预测

从上述研究可以看出，TVNGM（1，2）模型的预测误差最小，准确率高达 99.63%，因此，仍然将最后一个阶段中关联度最高的农业机械化程度作为相关影响因素序列，将 $a=1.118\,1$，$b_{21}=1.395\,5$，$b_{22}=-0.030\,6$，$\gamma_2=0.590\,5$，$u=0.166\,7$ 作为 TVNGM（1，2）模型的参数用于预测 2021—2025 年中国农业碳排放量，预测结果如表 4-10 所示。

表 4 - 10　2021—2015 年农业碳排放预测结果

单位：万吨

年份	农业碳排放
2021	28 540.17
2022	27 919.11
2023	27 311.56
2024	26 717.24
2025	26 135.85

从预测结果中可以看出，2021—2025 年中国农业碳排放量将持续呈现下降趋势。2015 年实施了化肥农药零增长等促进农业低碳发展的政策，有效地遏制了化学物品的投入增长势头，并显著提高了秸秆、畜禽粪便等农业污染物的综合利用水平。

4.3　本章小结

本章首先选用时变灰色 Riccati 模型来预测 2021—2025 年我国农业碳排放，根据预测结果，我国农地利用、水稻种植、农作物种植、畜牧养殖和农业碳排放总量均呈下降趋势，到 2025 年，我国农业碳排放总量为 24 212.51 万吨，比 2015 年下降了 24.23％。由于该模型是根据时间序列本身的特性来进行预测，存在一定的局限性，农牧业的发展本身易受多种因素的影响，极端气候天气事件、政策改变、市场需求变化等诸因素的变化都会影响到农牧业的发展，从而影响碳排放，因此对农牧业碳排放预测结果的使用，尚需考虑多种因素的影响。

然后又基于粒子群优化算法，将原始的非线性多变量灰色模型扩展为具有时变参数和控制扰动项的 TVNGM（1，N）模型。新模型不仅能够反映相关变量与行为特征变量之间的非线性关系，而且引入线性时变参数和控制参数能够描述相关因素的动态变化特征，改善模型结构。此外，TVNGM（1，N）的预测公式不是由白微分方程直接由其定义方程导出，避免了微分方程和差分方程之间的转换误差。进一步地将 2000—2020 年的农业碳排放数据分为 4 各阶段，通过筛选驱动因素后采用灰色系统预测模型对未来的农业碳总量进行预测，新模型能够反映相关因素与系统特征序列的非线性关系以及参数随时间的变化，并得出 2021—2025 年中国农业碳排放的预测结果。本章的模型扩展了灰色预测模型的理论分析，能为政府相关部门实现碳减排目标提供量化参考并为碳减排政策合理安排提供理论依据。

第5章　不同情景下的农业碳排放预测

目前，有许多学者研究农业碳排放，但是这些研究大多数主要是采取计量经济学模型。而影响农业碳排放的因素非常繁多且各因素之间的关系非常复杂，甚至是非线性关系。再者计量经济学模型在预测农业碳排放时，由于模型本身的限制，再加上变量选取和参数估计等多种因素的影响，模型的预测结果不够理想，影响模型的实用。同时，各地区的农业碳排放量还具有动态特征和不确定性，例如会受到当地经济水平、科技、法律法规和政策文化等诸多方面的影响，而这些因素的影响程度不完全清楚，可以看作是一个灰色系统。

MGM（1，m）模型作为多变量灰色模型 GM（1，N）的推广形式，不再仅考虑单个变量，而是对多个变量的系统描述，它反映了各变量之间相互影响、相互制约的关系，并且有较好的预测性能。自 MGM（1，m）模型提出以来，已应用于许多领域，例如电力消耗[193]、农业发展[144]、能源需求[145]、工业生产[146]等，而很少有研究利用灰色预测模型预测农业碳排放。目前用灰色模型预测农业碳排放的文献大多以"实数"为基础，而以"灰数"为建模对象预测碳排放量的文献少之又少。

因此，本章应用区间灰数多变量预测模型，并对不同情景模式下对碳排放量进行模拟和预测。本章将三元区间灰数视为三维列向量，基于动态灰色作用量和优化动态背景值，构建了区间多变量灰色模型的矩阵形式。最后，使用非线性灰色模型，量化预测在低、中、高速三个方案经济增长速度中2021—2025 年中国未来农业碳排放，预测结果可为能源规划提供依据和环境政策的制定提供参考。

5.1 基本概念

定义 5.1 假设 $\boldsymbol{X}_j^{(0)} = (x_j^{(0)}(1), x_j^{(0)}(2), \cdots, x_j^{(0)}(n)), j = 1, 2, \cdots, m$ 是原始序列，$\boldsymbol{X}_j^{(1)} = (x_j^{(1)}(1), x_j^{(1)}(2), \cdots, x_j^{(1)}(n)), j = 1, 2, \cdots, m$ 是一阶累积生成序列，其中 $x_i^{(1)}(k) = \sum_{j=1}^{k} x_i^{(0)}(j), k = 1, 2, \cdots, n$，并且 $\boldsymbol{Z}_j^{(1)} = (z_j^{(1)}(1), z_j^{(1)}(2), \cdots, z_j^{(1)}(n))$ 是 $\boldsymbol{X}_j^{(1)}$ 的均值生成序列，其中 $z_j^{(1)}(k) = \frac{1}{2}(x_j^{(1)}(k) + x_j^{(1)}(k-1)), j = 1, 2, \cdots, m, k = 2, 3, \cdots, n$。因此，具有动态灰色作用量的多变量灰色预测模型的离散形式（MGM（1，k，m））为：

$$x_j^{(0)}(k) = \sum_{i=1}^{m} b_{ji} z_i^{(1)}(k) + c_j k + d_j, j = 1, 2, \cdots, m, k = 2, 3, \cdots, n$$

$$(5.1)$$

其中 b_{ji}、c_j 和 d_j 是模型参数。

定义 5.2 如果 $x(\otimes) \in [x_L(\otimes), x_M(\otimes), x_U(\otimes)](x_L(\otimes) \leqslant x_M(\otimes) \leqslant x_U(\otimes), x_L(\otimes)、x_M(\otimes)、x_U(\otimes) \in R)$，则称 $x(\otimes)$ 为三元区间灰数，其中 $x_L(\otimes)$、$x_U(\otimes)$ 是区间灰数的下界点和上界点，$x_M(\otimes)$ 是中间值也被称为最大可能性点。如果 $x_L(\otimes) = x_M(\otimes) = x_U(\otimes)$，则 $x(\otimes)$ 变成实数 $x(\otimes) = x_L(\otimes)$。

定义 5.3 原始的非负多变量区间灰数序列是：

$$\boldsymbol{X}_j^{(0)}(\otimes_k) = \{x_j^{(0)}(\otimes_1), x_j^{(0)}(\otimes_2), \cdots, x_j^{(0)}(\otimes_n)\}, j = 1, 2, \cdots, m$$

$$(5.2)$$

其中每个区间灰数被表示为三维列向量。

$$x_j^{(0)}(\otimes_k) = \begin{bmatrix} x_{jL}^{(0)}(\otimes_k) \\ x_{jM}^{(0)}(\otimes_k) \\ x_{jU}^{(0)}(\otimes_k) \end{bmatrix}, \quad k = 1, 2, \cdots, n \qquad (5.3)$$

$\boldsymbol{X}_j^{(0)}(\otimes_k)$ 的累积生成序列由 $\boldsymbol{X}_j^{(1)}(\otimes_k)$ 表示为：

$$\boldsymbol{X}_j^{(1)}(\otimes_k) = \{x_j^{(1)}(\otimes_1), x_j^{(1)}(\otimes_2), \cdots, x_j^{(1)}(\otimes_n)\}, j = 1, 2, \cdots, m$$

$$(5.4)$$

其中：

$$x_j^{(1)}(\otimes_k) = \begin{bmatrix} x_{jL}^{(1)}(\otimes_k) \\ x_{jM}^{(1)}(\otimes_k) \\ x_{jU}^{(1)}(\otimes_k) \end{bmatrix} = \begin{bmatrix} \sum_{i=1}^{k} x_{jL}^{(0)}(\otimes_k) \\ \sum_{i=1}^{k} x_{jM}^{(0)}(\otimes_k) \\ \sum_{i=1}^{k} x_{jU}^{(0)}(\otimes_k) \end{bmatrix}, j=1,2,\cdots,m, k=1,2,\cdots,n$$

$$(5.5)$$

定义 5.4　假设 $\boldsymbol{X}_j^{(1)}(\otimes_k)$ 和定义 5.3 中相同，则 $\boldsymbol{X}_j^{(1)}(\otimes_k)$ 的均值生成序列为：

$$\boldsymbol{Z}_j^{(1)}(\otimes_k) = \{z_j^{(1)}(\otimes_2), z_j^{(1)}(\otimes_3), \cdots, z_j^{(1)}(\otimes_n)\}, j=1,2,\cdots,m$$

$$(5.6)$$

其中：
$$z_j^{(1)}(\otimes_k) = \boldsymbol{A}x_j^{(1)}(\otimes_k) + (\boldsymbol{I}-\boldsymbol{A})x_j^{(1)}(\otimes_{k-1}) \qquad (5.7)$$

$$\boldsymbol{A} = \begin{bmatrix} \lambda_{11} & \lambda_{12} & \lambda_{13} \\ \lambda_{21} & \lambda_{22} & \lambda_{23} \\ \lambda_{31} & \lambda_{32} & \lambda_{33} \end{bmatrix}, \quad \boldsymbol{I} = \begin{bmatrix} 1 & 0 & 0 \\ 0 & 1 & 0 \\ 0 & 0 & 1 \end{bmatrix}$$

展开等式（5.7），可得 $z_j^{(1)}(\otimes_k)$ 的矩阵形式为：

$$z_j^{(1)}(\otimes_k) = \begin{bmatrix} \lambda_{11} & \lambda_{12} & \lambda_{13} \\ \lambda_{21} & \lambda_{22} & \lambda_{23} \\ \lambda_{31} & \lambda_{32} & \lambda_{33} \end{bmatrix} \begin{bmatrix} x_{jL}^{(1)}(\otimes_k) \\ x_{jM}^{(1)}(\otimes_k) \\ x_{jU}^{(1)}(\otimes_k) \end{bmatrix} + \left(\begin{bmatrix} 1 & 0 & 0 \\ 0 & 1 & 0 \\ 0 & 0 & 1 \end{bmatrix} - \begin{bmatrix} \lambda_{11} & \lambda_{12} & \lambda_{13} \\ \lambda_{21} & \lambda_{22} & \lambda_{23} \\ \lambda_{31} & \lambda_{32} & \lambda_{33} \end{bmatrix} \right) \begin{bmatrix} x_{jL}^{(1)}(\otimes_{k-1}) \\ x_{jM}^{(1)}(\otimes_{k-1}) \\ x_{jU}^{(1)}(\otimes_{k-1}) \end{bmatrix}$$

$$= \begin{bmatrix} \lambda_{11}(x_{jL}^{(1)}(\otimes_k)-x_{jL}^{(1)}(\otimes_{k-1})) + \lambda_{12}(x_{jM}^{(1)}(\otimes_k)-x_{jM}^{(1)}(\otimes_{k-1})) + \\ \lambda_{21}(x_{jL}^{(1)}(\otimes_k)-x_{jL}^{(1)}(\otimes_{k-1})) + \lambda_{22}(x_{jM}^{(1)}(\otimes_k)-x_{jM}^{(1)}(\otimes_{k-1})) + \\ \lambda_{31}(x_{jL}^{(1)}(\otimes_k)-x_{jL}^{(1)}(\otimes_{k-1})) + \lambda_{32}(x_{jM}^{(1)}(\otimes_k)-x_{jM}^{(1)}(\otimes_{k-1})) + \\ \lambda_{13}(x_{jU}^{(1)}(\otimes_k)-x_{jU}^{(1)}(\otimes_{k-1})) + x_{jL}^{(1)}(\otimes_{k-1}) \\ \lambda_{23}(x_{jU}^{(1)}(\otimes_k)-x_{jU}^{(1)}(\otimes_{k-1})) + x_{jM}^{(1)}(\otimes_{k-1}) \\ \lambda_{33}(x_{jU}^{(1)}(\otimes_k)-x_{jU}^{(1)}(\otimes_{k-1})) + x_{jU}^{(1)}(\otimes_{k-1}) \end{bmatrix}$$

$$(5.8)$$

将 $x_j^{(1)}(\otimes_k) - x_j^{(1)}(\otimes_{k-1}) = x_j^{(0)}(\otimes_k)$ 代入等式（5.8），可得：

$$z_j^{(1)}(\otimes_k) = \begin{bmatrix} z_{jL}^{(1)}(\otimes_k) \\ z_{jM}^{(1)}(\otimes_k) \\ z_{jU}^{(1)}(\otimes_k) \end{bmatrix} = \begin{bmatrix} \lambda_{11}x_{jL}^{(0)}(\otimes_k)+\lambda_{12}x_{jM}^{(0)}(\otimes_k)+\lambda_{13}x_{jU}^{(0)}(\otimes_k)+x_{jL}^{(1)}(\otimes_{k-1}) \\ \lambda_{21}x_{jL}^{(0)}(\otimes_k)+\lambda_{22}x_{jM}^{(0)}(\otimes_k)+\lambda_{23}x_{jU}^{(0)}(\otimes_k)+x_{jM}^{(1)}(\otimes_{k-1}) \\ \lambda_{31}x_{jL}^{(0)}(\otimes_k)+\lambda_{32}x_{jM}^{(0)}(\otimes_k)+\lambda_{33}x_{jU}^{(0)}(\otimes_k)+x_{jU}^{(1)}(\otimes_{k-1}) \end{bmatrix}$$

$$(5.9)$$

5.2 基于矩阵形式的 IMGM（1，m，k）模型

IMGM（1，m，k）模型以三维列向量表示其背景值，同时引入上、中和下三个边界的信息去实现区间灰数的预测，通过矩阵形式反映区间灰数的独立性和完整性，并考虑三个边界值相互影响的特点。然而，原始模型通常将灰色作用量视为常数 $b_j(j=1,2,\cdots,m)$，不符合参数具有随时间变化的特性，因此用 c_jk+d_j 代替原模型 $b_j(j=1,2,\cdots,m)$，建立基于区间灰数的新型多变量灰色预测模型的矩阵形式，缩写为 IMGM（1，m，k）。

5.2.1 IMGM（1，m，k）模型构建

定义 5.5 假设 $\boldsymbol{X}_j^{(0)}(\otimes_k)$、$\boldsymbol{X}_j^{(1)}(\otimes_k)$ 和 $\boldsymbol{Z}_j^{(1)}(\otimes_k)$ 与定义 5.3 和定义 5.4 中的相同，则 IMGM（1，m，k）的模型方程建立如下：

$$x_j^{(0)}(\otimes_k)=\sum_{i=1}^m \boldsymbol{B}_{ji}z_i^{(1)}(\otimes_k)+c_j(\otimes)k+d_j(\otimes),j=1,2,\cdots,m,k=2,3,\cdots,n$$

$$(5.10)$$

其中

$$\boldsymbol{B}_{ji}=\begin{bmatrix} b_{11}^{(ji)} & b_{12}^{(ji)} & b_{13}^{(ji)} \\ b_{21}^{(ji)} & b_{22}^{(ji)} & b_{23}^{(ji)} \\ b_{31}^{(ji)} & b_{32}^{(ji)} & b_{33}^{(ji)} \end{bmatrix},z_i^{(1)}(\otimes_k)=Ax_i^{(1)}(\otimes_k)+(I-A)x_i^{(1)}(\otimes_{k-1}),$$

$$c_j(\otimes)=[c_{jL},c_{jM},c_{jU}]^T,d_j(\otimes)=[d_{jL},d_{jM},d_{jU}]^T,j=1,2,\cdots,m$$

等式（5.10）可被改写为：

$$\begin{cases} x_1^{(0)}(\otimes_k)=B_{11}z_1^{(1)}(\otimes_k)+B_{12}z_2^{(1)}(\otimes_k)+\cdots+B_{1m}z_m^{(1)}(\otimes_k)+c_1(\otimes)k+d_1(\otimes) \\ x_j^{(0)}(\otimes_k)=B_{j1}z_1^{(1)}(\otimes_k)+B_{j2}z_2^{(1)}(\otimes_k)+\cdots+B_{jm}z_m^{(1)}(\otimes_k)+c_j(\otimes)k+d_j(\otimes) \\ x_m^{(0)}(\otimes_k)=B_{m1}z_1^{(1)}(\otimes_k)+B_{m2}z_2^{(1)}(\otimes_k)+\cdots+B_{mn}z_m^{(1)}(\otimes_k)+c_m(\otimes)k+d_m(\otimes) \end{cases}$$

$$(5.11)$$

当 j 是固定并且改变 $k=2,3,\cdots,n$，可得：

$$\begin{cases} x_j^{(0)}(\otimes_2)=B_{j1}z_1^{(1)}(\otimes_2)+B_{j2}z_2^{(1)}(\otimes_2)+\cdots+B_{jm}z_m^{(1)}(\otimes_2)+2c_j(\otimes)+d_j(\otimes) \\ x_j^{(0)}(\otimes_3)=B_{j1}z_1^{(1)}(\otimes_3)+B_{j2}z_2^{(1)}(\otimes_3)+\cdots+B_{jm}z_m^{(1)}(\otimes_3)+3c_j(\otimes)+d_j(\otimes) \\ x_j^{(0)}(\otimes_n)=B_{j1}z_1^{(1)}(\otimes_n)+B_{j2}z_2^{(1)}(\otimes_n)+\cdots+B_{jm}z_m^{(1)}(\otimes_n)+nc_j(\otimes)+d_j(\otimes) \end{cases}$$

$$(5.12)$$

然后，等式（5.12）具有以下矩阵形式：

$$
\begin{bmatrix} x_{jL}^{(0)}(\bigotimes_k) \\ x_{jM}^{(0)}(\bigotimes_k) \\ x_{jU}^{(0)}(\bigotimes_k) \end{bmatrix} = \sum_{i=1}^{m} \begin{bmatrix} b_{11}^{(ji)} & b_{12}^{(ji)} & b_{13}^{(ji)} \\ b_{21}^{(ji)} & b_{22}^{(ji)} & b_{23}^{(ji)} \\ b_{31}^{(ji)} & b_{32}^{(ji)} & b_{33}^{(ji)} \end{bmatrix}
$$

$$
\begin{bmatrix} \lambda_{11} x_{iL}^{(0)}(\bigotimes_k) + \lambda_{12} x_{iM}^{(0)}(\bigotimes_k) + \lambda_{13} x_{iU}^{(0)}(\bigotimes_k) + x_{iL}^{(1)}(\bigotimes_{k-1}) \\ \lambda_{21} x_{iL}^{(0)}(\bigotimes_k) + \lambda_{22} x_{iM}^{(0)}(\bigotimes_k) + \lambda_{23} x_{iU}^{(0)}(\bigotimes_k) + x_{iM}^{(1)}(\bigotimes_{k-1}) \\ \lambda_{31} x_{iL}^{(0)}(\bigotimes_k) + \lambda_{32} x_{iM}^{(0)}(\bigotimes_k) + \lambda_{33} x_{iU}^{(0)}(\bigotimes_k) + x_{iU}^{(1)}(\bigotimes_{k-1}) \end{bmatrix}
$$

$$
+ k \begin{bmatrix} c_{jL} \\ c_{jM} \\ c_{jU} \end{bmatrix} + \begin{bmatrix} d_{jL} \\ d_{jM} \\ d_{jU} \end{bmatrix} \tag{5.13}
$$

$$
j = 1, 2, \cdots, m, k = 2, 3, \cdots, n
$$

通过简化式（5.13），有：

$$
\begin{bmatrix} 1 - b_{11}^{(jj)}\lambda_{11} - b_{12}^{(jj)}\lambda_{21} - b_{13}^{(jj)}\lambda_{31} & -b_{11}^{(jj)}\lambda_{12} - b_{12}^{(jj)}\lambda_{22} - b_{13}^{(jj)}\lambda_{32} & -b_{11}^{(jj)}\lambda_{13} - b_{12}^{(jj)}\lambda_{23} - b_{13}^{(jj)}\lambda_{33} \\ -b_{21}^{(jj)}\lambda_{11} - b_{22}^{(jj)}\lambda_{21} - b_{23}^{(jj)}\lambda_{31} & 1 - b_{21}^{(jj)}\lambda_{12} - b_{22}^{(jj)}\lambda_{22} - b_{23}^{(jj)}\lambda_{32} & -b_{21}^{(jj)}\lambda_{13} - b_{22}^{(jj)}\lambda_{23} - b_{23}^{(jj)}\lambda_{33} \\ -b_{31}^{(jj)}\lambda_{11} - b_{32}^{(jj)}\lambda_{21} - b_{33}^{(jj)}\lambda_{31} & -b_{31}^{(jj)}\lambda_{12} - b_{32}^{(jj)}\lambda_{22} - b_{33}^{(jj)}\lambda_{32} & 1 - b_{31}^{(jj)}\lambda_{13} - b_{32}^{(jj)}\lambda_{23} - b_{33}^{(jj)}\lambda_{33} \end{bmatrix}
$$

$$
\times \begin{bmatrix} x_{jL}^{(0)}(\bigotimes_k) \\ x_{jM}^{(0)}(\bigotimes_k) \\ x_{jU}^{(0)}(\bigotimes_k) \end{bmatrix} = \begin{bmatrix} h_1 + b_{11}^{(jj)} x_{jL}^{(1)}(\bigotimes_{k-1}) + b_{12}^{(jj)} x_{jL}^{(1)}(\bigotimes_{k-1}) + b_{13}^{(jj)} x_{jL}^{(1)}(\bigotimes_{k-1}) \\ h_1 + b_{21}^{(jj)} x_{jL}^{(1)}(\bigotimes_{k-1}) + b_{22}^{(jj)} x_{jL}^{(1)}(\bigotimes_{k-1}) + b_{23}^{(jj)} x_{jL}^{(1)}(\bigotimes_{k-1}) \\ h_1 + b_{31}^{(jj)} x_{jL}^{(1)}(\bigotimes_{k-1}) + b_{32}^{(jj)} x_{jL}^{(1)}(\bigotimes_{k-1}) + b_{33}^{(jj)} x_{jL}^{(1)}(\bigotimes_{k-1}) \end{bmatrix}
$$

$$
\tag{5.14}
$$

令：

$$
r_{11} = 1 - b_{11}^{(jj)}\lambda_{11} - b_{12}^{(jj)}\lambda_{21} - b_{13}^{(jj)}\lambda_{31}, \quad r_{12} = -b_{11}^{(jj)}\lambda_{12} - b_{12}^{(jj)}\lambda_{22} - b_{13}^{(jj)}\lambda_{32},
$$

$$
r_{13} = -b_{11}^{(jj)}\lambda_{13} - b_{12}^{(jj)}\lambda_{23} - b_{13}^{(jj)}\lambda_{33}
$$

$$
r_{21} = -b_{21}^{(jj)}\lambda_{11} - b_{22}^{(jj)}\lambda_{21} - b_{23}^{(jj)}\lambda_{31}, \quad r_{22} = 1 - b_{21}^{(jj)}\lambda_{12} - b_{22}^{(jj)}\lambda_{22} - b_{23}^{(jj)}\lambda_{32},
$$

$$
r_{23} = -b_{21}^{(jj)}\lambda_{13} - b_{22}^{(jj)}\lambda_{23} - b_{23}^{(jj)}\lambda_{33}
$$

$$
r_{31} = -b_{31}^{(jj)}\lambda_{11} - b_{32}^{(jj)}\lambda_{21} - b_{33}^{(jj)}\lambda_{31}, \quad r_{32} = -b_{31}^{(jj)}\lambda_{12} - b_{32}^{(jj)}\lambda_{22} - b_{33}^{(jj)}\lambda_{32},
$$

$$
r_{33} = 1 - b_{31}^{(jj)}\lambda_{13} - b_{32}^{(jj)}\lambda_{23} - b_{33}^{(jj)}\lambda_{33}
$$

将式（5.14）变转换为：

$$
\begin{bmatrix} r_{11} & r_{12} & r_{13} \\ r_{21} & r_{22} & r_{23} \\ r_{31} & r_{32} & r_{33} \end{bmatrix} \begin{bmatrix} x_{jL}^{(0)}(\bigotimes_k) \\ x_{jM}^{(0)}(\bigotimes_k) \\ x_{jU}^{(0)}(\bigotimes_k) \end{bmatrix} =
$$

$$
\begin{bmatrix}
h_1 + b_{11}^{(jj)} x_{jL}^{(1)}(\bigotimes_{k-1}) + b_{12}^{(jj)} x_{jM}^{(1)}(\bigotimes_{k-1}) + b_{13}^{(jj)} x_{jU}^{(1)}(\bigotimes_{k-1}) \\
h_2 + b_{21}^{(jj)} x_{jL}^{(1)}(\bigotimes_{k-1}) + b_{22}^{(jj)} x_{jM}^{(1)}(\bigotimes_{k-1}) + b_{23}^{(jj)} x_{jU}^{(1)}(\bigotimes_{k-1}) \\
h_3 + b_{31}^{(jj)} x_{jL}^{(1)}(\bigotimes_{k-1}) + b_{32}^{(jj)} x_{jM}^{(1)}(\bigotimes_{k-1}) + b_{33}^{(jj)} x_{jU}^{(1)}(\bigotimes_{k-1})
\end{bmatrix}
$$

$$(5.15)$$

其中：

$$
\begin{aligned}
h_1 = \sum_{\substack{i=1 \\ i \neq j}}^{m} \big[&(b_{11}^{(ji)}\lambda_{11} + b_{12}^{(ji)}\lambda_{21} + b_{13}^{(ji)}\lambda_{31}) x_{iL}^{(0)}(\bigotimes_k) + (b_{11}^{(ji)}\lambda_{12} + b_{12}^{(ji)}\lambda_{22} \\
&+ b_{13}^{(ji)}\lambda_{32}) x_{iM}^{(0)}(\bigotimes_k) + (b_{11}^{(ji)}\lambda_{13} + b_{12}^{(ji)}\lambda_{23} + b_{13}^{(ji)}\lambda_{33}) x_{iU}^{(0)}(\bigotimes_k) \\
&+ b_{11}^{(ji)} x_{iL}^{(1)}(\bigotimes_{k-1}) + b_{12}^{(ji)} x_{iM}^{(1)}(\bigotimes_{k-1}) + b_{13}^{(ji)} x_{iU}^{(1)}(\bigotimes_{k-1}) \big] + kc_{jL} + d_{jL}
\end{aligned}
$$

$$
\begin{aligned}
h_2 = \sum_{\substack{i=1 \\ i \neq j}}^{m} \big[&(b_{21}^{(ji)}\lambda_{11} + b_{22}^{(ji)}\lambda_{21} + b_{23}^{(ji)}\lambda_{31}) x_{iL}^{(0)}(\bigotimes_k) + (b_{21}^{(ji)}\lambda_{12} + b_{22}^{(ji)}\lambda_{22} \\
&+ b_{23}^{(ji)}\lambda_{32}) x_{iM}^{(0)}(\bigotimes_k) + (b_{21}^{(ji)}\lambda_{13} + b_{22}^{(ji)}\lambda_{23} + b_{23}^{(ji)}\lambda_{33}) x_{iU}^{(0)}(\bigotimes_k) \\
&+ b_{21}^{(ji)} x_{iL}^{(1)}(\bigotimes_{k-1}) + b_{22}^{(ji)} x_{iM}^{(1)}(\bigotimes_{k-1}) + b_{23}^{(ji)} x_{iU}^{(1)}(\bigotimes_{k-1}) \big] + kc_{jM} + d_{jM}
\end{aligned}
$$

$$
\begin{aligned}
h_3 = \sum_{\substack{i=1 \\ i \neq j}}^{m} \big[&(b_{31}^{(ji)}\lambda_{11} + b_{32}^{(ji)}\lambda_{21} + b_{33}^{(ji)}\lambda_{31}) x_{iL}^{(0)}(\bigotimes_k) + (b_{31}^{(ji)}\lambda_{12} + b_{32}^{(ji)}\lambda_{22} \\
&+ b_{33}^{(ji)}\lambda_{32}) x_{iM}^{(0)}(\bigotimes_k) + (b_{31}^{(ji)}\lambda_{13} + b_{32}^{(ji)}\lambda_{23} + b_{33}^{(ji)}\lambda_{33}) x_{iU}^{(0)}(\bigotimes_k) \\
&+ b_{31}^{(ji)} x_{iL}^{(1)}(\bigotimes_{k-1}) + b_{32}^{(ji)} x_{iM}^{(1)}(\bigotimes_{k-1}) + b_{33}^{(ji)} x_{iU}^{(1)}(\bigotimes_{k-1}) \big] + kc_{jU} + d_{jU}
\end{aligned}
$$

式（5.15）中 $x_{jL}^{(0)}(\bigotimes_k)$、$x_{jM}^{(0)}(\bigotimes_k)$ 和 $x_{jU}^{(0)}(\bigotimes_k)$ 可通过克莱姆法则得出：

$$
\begin{bmatrix}
x_{jL}^{(0)}(\bigotimes_k) \\
x_{jM}^{(0)}(\bigotimes_k) \\
x_{jU}^{(0)}(\bigotimes_k)
\end{bmatrix}
=
\begin{bmatrix}
\boldsymbol{D}_1 / \boldsymbol{D} \\
\boldsymbol{D}_2 / \boldsymbol{D} \\
\boldsymbol{D}_3 / \boldsymbol{D}
\end{bmatrix}
$$

$$(5.16)$$

其中：

$$
\boldsymbol{D} =
\begin{vmatrix}
r_{11} & r_{12} & r_{13} \\
r_{21} & r_{22} & r_{23} \\
r_{31} & r_{32} & r_{33}
\end{vmatrix} \neq 0
$$

$$
\boldsymbol{D}_1 =
\begin{vmatrix}
h_1 + b_{11}^{(jj)} x_{jL}^{(1)}(\bigotimes_{k-1}) + b_{12}^{(jj)} x_{jM}^{(1)}(\bigotimes_{k-1}) + b_{13}^{(jj)} x_{jU}^{(1)}(\bigotimes_{k-1}) & r_{12} & r_{13} \\
h_2 + b_{21}^{(jj)} x_{jL}^{(1)}(\bigotimes_{k-1}) + b_{22}^{(jj)} x_{jM}^{(1)}(\bigotimes_{k-1}) + b_{23}^{(jj)} x_{jU}^{(1)}(\bigotimes_{k-1}) & r_{22} & r_{23} \\
h_3 + b_{31}^{(jj)} x_{jL}^{(1)}(\bigotimes_{k-1}) + b_{32}^{(jj)} x_{jM}^{(1)}(\bigotimes_{k-1}) + b_{33}^{(jj)} x_{jU}^{(1)}(\bigotimes_{k-1}) & r_{32} & r_{33}
\end{vmatrix}
$$

$$\boldsymbol{D}_2 = \begin{vmatrix} r_{11} & h_1 + b_{11}^{(jj)} x_{jL}^{(1)}(\bigotimes_{k-1}) + b_{12}^{(jj)} x_{jM}^{(1)}(\bigotimes_{k-1}) + b_{13}^{(jj)} x_{jU}^{(1)}(\bigotimes_{k-1}) & r_{13} \\ r_{21} & h_2 + b_{21}^{(jj)} x_{jL}^{(1)}(\bigotimes_{k-1}) + b_{22}^{(jj)} x_{jM}^{(1)}(\bigotimes_{k-1}) + b_{23}^{(jj)} x_{jU}^{(1)}(\bigotimes_{k-1}) & r_{23} \\ r_{31} & h_3 + b_{31}^{(jj)} x_{jL}^{(1)}(\bigotimes_{k-1}) + b_{32}^{(jj)} x_{jM}^{(1)}(\bigotimes_{k-1}) + b_{33}^{(jj)} x_{jU}^{(1)}(\bigotimes_{k-1}) & r_{33} \end{vmatrix}$$

$$\boldsymbol{D}_3 = \begin{vmatrix} r_{11} & r_{12} & h_1 + b_{11}^{(jj)} x_{jL}^{(1)}(\bigotimes_{k-1}) + b_{12}^{(jj)} x_{jM}^{(1)}(\bigotimes_{k-1}) + b_{13}^{(jj)} x_{jU}^{(1)}(\bigotimes_{k-1}) \\ r_{21} & r_{22} & h_2 + b_{21}^{(jj)} x_{jL}^{(1)}(\bigotimes_{k-1}) + b_{22}^{(jj)} x_{jM}^{(1)}(\bigotimes_{k-1}) + b_{23}^{(jj)} x_{jU}^{(1)}(\bigotimes_{k-1}) \\ r_{31} & r_{32} & h_3 + b_{31}^{(jj)} x_{jL}^{(1)}(\bigotimes_{k-1}) + b_{32}^{(jj)} x_{jM}^{(1)}(\bigotimes_{k-1}) + b_{33}^{(jj)} x_{jU}^{(1)}(\bigotimes_{k-1}) \end{vmatrix}$$

展开式（5.15），可以得到 IMGM（1，m，k）的矩阵形式：

$$\begin{bmatrix} x_{jL}^{(0)}(\bigotimes_k) \\ x_{jM}^{(0)}(\bigotimes_k) \\ x_{jU}^{(0)}(\bigotimes_k) \end{bmatrix} = \sum_{\substack{i=1 \\ i \neq j}}^{m} \begin{bmatrix} u_{11}^{(ji)} & u_{12}^{(ji)} & u_{13}^{(ji)} \\ u_{21}^{(ji)} & u_{22}^{(ji)} & u_{23}^{(ji)} \\ u_{31}^{(ji)} & u_{32}^{(ji)} & u_{33}^{(ji)} \end{bmatrix} \begin{bmatrix} x_{iL}^{(0)}(\bigotimes_k) \\ x_{iM}^{(0)}(\bigotimes_k) \\ x_{iU}^{(0)}(\bigotimes_k) \end{bmatrix} + \sum_{i=1}^{m} \begin{bmatrix} q_{11}^{(ji)} & q_{12}^{(ji)} & q_{13}^{(ji)} \\ q_{21}^{(ji)} & q_{22}^{(ji)} & q_{23}^{(ji)} \\ q_{31}^{(ji)} & q_{32}^{(ji)} & q_{33}^{(ji)} \end{bmatrix} \begin{bmatrix} x_{iL}^{(1)}(\bigotimes_{k-1}) \\ x_{iM}^{(1)}(\bigotimes_{k-1}) \\ x_{iU}^{(1)}(\bigotimes_{k-1}) \end{bmatrix}$$

$$+ k \begin{bmatrix} e_{jL} \\ e_{jM} \\ e_{jU} \end{bmatrix} + \begin{bmatrix} f_{jL} \\ f_{jM} \\ f_{jU} \end{bmatrix} \tag{5.17}$$

$$j = 1, 2, \cdots, m, k = 2, 3, \cdots, n$$

其中：

$$u_{1g}^{(ji)} = \frac{1}{\boldsymbol{D}} \begin{vmatrix} b_{11}^{(ji)} \lambda_{1g} + b_{12}^{(ji)} \lambda_{2g} + b_{13}^{(ji)} \lambda_{3g} & r_{12} & r_{13} \\ b_{21}^{(ji)} \lambda_{1g} + b_{22}^{(ji)} \lambda_{2g} + b_{23}^{(ji)} \lambda_{3g} & r_{22} & r_{23} \\ b_{31}^{(ji)} \lambda_{1g} + b_{32}^{(ji)} \lambda_{2g} + b_{33}^{(ji)} \lambda_{3g} & r_{32} & r_{33} \end{vmatrix}, g = 1, 2, 3,$$

$$q_{1g}^{(ji)} = \frac{1}{\boldsymbol{D}} \begin{vmatrix} b_{1g}^{(ji)} & r_{12} & r_{13} \\ b_{2g}^{(ji)} & r_{22} & r_{23} \\ b_{3g}^{(ji)} & r_{32} & r_{33} \end{vmatrix}, g = 1, 2, 3$$

$$u_{2g}^{(ji)} = \frac{1}{\boldsymbol{D}} \begin{vmatrix} b_{11}^{(ji)} \lambda_{1g} + b_{12}^{(ji)} \lambda_{2g} + b_{13}^{(ji)} \lambda_{3g} & r_{13} & r_{11} \\ b_{21}^{(ji)} \lambda_{1g} + b_{22}^{(ji)} \lambda_{2g} + b_{23}^{(ji)} \lambda_{3g} & r_{23} & r_{21} \\ b_{31}^{(ji)} \lambda_{1g} + b_{32}^{(ji)} \lambda_{2g} + b_{33}^{(ji)} \lambda_{3g} & r_{33} & r_{31} \end{vmatrix}, g = 1, 2, 3,$$

$$q_{2g}^{(ji)} = \frac{1}{\boldsymbol{D}} \begin{vmatrix} b_{1g}^{(ji)} & r_{13} & r_{11} \\ b_{2g}^{(ji)} & r_{23} & r_{21} \\ b_{3g}^{(ji)} & r_{33} & r_{31} \end{vmatrix}, g = 1, 2, 3$$

$$u_{3g}^{(ji)} = \frac{1}{D} \begin{vmatrix} b_{11}^{(ji)}\lambda_{1g} + b_{12}^{(ji)}\lambda_{2g} + b_{13}^{(ji)}\lambda_{3g} & r_{11} & r_{12} \\ b_{21}^{(ji)}\lambda_{1g} + b_{22}^{(ji)}\lambda_{2g} + b_{23}^{(ji)}\lambda_{3g} & r_{21} & r_{22} \\ b_{31}^{(ji)}\lambda_{1g} + b_{32}^{(ji)}\lambda_{2g} + b_{33}^{(ji)}\lambda_{3g} & r_{31} & r_{32} \end{vmatrix}, g = 1,2,3,$$

$$q_{3g}^{(ji)} = \frac{1}{D} \begin{vmatrix} b_{1g}^{(ji)} & r_{11} & r_{12} \\ b_{2g}^{(ji)} & r_{21} & r_{22} \\ b_{3g}^{(ji)} & r_{31} & r_{32} \end{vmatrix}, g = 1,2,3$$

$$e_{jL} = \frac{1}{D} \begin{vmatrix} c_{jL} & r_{12} & r_{13} \\ c_{jM} & r_{22} & r_{23} \\ c_{jU} & r_{32} & r_{33} \end{vmatrix}, e_{jM} = \frac{1}{D} \begin{vmatrix} c_{jL} & r_{13} & r_{11} \\ c_{jM} & r_{23} & r_{21} \\ c_{jU} & r_{33} & r_{31} \end{vmatrix}, e_{jU} = \frac{1}{D} \begin{vmatrix} c_{jL} & r_{11} & r_{12} \\ c_{jM} & r_{21} & r_{22} \\ c_{jU} & r_{31} & r_{32} \end{vmatrix}$$

$$f_{jL} = \frac{1}{D} \begin{vmatrix} d_{jL} & r_{12} & r_{13} \\ d_{jM} & r_{22} & r_{23} \\ d_{jU} & r_{32} & r_{33} \end{vmatrix}, f_{jM} = \frac{1}{D} \begin{vmatrix} d_{jL} & r_{13} & r_{11} \\ d_{jM} & r_{23} & r_{21} \\ d_{jU} & r_{33} & r_{31} \end{vmatrix}, f_{jU} = \frac{1}{D} \begin{vmatrix} d_{jL} & r_{11} & r_{12} \\ d_{jM} & r_{21} & r_{22} \\ d_{jU} & r_{31} & r_{32} \end{vmatrix}$$

基于等式（5.17），可以获得序列 j 的建模结果，将其重写为：

$$
\left\{
\begin{aligned}
x_{jL}^{(0)}(\otimes_k) &= \sum_{\substack{i=1 \\ i \neq j}}^{m} \left[u_{11}^{(ji)} x_{iL}^{(0)}(\otimes_k) + u_{12}^{(ji)} x_{iM}^{(0)}(\otimes_k) + u_{13}^{(ji)} x_{iU}^{(0)}(\otimes_k) \right] \\
&\quad + \sum_{i=1}^{m} \left[q_{11}^{(ji)} x_{iL}^{(1)}(\otimes_{k-1}) + q_{12}^{(ji)} x_{iM}^{(1)}(\otimes_{k-1}) \right. \\
&\quad \left. + q_{13}^{(ji)} x_{iU}^{(1)}(\otimes_{k-1}) \right] + ke_{jL} + f_{jL} \\
x_{jM}^{(0)}(\otimes_k) &= \sum_{\substack{i=1 \\ i \neq j}}^{m} \left[u_{21}^{(ji)} x_{iL}^{(0)}(\otimes_k) + u_{22}^{(ji)} x_{iM}^{(0)}(\otimes_k) + u_{23}^{(ji)} x_{iU}^{(0)}(\otimes_k) \right] \\
&\quad + \sum_{i=1}^{m} \left[q_{21}^{(ji)} x_{iL}^{(1)}(\otimes_{k-1}) + q_{22}^{(ji)} x_{iM}^{(1)}(\otimes_{k-1}) + q_{23}^{(ji)} x_{iU}^{(1)}(\otimes_{k-1}) \right] \\
&\quad + ke_{jM} + f_{jM} \\
x_{jU}^{(0)}(\otimes_k) &= \sum_{\substack{i=1 \\ i \neq j}}^{m} \left[u_{31}^{(ji)} x_{iL}^{(0)}(\otimes_k) + u_{32}^{(ji)} x_{iM}^{(0)}(\otimes_k) + u_{33}^{(ji)} x_{iU}^{(0)}(\otimes_k) \right] \\
&\quad + \sum_{i=1}^{m} \left[q_{31}^{(ji)} x_{iL}^{(1)}(\otimes_{k-1}) + q_{32}^{(ji)} x_{iM}^{(1)}(\otimes_{k-1}) + q_{33}^{(ji)} x_{iU}^{(1)}(\otimes_{k-1}) \right] \\
&\quad + ke_{jU} + f_{jU}
\end{aligned}
\right.
$$

$$j = 1,2,\cdots,m, k = 2,3,\cdots,n \tag{5.18}$$

从式（5.18）中可以看到，该模型引入了区间灰数的三个边界的信息，能够反映区间灰数序列边界之间的相互作用和相互依赖性。

5.2.2　IMGM（1，m，k）模型的参数估计

通过使用最小二乘法来估计参数向量，参数列满足：

$$\boldsymbol{G}_1 = (\boldsymbol{X}^{\mathrm{T}}\boldsymbol{X})^{-1}\boldsymbol{X}^{\mathrm{T}}\boldsymbol{Y}_L, \quad \boldsymbol{G}_2 = (\boldsymbol{X}^{\mathrm{T}}\boldsymbol{X})^{-1}\boldsymbol{X}^{\mathrm{T}}\boldsymbol{Y}_M, \quad \boldsymbol{G}_3 = (\boldsymbol{X}^{\mathrm{T}}\boldsymbol{X})^{-1}\boldsymbol{X}^{\mathrm{T}}\boldsymbol{Y}_U$$

$$(5.19)$$

其中：

$$\boldsymbol{G}_1 = \big[u_{11}^{(j1)}, \cdots, u_{11}^{(j(j-1))}, u_{11}^{(j(j+1))}, \cdots, u_{11}^{(jm)}, u_{12}^{(j1)}, \cdots, u_{12}^{(j(j-1))}, u_{12}^{(j(j+1))}, \cdots, u_{12}^{(jm)}, u_{13}^{(j1)}, \cdots,$$
$$u_{13}^{(j(j-1))}, u_{13}^{(j(j+1))}, \cdots, u_{13}^{(jm)}, q_{11}^{(j1)}, \cdots, q_{11}^{(jm)}, q_{12}^{(j1)}, \cdots, q_{12}^{(jm)}, q_{13}^{(j1)}, \cdots, q_{13}^{(jm)}, e_{jL}, f_{jL}\big]$$

$$\boldsymbol{G}_2 = \big[u_{21}^{(j1)}, \cdots, u_{21}^{(j(j-1))}, u_{21}^{(j(j+1))}, \cdots, u_{21}^{(jm)}, u_{22}^{(j1)}, \cdots, u_{22}^{(j(j-1))}, u_{22}^{(j(j+1))}, \cdots, u_{22}^{(jm)}, u_{23}^{(j1)}, \cdots,$$
$$u_{23}^{(j(j-1))}, u_{23}^{(j(j+1))}, \cdots, u_{23}^{(jm)}, q_{21}^{(j1)}, \cdots, q_{21}^{(jm)}, q_{22}^{(j1)}, \cdots, q_{22}^{(jm)}, q_{23}^{(j1)}, \cdots, q_{23}^{(jm)}, e_{jM}, f_{jM}\big]$$

$$\boldsymbol{G}_3 = \big[u_{31}^{(j1)}, \cdots, u_{31}^{(j(j-1))}, u_{31}^{(j(j+1))}, \cdots, u_{31}^{(jm)}, u_{32}^{(j1)}, \cdots, u_{32}^{(j(j-1))}, u_{32}^{(j(j+1))}, \cdots, u_{32}^{(jm)}, u_{33}^{(j1)}, \cdots,$$
$$u_{33}^{(j(j-1))}, u_{33}^{(j(j+1))}, \cdots, u_{33}^{(jm)}, q_{31}^{(j1)}, \cdots, q_{31}^{(jm)}, q_{32}^{(j1)}, \cdots, q_{32}^{(jm)}, q_{33}^{(j1)}, \cdots, q_{33}^{(jm)}, e_{jU}, f_{jU}\big]$$

$$\boldsymbol{Y}_L = \big[x_{jL}^{(0)}(\otimes_2), x_{jL}^{(0)}(\otimes_3), \cdots, x_{jL}^{(0)}(\otimes_n)\big]^{\mathrm{T}}$$

$$\boldsymbol{Y}_M = \big[x_{jM}^{(0)}(\otimes_2), x_{jM}^{(0)}(\otimes_3), \cdots, x_{jM}^{(0)}(\otimes_n)\big]^{\mathrm{T}}$$

$$\boldsymbol{Y}_U = \big[x_{jU}^{(0)}(\otimes_2), x_{jU}^{(0)}(\otimes_3), \cdots, x_{jU}^{(0)}(\otimes_n)\big]^{\mathrm{T}}$$

对于序列 $j=1, 2, \cdots, m$ 的求解过程类似于式（5.18）和式（5.19）。此外，参数 $u_{12}^{(ji)}$、$q_{12}^{(ji)}$、$u_{13}^{(ji)}$ 和 $q_{13}^{(ji)}$ 考虑中值和上界以拟合下界，而参数 $u_{21}^{(ji)}$、$q_{21}^{(ji)}$、$u_{23}^{(ji)}$ 和 $q_{23}^{(ji)}$ 考虑下界和上界去拟合中间值点，并且 $u_{31}^{(ji)}$、$q_{31}^{(ji)}$、$u_{32}^{(ji)}$ 和 $q_{32}^{(ji)}$ 参数采用下界和中界以拟合区间灰数的上界。

5.3　实例分析

下面用 IMGM（1，m，k）模型对案例进行分析，验证模型的可行性和实用性。

案例 1　出口额和外商直接投资预测

出口额和外商直接投资是一个国家或地区经济发展的重要驱动因素。实际上，外商直接投资和出口额变化趋势具有不确定性特征，因此，

对通过东方财富网（http：// data. eastmoney. com/cjsj/fdi. html）收集的数据采用区间灰数进行表征，外商直接投资和出口额数据见表 5 - 1，样本数据集分为两个方面：2008—2017 年的数据作为建模数据集，测试数据集包括 2018 年数据和 2019 年数据。其中，区间灰数的下界、中值和上界分别用每年的最高、平均和最低水平来表示，$X_1^{(0)}(\bigotimes_k)$ 代表出口额，$X_2^{(0)}(\bigotimes_k)$ 代表外商直接投资。

表 5 - 1   出口额和外商直接投资的实际值

序号	年份	出口额（亿美元）	外商直接投资（亿美元）
1	2008	[873. 68，1 190. 67，1 366. 75]	[53. 22，77. 00，112. 00]
2	2009	[648. 95，1 001. 71，1 307. 24]	[53. 59，75. 03，121. 39]
3	2010	[945. 23，1 315. 37，1 541. 49]	[58. 95，88. 11，140. 28]
4	2011	[967. 36，1 582. 73，1 751. 28]	[77. 95，96. 68，128. 63]
5	2012	[1 144. 71，1 708. 43，1 992. 30]	[75. 80，93. 10，119. 79]
6	2013	[1 393. 69，1 842. 22，2 077. 42]	[82. 14，97. 99，143. 89]
7	2014	[1 140. 94，1 952. 69，2 275. 13]	[72. 05，99. 64，144. 17]
8	2015	[1 445. 69，1 903. 69，2 241. 89]	[82. 20，105. 22，145. 82]
9	2016	[1 261. 45，1 785. 73，2 094. 17]	[77. 09，105. 00，152. 27]
10	2017	[1 200. 79，1 900. 29，2 317. 86]	[64. 95，109. 20，187. 87]
11	2018	[1 716. 18，2 084. 95，2 274. 15]	[77. 49，112. 47，156. 62]
12	2019	[1 352. 37，2 082. 01，2 376. 47]	[80. 65，113. 09，161. 27]

首先，利用三元区间灰数的灰色关联度分析出口额与外商直接投资的相关性，出口额与外商直接投资的关联度为 $r(X_1^{(0)}(\bigotimes_k)，X_2^{(0)}(\bigotimes_k))=0.799\,5$。因此，利用所提出的 IMGM（1，m，k）模型构建出口额与外商直接投资之间的函数关系：

$$\begin{bmatrix} x_{1L}^{(0)}(\bigotimes_k) \\ x_{1M}^{(0)}(\bigotimes_k) \\ x_{1U}^{(0)}(\bigotimes_k) \end{bmatrix} = \begin{bmatrix} 43.03 & -236.54 & 38.82 \\ 37.71 & -155.01 & 31.90 \\ 18.09 & -81.31 & 20.86 \end{bmatrix} \begin{bmatrix} x_{2L}^{(0)}(\bigotimes_k) \\ x_{2M}^{(0)}(\bigotimes_k) \\ x_{2U}^{(0)}(\bigotimes_k) \end{bmatrix} +$$

$$\begin{bmatrix} -0.63 & 1.66 & 0.66 \\ 0.23 & 2.00 & -1.37 \\ -0.18 & 3.02 & -2.52 \end{bmatrix} \begin{bmatrix} x_{1L}^{(1)}(\bigotimes_{k-1}) \\ x_{1M}^{(1)}(\bigotimes_{k-1}) \\ x_{1U}^{(1)}(\bigotimes_{k-1}) \end{bmatrix}$$

$$+ \begin{bmatrix} -32.23 & -151.98 & 49.39 \\ 5.37 & -125.99 & 50.93 \\ 7.05 & -75.24 & 34.10 \end{bmatrix} \begin{bmatrix} x_{2L}^{(1)}(\bigotimes_{k-1}) \\ x_{2M}^{(1)}(\bigotimes_{k-1}) \\ x_{2U}^{(1)}(\bigotimes_{k-1}) \end{bmatrix}$$

$$+ k \begin{bmatrix} 7\,441.83 \\ 4\,158.82 \\ 2\,323.79 \end{bmatrix} + \begin{bmatrix} 2\,051.31 \\ 1\,424.87 \\ 867.01 \end{bmatrix}$$

$$\begin{bmatrix} x_{2L}^{(0)}(\bigotimes_k) \\ x_{2M}^{(0)}(\bigotimes_k) \\ x_{2U}^{(0)}(\bigotimes_k) \end{bmatrix} = \begin{bmatrix} -0.05 & 0.15 & -0.13 \\ -0.02 & 0.02 & 0.01 \\ -0.02 & -0.07 & 0.19 \end{bmatrix} \begin{bmatrix} x_{1L}^{(0)}(\bigotimes_k) \\ x_{1M}^{(0)}(\bigotimes_k) \\ x_{1U}^{(0)}(\bigotimes_k) \end{bmatrix} +$$

$$\begin{bmatrix} -0.09 & 0.18 & -0.08 \\ -0.01 & -0.03 & 0.05 \\ 0.03 & -0.40 & 0.40 \end{bmatrix} \begin{bmatrix} x_{1L}^{(1)}(\bigotimes_{k-1}) \\ x_{1M}^{(1)}(\bigotimes_{k-1}) \\ x_{1U}^{(1)}(\bigotimes_{k-1}) \end{bmatrix}$$

$$+ \begin{bmatrix} -1.63 & 0.99 & -0.58 \\ -0.71 & -0.03 & -0.23 \\ -1.69 & 2.62 & -2.02 \end{bmatrix} \begin{bmatrix} x_{2L}^{(1)}(\bigotimes_{k-1}) \\ x_{2M}^{(1)}(\bigotimes_{k-1}) \\ x_{2U}^{(1)}(\bigotimes_{k-1}) \end{bmatrix} +$$

$$k \begin{bmatrix} 77.36 \\ 45.08 \\ -2.76 \end{bmatrix} + \begin{bmatrix} 8.76 \\ 6.10 \\ -25.37 \end{bmatrix}$$

由此可以得到基于区间灰数序列的出口额和外商直接投资的拟合和预测值。为了验证新模型的预测精度，引入两种将区间灰数序列转化为实数序列的方法，并与本章提出的方法进行比较。在本章中提出的 IMGM（1，m，k）模型，称为模型 1，此外，采用文献[194]和[195]的方法将区间灰数序列转换为实序列来建立 MGM（1，m）模型，分别表示为模型 2 和模型 3。

三个模型的模拟和预测结果见表 5-2 和表 5-3。在表 5-2 中，对于出口额来说，模型 1 的拟合 MAPE 为 0.56%，模型 2 和模型 3 的拟合 MAPE 分别为 6.74% 和 4.89%。此外，模型 1 的 MSEI 为 163.90，而模型 2 和模型 3 的 MSEI 为 7 839.84 和 9 312.27。对于出口额的预测期，

表 5 - 2 三种模型对于出口额的拟合和预测结果

单位：亿美元

年份	实际值	模型1 拟合值	模型2 拟合值	模型3 拟合值
2008	[873.68, 1 190.67, 1 366.75]	[873.68, 1 190.67, 1 366.75]	—	[873.68, 1 190.67, 1 366.75]
2009	[648.95, 1 001.71, 1 307.24]	[655.05, 1 012.52, 1 302.70]	[648.95, 1 001.71, 1 307.24]	[658.15, 982.53, 1 287.63]
2010	[945.23, 1 315.37, 1 541.49]	[942.00, 1 314.45, 1 530.97]	[921.08, 1 307.74, 1 511.32]	[894.12, 1 384.45, 1 567.65]
2011	[967.36, 1 582.73, 1 751.28]	[987.15, 1 573.54, 1 752.74]	[1 000.54, 1 626.46, 1 833.44]	[1 068.45, 1 604.21, 1 794.11]
2012	[1 144.71, 1 708.43, 1 992.30]	[1 140.86, 1 728.41, 2 010.24]	[1 278.47, 1 740.47, 2 011.68]	[1 172.16, 1 669.28, 1 968.90]
2013	[1 393.69, 1 842.22, 2 077.42]	[1 398.96, 1 851.37, 2 120.49]	[1 064.91, 2 003.99, 2 245.17]	[1 216.23, 1 773.74, 2 080.01]
2014	[1 140.94, 1 952.69, 2 275.13]	[1 137.05, 1 950.44, 2 263.53]	[1 080.20, 1 843.40, 2 168.29]	[1 267.45, 1 844.95, 2 154.77]
2015	[1 445.69, 1 903.69, 2 241.89]	[1 450.85, 1 905.93, 2 232.05]	[1 448.20, 1 760.26, 2 050.32]	[1 299.26, 1 951.22, 2 201.50]
2016	[1 261.45, 1 785.73, 2 094.17]	[1 262.64, 1 790.92, 2 105.30]	[1 174.51, 1 861.09, 2 228.10]	[1 328.66, 1 929.43, 2 261.49]
2017	[1 200.79, 1 900.29, 2 317.86]	[1 205.03, 1 905.15, 2 320.33]	[1 472.64, 2 104.84, 2 503.87]	[1 423.85, 1 930.11, 2 312.97]
MAPE (%)		0.56	6.74	4.89
MSEI		163.90	7 839.84	9 312.27
		预测值	预测值	预测值
2018	[1 716.18, 2 084.95, 2 274.15]	[1 695.15, 2 065.16, 2 373.69]	[1 706.92, 2 101.76, 2 280.84]	[1 453.22, 2 012.03, 2 311.85]
2019	[1 352.37, 2 082.01, 2 376.47]	[1 340.08, 2 080.25, 2 387.16]	[1 252.91, 1 976.10, 2 277.13]	[1 435.75, 2 091.65, 2 308.56]
MAPE (%)		1.33	3.04	4.99
MSEI		2 005.46	5 277.73	12 450.19

表 5 - 3　三种模型对于外商直接投资的拟合和预测结果

单位：亿美元

年份	实际值	模型 1		模型 2		模型 3	
		拟合值		拟合值		拟合值	
2008	[53.22, 77.00, 112.00]	[53.22, 77.00, 112.00]		—		[53.22, 77.00, 112.00]	
2009	[53.59, 75.03, 121.39]	[53.59, 76.03, 125.38]		[53.59, 75.03, 121.39]		[49.85, 83.85, 128.53]	
2010	[58.95, 88.11, 140.28]	[59.95, 87.56, 136.56]		[58.76, 90.03, 142.99]		[64.67, 78.18, 126.89]	
2011	[77.95, 96.68, 128.63]	[78.95, 96.80, 127.68]		[78.39, 88.51, 116.87]		[74.93, 91.46, 127.51]	
2012	[75.80, 93.10, 119.79]	[79.34, 94.57, 120.80]		[73.51, 93.94, 130.51]		[77.03, 100.61, 133.85]	
2013	[82.14, 97.99, 143.89]	[83.19, 96.80, 140.28]		[81.46, 102.92, 148.54]		[80.62, 95.06, 136.42]	
2014	[72.05, 99.64, 144.17]	[72.82, 98.57, 144.72]		[79.03, 104.68, 133.42]		[78.74, 99.93, 144.10]	
2015	[82.20, 105.22, 145.82]	[81.19, 105.98, 145.81]		[83.31, 109.43, 150.68]		[73.82, 102.36, 153.58]	
2016	[77.09, 105.00, 152.27]	[77.16, 106.06, 151.84]		[66.46, 101.14, 166.74]		[75.65, 110.18, 156.26]	
2017	[64.95, 109.20, 187.87]	[65.60, 108.07, 185.07]		[68.16, 102.15, 173.07]		[73.27, 108.86, 164.51]	
MAPE（%）		1.23		5.07		5.91	
MSEI		2.83		46.68		57.61	
		预测值		预测值		预测值	
2018	[77.49, 112.47, 156.62]	[80.31, 114.87, 155.63]		[81.82, 108.56, 142.85]		[75.87, 112.20, 165.31]	
2019	[80.65, 113.09, 161.27]	[81.84, 113.13, 162.26]		[78.37, 119.12, 173.96]		[78.41, 116.17, 165.07]	
MAPE（%）		1.21		5.54		2.62	
MSEI		2.55		55.96		17.64	

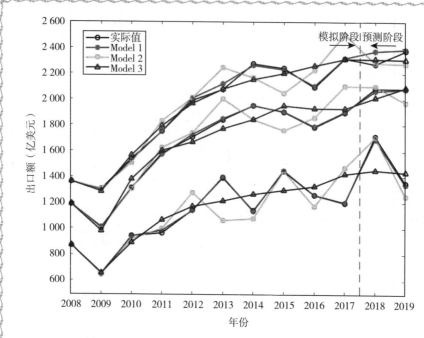

图 5-1 三种模型对于出口额的模拟和预测结果对比

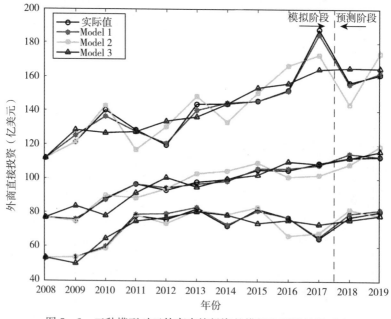

图 5-2 三种模型对于外商直接投资的模拟和预测结果对比

可以观察到模型 1 的结果比其他模型具有更低的 *MAPE* 值和 *MSEI* 值。

同样，对于外商直接投资结果来说，模型 1 在三个模型中具有最高的精度。模型 1 的模拟和预测结果的 *MAPE* 和 *MSEI* 分别为 1.23%、1.21%、2.83 和 2.55。对于模型 2 和模型 3，模拟结果的 *MAPE* 大于 5%，且 *MSEI* 值远大于模型 1，说明它们的预测性能不合理。通过对结果的分析可以发现，本章所提出的模型比其他两种模型具有更高的预测精度。

图 5-1 和图 5-2 提供了三种模型对于出口额和外商直接投资的模拟和预测曲线。模型 1 的曲线与实际值最接近，表明 IMGM（1，m，k）模型能够反映真实序列的剧烈波动，同时有效降低模型拟合和预测的误差。

案例 2　汽车销量和钢材产量预测

汽车工业在中国经济发展中有着不可或缺的地位，它推动了钢铁和其他资源及大宗商品的消费，预测汽车销量和钢材产量是平衡汽车销量和所需钢材以及合理分配汽车生产计划的重要依据。由于现实生活中受各方面因素的影响，系统波动性大，数据变化有很大的不确定性，因此，使用区间灰数来描述中国的汽车销量和钢铁产量。中国汽车工业协会（http：//www.caam.org.cn/）提供了 2007 年至 2019 年汽车月销量的观察数据，中国工业信息网（http：//www.chyxx.com/）提供了 2007 年至 2019 年的钢铁产量月度数据，由于某些年份缺少 1 月和 2 月的数据，使用 2007—2019 年期间 3 月至 12 月的钢铁产量原始数据，这些数据显示在表 5-4 中。以 2007—2017 年的数据为训练样本，选取 2018—2019 年的数据来估计 IMGM（1，m，k）模型的精度。$X_1^{(0)}$（$\otimes_k$）代表汽车销售，$X_2^{(0)}$（$\otimes_k$）代表钢铁产量。其中，最小值、平均值和最大值作为区间灰数的下、中、上界。根据区间灰数的关联度计算公式可得汽车销量与钢铁产量之间的关联度为 $r(\boldsymbol{X}_1^{(0)}(\otimes_k), \boldsymbol{X}_2^{(0)}(\otimes_k)) = 0.887\,2$，说明汽车销量和钢铁产量两者密切相关。

表 5-4　汽车销量和钢铁产量的原始数据

序号	年份	汽车销量（万辆）	钢铁产量（万吨）
1	2007	[55.00, 73.17, 85.00]	[3 856.8, 4 667.3, 4 980.4]
2	2008	[63.00, 78.14, 106.00]	[4 230.1, 4 825.5, 5 387.3]
3	2009	[73.59, 113.52, 141.37]	[4 421.6, 5 744.6, 6 463.9]
4	2010	[121.15, 150.35, 173.51]	[5 559.4, 6 659.8, 7 143.6]
5	2011	[126.70, 154.45, 189.44]	[6 353.6, 7 320.5, 7 872.7]
6	2012	[137.94, 160.86, 183.86]	[6 802.4, 7 956.0, 8 447.4]
7	2013	[135.46, 180.30, 204.39]	[8 760.4, 9 051.9, 9 280.5]
8	2014	[159.64, 195.74, 241.01]	[9 205.2, 9 534.4, 9 822.0]
9	2015	[150.30, 201.98, 278.55]	[9 230.1, 9 558.7, 9 847.9]
10	2016	[158.09, 232.82, 305.73]	[9 540.4, 9 768.1, 10 071.5]
11	2017	[193.92, 236.82, 306.03]	[8 685.2, 9 384.4, 9 756.9]
12	2018	[171.76, 233.66, 280.92]	[8 976.5, 9 493.4, 9 802.4]
13	2019	[148.20, 214.08, 265.80]	[9 786.7, 10 419.8, 10 740.3]

IMGM（1，m，k）模型的预测函数由下式给出：

$$
\begin{bmatrix} x_{1L}^{(0)}(\otimes_k) \\ x_{1M}^{(0)}(\otimes_k) \\ x_{1U}^{(0)}(\otimes_k) \end{bmatrix} = \begin{bmatrix} -0.21 & 0.85 & -0.68 \\ -0.05 & 0.32 & -0.28 \\ 0.22 & -0.81 & 0.58 \end{bmatrix} \begin{bmatrix} x_{2L}^{(0)}(\otimes_k) \\ x_{2M}^{(0)}(\otimes_k) \\ x_{2U}^{(0)}(\otimes_k) \end{bmatrix}
$$
$$
+ \begin{bmatrix} -1.44 & -1.87 & 1.56 \\ -0.33 & -1.79 & 1.19 \\ -0.76 & 2.19 & -1.72 \end{bmatrix} \begin{bmatrix} x_{1L}^{(1)}(\otimes_{k-1}) \\ x_{1M}^{(1)}(\otimes_{k-1}) \\ x_{1U}^{(1)}(\otimes_{k-1}) \end{bmatrix}
$$

$$+\begin{bmatrix} -0.34 & 1.67 & -1.36 \\ -0.09 & 0.60 & -0.53 \\ 0.29 & -1.36 & 1.11 \end{bmatrix}\begin{bmatrix} x_{2L}^{(1)}(\bigotimes_{k-1}) \\ x_{2M}^{(1)}(\bigotimes_{k-1}) \\ x_{2U}^{(1)}(\bigotimes_{k-1}) \end{bmatrix}$$

$$+k\begin{bmatrix} 794.33 \\ 423.68 \\ -485.41 \end{bmatrix}+\begin{bmatrix} -666.37 \\ -359.36 \\ 630.25 \end{bmatrix}$$

$$\begin{bmatrix} x_{2L}^{(0)}(\bigotimes_{k}) \\ x_{2M}^{(0)}(\bigotimes_{k}) \\ x_{2U}^{(0)}(\bigotimes_{k}) \end{bmatrix}=\begin{bmatrix} -30.72 & 43.40 & -16.22 \\ -24.82 & 20.88 & -19.26 \\ -22.82 & 12.50 & -19.01 \end{bmatrix}\begin{bmatrix} x_{1L}^{(0)}(\bigotimes_{k}) \\ x_{1M}^{(0)}(\bigotimes_{k}) \\ x_{1U}^{(0)}(\bigotimes_{k}) \end{bmatrix}$$

$$+\begin{bmatrix} -42.01 & 52.67 & -29.70 \\ -43.39 & 33.01 & -19.12 \\ -43.13 & 21.92 & -12.28 \end{bmatrix}\begin{bmatrix} x_{1L}^{(1)}(\bigotimes_{k-1}) \\ x_{1M}^{(1)}(\bigotimes_{k-1}) \\ x_{1U}^{(1)}(\bigotimes_{k-1}) \end{bmatrix}$$

$$+\begin{bmatrix} -2.07 & 4.65 & -2.07 \\ -0.87 & 2.72 & -1.43 \\ -0.93 & 4.39 & -3.14 \end{bmatrix}\begin{bmatrix} x_{2L}^{(1)}(\bigotimes_{k-1}) \\ x_{2M}^{(1)}(\bigotimes_{k-1}) \\ x_{2U}^{(1)}(\bigotimes_{k-1}) \end{bmatrix}$$

$$+k\begin{bmatrix} 1\,305.04 \\ 1\,549.11 \\ 3\,505.49 \end{bmatrix}+\begin{bmatrix} 4\,693.58 \\ 3\,068.34 \\ 1\,383.23 \end{bmatrix}$$

　　表 5-5 和表 5-6 显示了三个模型对汽车销量和钢铁产量的模拟和预测结果。从中可以看到模型 1 的 $MAPE$ 在 3% 以内，对于模型 2 和模型 3，模拟和预测结果的 $MAPE$ 都高于 5%。在钢铁产量方面，模拟和预测结果的 $MAPE$ 分别为 0.26% 和 0.31%（均小于 1%）。从表 5-5 和表 5-6 可以清楚地看到，最低的 $MSEI$ 来自模型 1，相反，模型 2 和模型 3 的结果效果较差。从图 5-3 和图 5-4 中可以看出，模型 1 的结果比其他模型更接近原始值，模型 2 和模型 3 不能反映实际序列的波动趋势，验证了本章提出的 IMGM（1，m，k）模型具有更好的性能。

表5-5 三种模型对于汽车销量的拟合和预测结果

单位：万辆

年份	实际值	模型1 拟合值	模型2 拟合值	模型3 拟合值
2007	[55.00, 73.17, 85.00]	[55.00, 73.17, 85.00]	—	[55.00, 73.17, 85.00]
2008	[63.00, 78.14, 106.00]	[58.30, 77.05, 103.55]	[63.00, 78.14, 106.00]	[57.21, 84.99, 115.66]
2009	[73.59, 113.52, 141.37]	[72.83, 113.87, 144.67]	[79.51, 126.12, 164.26]	[84.68, 113.27, 143.31]
2010	[121.15, 150.35, 173.51]	[123.23, 151.65, 171.30]	[113.82, 126.80, 139.69]	[109.71, 133.73, 157.21]
2011	[126.70, 154.45, 189.44]	[126.82, 155.47, 192.32]	[115.56, 158.33, 191.33]	[123.99, 150.86, 172.60]
2012	[137.94, 160.86, 183.86]	[139.24, 159.38, 182.93]	[142.92, 157.77, 170.65]	[140.19, 168.98, 190.27]
2013	[135.46, 180.30, 204.39]	[133.15, 181.38, 207.31]	[143.08, 190.84, 239.83]	[151.24, 186.53, 222.17]
2014	[159.64, 195.74, 241.01]	[160.85, 196.16, 249.98]	[159.53, 189.62, 238.22]	[154.51, 201.74, 258.89]
2015	[150.30, 201.98, 278.55]	[152.48, 203.98, 278.29]	[154.53, 222.73, 295.98]	[158.76, 214.50, 279.57]
2016	[158.09, 232.82, 305.73]	[162.12, 232.47, 304.07]	[173.67, 216.70, 267.52]	[164.33, 221.78, 286.62]
2017	[193.92, 236.82, 306.03]	[192.01, 237.02, 308.60]	[162.66, 236.62, 303.13]	[163.37, 223.10, 281.71]
MAPE (%)		1.32	7.40	6.38
MSEI		6.93	286	168
		预测值	预测值	预测值
2018	[171.76, 233.66, 280.92]	[177.11, 232.57, 280.38]	[172.02, 218.03, 266.08]	[160.20, 223.72, 278.11]
2019	[148.20, 214.08, 265.80]	[158.65, 215.14, 269.33]	[169.41, 242.70, 318.52]	[169.96, 230.13, 288.55]
MAPE (%)		2.11	9.94	7.12
MSEI		30.34	746	253

表 5-6 三种模型对于钢铁产量的拟合和预测结果

单位：万吨

年份	实际值	模型 1 拟合值	模型 2 拟合值	模型 3 拟合值
2007	[3 856.8, 4 667.3, 4 980.4]	[3 856.8, 4 667.3, 4 980.4]	—	[3 856.8, 4 667.3, 4 980.4]
2008	[4 230.1, 4 825.5, 5 387.3]	[4 236.6, 4 826.0, 5 386.4]	[4 230.1, 4 825.5, 5 387.3]	[3 741.9, 4 693.0, 5 358.9]
2009	[4 421.6, 5 744.6, 6 463.9]	[4 406.5, 5 743.6, 6 466.4]	[3 930.5, 5 577.0, 6 315.2]	[4 928.4, 5 866.7, 6 453.5]
2010	[5 559.4, 6 659.8, 7 143.6]	[5 571.9, 6 662.3, 7 145.6]	[3 997.0, 6 814.7, 7 284.9]	[5 715.7, 6 718.4, 7 305.5]
2011	[6 353.6, 7 320.5, 7 872.7]	[6 347.5, 7 311.3, 7 874.1]	[6 515.5, 7 506.1, 8 088.6]	[6 381.6, 7 410.8, 7 875.1]
2012	[6 802.4, 7 956.0, 8 447.4]	[6 824.3, 8 003.8, 8 441.2]	[7 278.3, 8 122.4, 8 512.7]	[7 100.3, 8 100.8, 8 482.5]
2013	[8 760.4, 9 051.9, 9 280.5]	[8 730.5, 9 049.1, 9 282.8]	[8 552.1, 8 875.6, 9 165.6]	[8 050.0, 8 721.9, 9 089.0]
2014	[9 205.2, 9 534.4, 9 822.0]	[9 215.2, 9 543.2, 9 823.4]	[8 348.3, 9 105.9, 9 479.1]	[8 953.1, 9 217.5, 9 549.7]
2015	[9 230.1, 9 558.7, 9 847.9]	[9 225.8, 9 562.1, 9 848.3]	[9 186.4, 9 464.6, 9 699.7]	[9 424.6, 9 614.5, 9 888.8]
2016	[9 540.4, 9 768.1, 10 071.5]	[9 460.3, 9 782.1, 10 110.0]	[9 667.4, 9 880.3, 10 158.0]	[9 524.0, 9 815.6, 10 151.3]
2017	[8 685.2, 9 384.4, 9 756.9]	[8 561.7, 9 288.3, 9 674.2]	[9 143.7, 9 711.9, 10 056.1]	[9 284.4, 9 815.6, 10 116.1]
MAPE（%）		0.26	3.23	2.84
MSEI		1 475	91 709	75 429
		预测值	预测值	预测值
2018	[8 976.5, 9 493.4, 9 802.4]	[9 015.9, 9 560.5, 9 895.3]	[9 506.7, 9 827.8, 10 140.8]	[9 092.1, 9 799.1, 10 020.9]
2019	[9 786.7, 10 419.8, 10 740.3]	[9 824.4, 10 359.5, 10 633.0]	[9 139.6, 10 007.2, 10 355.1]	[9 353.1, 9 953.7, 10 374.4]
MAPE（%）		0.31	4.51	3.17
MSEI		4 779	208 168	118 591

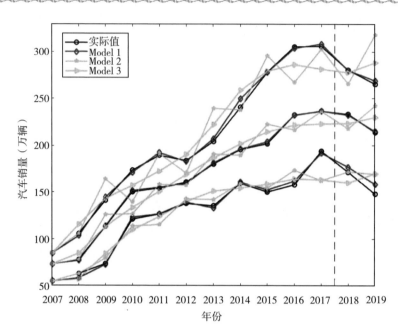

图 5-3　三种模型对于汽车销量的模拟和预测结果对比

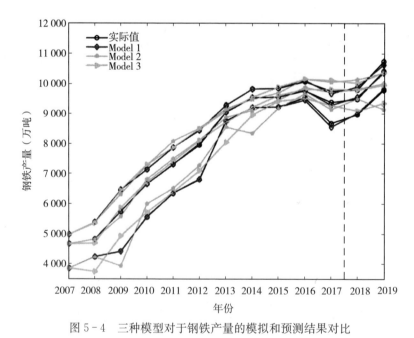

图 5-4　三种模型对于钢铁产量的模拟和预测结果对比

5.4 不同情景下农业碳排放预测

下面用基于区间灰数的 IMGM（1，m，k）模型，对中国"十三五"时期 2016—2020 年农业碳排放量进行模拟预测，并对 2021—2025 年农业碳排放预测量进行分析。农业碳排放、农业经济增长和农业能源消耗每年的期初数据和期末数据作为区间灰数的上下界，中间偏好值采用上下界的平均数，原始数据如表 5-7 所示。

表 5-7 "十三五"时期农业碳排放、农业经济增长和农业能源消耗原始数据

单位：万吨

年份	农业碳排放	农业经济增长	农业能源消耗
2016	[31 635.7, 31 796.1, 31 956.5]	[86 121.1, 86 203.1, 86 285.1]	[8 231.7, 8 387.9, 8 544.1]
2017	[31 355.7, 31 495.7, 31 635.7]	[86 121.1, 88 601.3, 91 081.4]	[8 544.1, 8 737.6, 8 931.2]
2018	[30 910.5, 31 133.1, 31 355.7]	[90 150.0, 90 615.7, 91 081.4]	[8 781.0, 8 856.1, 8 931.2]
2019	[29 307.8, 30 109.1, 30 910.5]	[90 150.0, 94 640.4, 99 130.8]	[8 781.0, 8 899.5, 9 018.0]
2020	[29 301.4, 29 304.6, 29 307.8]	[99 130.8, 105 572.9, 112 014.9]	[9 018.0, 9 078.9, 9 139.8]

为预测中国 2020—2035 年农业碳排放量的变动情况，这里根据经济发展速度、能源需求强度以及能源政策实施的有效性三个指标，对农业经济增长和农业能源消耗的年均变化率设定了三个静态情景：低速情景、中速情景、高速情景。

三种情景的内涵如下：

（1）低速情景。中国继续根据目前阶段的政策法规，布置相应的低碳生产及减排工作。2021—2025 年期间，能源强度持续下降，能源结构发生较大调整，煤炭能源的比例持续下降，石油、天然气、清洁能源占比不断提高，国民生产总值的增速持续稳定不变。

（2）中速情景。这种情景下，仍然以煤炭为主要能源，能源结构调整幅度不大，清洁能源、天然气的能源消费占比增长较慢，全国经济发展速度稳步上升。

（3）高速情景。各级政府增加碳减排力度，全社会展开低碳节能环保工作，能源强度持续下降，能源结构大幅度调整，煤炭资源消费比重明显下

降，天然气、清洁能源资源消费占比快速提升，政府工作的重点主要集中在经济的短期快速发展上。

因此，如果知道未来一个时期的农业经济增长和农业能源消耗目标，就可以估算出未来的农业经济增长和农业能源消耗，然后根据它们与农业碳排放之间的关系，有效预测支撑这一经济增长和能源消耗所需的农业碳排放。中国国民经济"十三五"规划提出的年均经济增长目标是 6.5% 以上，国家信息中心采用量化模型计算的结果显示，"十三五"期间，中国经济增长仍保持在 5.5%～6% 的中高速增长。本章分别设置农业经济增长和农业能源消耗的低速、中速和高速三个情景，分别对应 5%、6% 和 7% 的增长率，农业能源消耗分别对应 2%、3% 和 4%，然后计算低、中、高速 2021—2025年实际农业经济增长和农业能源消耗，结果见表 5-8。

表 5-8　不同情景下农业经济增长和农业能源消耗的预测值

单位：万吨

年份	农业经济增长			农业能源消耗		
	低速情景	中速情景	高速情景	低速情景	中速情景	高速情景
2021	117 615.6	118 735.8	119 855.9	9 322.6	9 414.0	9 505.4
2022	123 496.4	125 859.9	128 245.9	9 509.1	9 696.4	9 885.6
2023	129 671.2	133 411.5	137 223.1	9 699.2	9 987.3	10 281.0
2024	136 154.8	141 416.2	146 828.7	9 893.2	10 286.9	10 692.3
2025	142 962.6	149 901.2	157 106.7	10 091.1	10 595.5	11 120.0

表 5-9　2021—2025 年不同情景下农业碳排放

单位：万吨

	2021 年	2022 年	2023 年	2024 年	2025 年
低速情景	28 772.4	28 768.6	28 735.9	28 672.1	28 575.1
中速情景	29 056.4	29 314.1	29 542.8	29 739.4	29 900.4
高速情景	29 344.1	29 898.2	30 431.0	30 938.8	31 417.2

从表 5-9 可以看出：低速情景下，我国碳排放量将持续下降，2025 年农业碳排放总量将下降到 28 575.1 万吨，并保持下降趋势。在中速情景下，农业碳排放量在 2021—2030 年将持续缓慢增加，趋于稳定。在高速情景下，农业碳排放量将继续保持较高增速上升，至 2025 年，农业碳排放总量将达

到 31 417.2 万吨。

5.5　本章小结

本章提出了一种新型矩阵形式的区间多变量灰色预测模型（IMGM（1，m，k）），通过动态背景值综合区间灰数三个边界的全部信息，以考虑各边界之间的相互影响，并且该模型使用动态灰色作用量代替固定参数，通过直接求解差分方程有效避免白化方程和差分方程转换带来的误差。最后，本章的情景设置思路考虑了中国经济发展五年计划的周期性调整特点，它不仅可以根据历史变化趋势和现有相关文献中常见的相关预测数据，反映预测的静态演化逻辑，还充分考虑了各种因素的不确定性发展，使情景设置更加精确和全面。

第6章 农业碳排放与经济增长的 关系及协调研究

　　我国是碳排放大国，也是农业大国。与其他产业相比，农业在发展中国家的减贫效果更好，但是，更多的农业生产将导致更大的能源消耗和更多的碳排放。能源消耗不仅是碳排放的主要成因，也是经济增长和社会发展的必要条件。Xiao 等[196]发现，减少煤炭的使用对减少碳排放有很大贡献，但也阻碍了经济发展。在这种复杂的形势下，为确保我国农业的可持续发展，对农业碳排放、经济增长和能源消耗三者关系的研究必不可少。

　　就现有文献而言，尽管能源消耗、经济增长和 CO_2 排放之间的关系被广泛讨论，但考虑经济增长、CO_2 排放和能源结构转型两两之间关系的文章占大多数，缺乏对三者的关系进行系统分析。大多数研究都对估计系数的有效性及其弹性进行了讨论，但所使用的方法没有适当的定量框架。例如，研究只考虑经济变量之间的线性关系，未考虑获得无偏且一致的回归结果所必需的诊断统计和规范测试[197]。与原始的统计模型相比，灰色预测模型是结构复杂、不确定和混沌系统的替代预测工具，它仅需要有限数量的数据即可准确获取未知系统的行为[198]。

　　因此，本章在原始多变量灰色预测模型的基础上，深入思考因素的自身增长率、非线性变化趋势以及因素间的交互作用，结合系统整体发展和个体变化改进模型结构，构造一种基于 Lotka - Volterra 理论的多变量灰色预测模型，并用构建的模型研究能源消耗、经济增长和 CO_2 排放之间的关系。首先，它同时估计了经济增长和能源消耗对 CO_2 排放的短期影响。其次，新模型将观测到的时间序列数据视为随时间变化的灰色过程，灰色理论采用累积生成操作将原始数据的随机性降低为单调递增的序列。最后，本研究只需最近一年的数据即可获得可靠和可以接受的预测精度，这是灰色预测模型相对于以往方法的显著优势之一。

6.1　农业碳排放与经济增长的关系研究

6.1.1　基本模型介绍

6.1.1.1　多种群 Lotka‐Volterra 模型

在生态学中，Lotka‐Volterra 模型[199]是在单一物种 Logistic 模型基础上，考虑两个或多个主体同时存在于生态系统中的动态竞合共栖增长态势，从种群的内禀增长率、容量饱和度、相互作用关系三个方面分析种群之间的竞合关系，且具有较好的数据拟合和预测性能[200]。学者们已将 Lotka‐Volterra 模型应用到网络用户数量预测[201]、退化高寒草地人工恢复预测[202]等不同的研究领域。

定义 6.1[203]　Lotka‐Volterra 种间竞争模型是生态学研究种群发展的理论之一，可以用来描述多种群交易额的增长过程及相互关系，当存在多个群体 $\boldsymbol{X} = \{\boldsymbol{X}_1, \boldsymbol{X}_2, \cdots, \boldsymbol{X}_m\}$ 时，则多种群 Lotka‐Volterra 模型的一般形式为：

$$\frac{\mathrm{d}x_i(t)}{\mathrm{d}t} = \alpha_i x_i(t) \left(1 - \sum_{j=1}^m \frac{\beta_{ij} x_j(t)}{N_i}\right), i, j = 1, 2, \cdots, m \quad (6.1)$$

式中，$x_i(t)$ 表示 t 时刻种群 i 的拥有量，$\dfrac{\mathrm{d}x_i(t)}{\mathrm{d}t}$ 表示种群 i 规模的变化率，N_i 表示种群 i 的成长极限，α_i 表示在没有竞争的情况下种群 i 的内禀增长率。β_{ij} 表示种群 j 对种群 i 的作用系数，根据 β_{ij} 的值可判断种群 j 对种群 i 的相关关系，当 β_{ij} 为正时，说明种群 j 对种群 i 有促进作用；当 β_{ij} 为负时，说明种群 j 对种群 i 有抑制作用。

6.1.1.2　MGM（1，m）模型

定义 6.2[156]　设原始多变量非负序列为 $\boldsymbol{X}^{(0)} = \{\boldsymbol{X}_1^{(0)}, \boldsymbol{X}_2^{(0)}, \cdots, \boldsymbol{X}_m^{(0)}\}^{\mathrm{T}}$，其中 $\boldsymbol{X}_i^{(0)}$ 为第 i 个变量在 1，2，$\cdots$，n 不同时刻的观测值，$\boldsymbol{X}_i^{(0)} = \{x_i^{(0)}(1), x_i^{(0)}(2), \cdots, x_i^{(0)}(n)\}$，$i = 1, 2, \cdots, m$；$\boldsymbol{X}^{(0)}$ 的一阶累加生成序列为 $\boldsymbol{X}^{(1)} = \{\boldsymbol{X}_1^{(1)}, \boldsymbol{X}_2^{(1)}, \cdots, \boldsymbol{X}_m^{(1)}\}^{\mathrm{T}}$，其中 $\boldsymbol{X}_i^{(1)}$ 为 $\boldsymbol{X}_i^{(0)}$ 的一阶累加生成序列，即 $\boldsymbol{X}_i^{(1)} = \{x_i^{(1)}(1), x_i^{(1)}(2), \cdots, x_i^{(1)}(n)\}$，$x_i^{(1)}(k) = \sum_{l=1}^k x_i^{(0)}(l)$，$i =$

$1,2,\cdots,m,k=1,2,\cdots,n$，则称在 t 时刻的常微分方程组：

$$\begin{cases} \dfrac{\mathrm{d}x_1^{(1)}(t)}{\mathrm{d}t} = a_{11}x_1^{(1)}(t) + a_{12}x_2^{(1)}(t) + \cdots + a_{1m}x_m^{(1)}(t) + b_1 \\[2mm] \dfrac{\mathrm{d}x_2^{(1)}(t)}{\mathrm{d}t} = a_{21}x_1^{(1)}(t) + a_{22}x_2^{(1)}(t) + \cdots + a_{2m}x_m^{(1)}(t) + b_2 \\[2mm] \dfrac{\mathrm{d}x_m^{(1)}(t)}{\mathrm{d}t} = a_{m1}x_1^{(1)}(t) + a_{m2}x_2^{(1)}(t) + \cdots + a_{mn}x_m^{(1)}(t) + b_m \end{cases}$$

$$(6.2)$$

为多变量 MGM（1，m）模型。

将式（6.2）写成矩阵形式为：

$$\frac{\mathrm{d}\boldsymbol{X}^{(1)}(t)}{\mathrm{d}t} = \boldsymbol{A}\boldsymbol{X}^{(1)}(t) + \boldsymbol{B} \qquad (6.3)$$

其中：

$\boldsymbol{X}^{(1)} = \{x_1^{(1)}(t), x_2^{(1)}(t), \cdots, x_m^{(1)}(t)\}^{\mathrm{T}}, \boldsymbol{A} = (a_{ij})_{m \times m}, \boldsymbol{B} = (b_1, b_2, \cdots, b_m)^{\mathrm{T}}$。

将 MGM（1，m）模型的微分方程离散化可得：

$$x_i^{(0)}(k) = \sum_{l=1}^{m} a_{il}z_l^{(1)}(k) + b_i, i = 1,2,\cdots,m, k = 2,3,\cdots,n$$

$$(6.4)$$

其中：

$$z_i^{(1)}(k) = \frac{1}{2}(x_l^{(1)}(k) + x_l^{(1)}(k-1)), l = 1,2,\cdots,m, k = 2,3,\cdots,n$$

通过最小二乘法估计参数，参数列满足：

$$\hat{a}_i = (\hat{a}_{i1}, \hat{a}_{i2}, \cdots, \hat{a}_{im}, \hat{b}_i)^{\mathrm{T}} = (\boldsymbol{P}^{\mathrm{T}}\boldsymbol{P})^{-1}\boldsymbol{P}^{\mathrm{T}}\boldsymbol{Y}_i \qquad (6.5)$$

其中：

$$\boldsymbol{P} = \begin{bmatrix} z_1^{(1)}(2) & z_2^{(1)}(2) & \cdots & z_m^{(1)}(2) & 1 \\ z_1^{(1)}(3) & z_2^{(1)}(3) & \cdots & z_m^{(1)}(3) & 1 \\ \vdots & \vdots & \vdots & \vdots & \vdots \\ z_1^{(1)}(n) & z_2^{(1)}(n) & \cdots & z_m^{(1)}(n) & 1 \end{bmatrix}$$

$$\boldsymbol{Y}_i = \begin{bmatrix} x_i^{(0)}(2) \\ x_i^{(0)}(3) \\ \vdots \\ x_i^{(0)}(n) \end{bmatrix}, \quad i = 1,2,\cdots,m$$

进而得到参数矩阵 $\boldsymbol{A}$ 和 $\boldsymbol{B}$ 的估计值为：

$$\hat{\boldsymbol{A}} = (\hat{a}_{ij})_{m \times m}, \hat{\boldsymbol{B}} = (\hat{b}_1, \hat{b}_2, \cdots, \hat{b}_m)^{\mathrm{T}}$$

根据参数的估计值，可得 MGM（1，m）模型的微分方程组的时间响应式为：

$$\hat{\boldsymbol{X}}^{(1)}(k) = e^{\hat{A}(k-1)}(\boldsymbol{X}^{(1)}(1) + \hat{\boldsymbol{A}}^{-1}\hat{\boldsymbol{B}}) - \hat{\boldsymbol{A}}^{-1}\hat{\boldsymbol{B}} \tag{6.6}$$

累减还原即得原始数列的预测值为：

$$\hat{\boldsymbol{X}}^{(0)} = \hat{\boldsymbol{X}}^{(1)}(k) - \hat{\boldsymbol{X}}^{(1)}(k-1), k = 2, 3, \cdots, n \tag{6.7}$$

6.1.2 LVMGM（1，m）模型定义及参数求解

定义 6.3 设 $\boldsymbol{X}^{(0)}$、$\boldsymbol{X}^{(1)}$、$\boldsymbol{Z}^{(1)}$ 如定义 6.2 所示，则称在 t 时刻的微分方程：

$$\begin{cases} \dfrac{\mathrm{d}x_1^{(1)}(t)}{\mathrm{d}t} = a_1 x_1^{(1)}(t) + b_{11}(x_1^{(1)}(t))^2 + b_{12}x_1^{(1)}(t)x_2^{(1)}(t) + \\ \qquad\qquad \cdots + b_{1m}x_1^{(1)}(t)x_m^{(1)}(t) + c_1 \\ \dfrac{\mathrm{d}x_2^{(1)}(t)}{\mathrm{d}t} = a_2 x_2^{(1)}(t) + b_{21}x_2^{(1)}(t)x_1^{(1)}(t) + b_{22}(x_2^{(1)}(t))^2 + \\ \qquad\qquad \cdots + b_{2m}x_2^{(1)}(t)x_m^{(1)}(t) + c_2 \\ \dfrac{\mathrm{d}x_m^{(1)}(t)}{\mathrm{d}t} = a_m x_m^{(1)}(t) + b_{m1}x_m^{(1)}(t)x_1^{(1)}(t) + b_{12}x_m^{(1)}(t)x_2^{(1)}(t) + \\ \qquad\qquad \cdots + b_{mm}(x_m^{(1)}(t))^2 + c_m \end{cases} \tag{6.8}$$

为基于 Lotka - Volterra 理论的多变量灰色预测模型，简记为 LVMGM（1，m）模型。

式（6.8）可写为：

$$\frac{\mathrm{d}x_i^{(1)}(t)}{\mathrm{d}t} = a_i x_i^{(1)}(t) + \sum_{j=1}^{m} b_{ij}x_i^{(1)}(t)x_j^{(1)}(t)$$

$$i, j = 1, 2, \cdots, m \tag{6.9}$$

式中，a_i 表示变量自身的发展系数，b_{ij} 表示变量 $\boldsymbol{X}_i^{(0)}$ 与 $\boldsymbol{X}_j^{(0)}$ 之间的交互作用系数，当 $i=j$ 时，b_{ii} 表示规模限制性系数，即反映变量的非线性变化。

通过式（6.9）可得到 LVMGM（1，m）模型的离散形式方程为：

$$x_i^{(0)}(k) = a_i z_i^{(1)}(k) + \sum_{j=1}^{m} b_{ij}z_i^{(1)}(k)z_j^{(1)}(k)$$

$$i = 1, 2, \cdots, m, k = 2, 3, \cdots, m \qquad (6.10)$$

定理 6.1 当 $X_i^{(0)}$ 为变量 i 的原始序列，$\boldsymbol{X}_i^{(1)}$ 为 $\boldsymbol{X}_i^{(0)}$ 的一阶累加生成序列，$\boldsymbol{Z}_i^{(1)}$ 为 $\boldsymbol{X}_i^{(1)}$ 的紧邻均值生成序列，且：

$$\boldsymbol{L} = \begin{bmatrix} z_i^{(1)}(2) & z_i^{(1)}(2)z_1^{(1)}(2) & \cdots & z_i^{(1)}(2)z_m^{(1)}(2) \\ z_i^{(1)}(3) & z_i^{(1)}(3)z_1^{(1)}(3) & \cdots & z_i^{(1)}(3)z_m^{(1)}(3) \\ \vdots & \vdots & & \vdots \\ z_i^{(1)}(n) & z_i^{(1)}(n)z_1^{(1)}(n) & \cdots & z_i^{(1)}(n)z_m^{(1)}(n) \end{bmatrix}, \quad \boldsymbol{Q}_i = \begin{bmatrix} x_i^{(0)}(2) \\ x_i^{(0)}(3) \\ \vdots \\ x_i^{(0)}(n) \end{bmatrix}$$

则 LVMGM（1，m）模型的参数列 $\hat{\boldsymbol{P}}_i = (\hat{a}_i, \hat{b}_{i1}, \cdots, \hat{b}_{im})^{\mathrm{T}}, i = 1, 2, \cdots,$ m 最小二乘法估计满足：

$$\hat{\boldsymbol{P}}_i = (\hat{a}_i, \hat{b}_{i1}, \cdots, \hat{b}_{im})^{\mathrm{T}} = (\boldsymbol{L}^{\mathrm{T}}\boldsymbol{L})^{-1}\boldsymbol{L}^{\mathrm{T}}\boldsymbol{Q}_i, i = 1, 2, \cdots, m$$

$$(6.11)$$

证明 将 $k=2, 3, \cdots, n$ 带入式（6.10）可得到方程组：

$$\begin{cases} x_i^{(0)}(2) = a_i z_i^{(1)}(2) + b_{i1} z_i^{(1)}(2) z_1^{(1)}(2) + \cdots + b_{im} z_i^{(1)}(2) z_m^{(1)}(2) \\ x_i^{(0)}(3) = a_i z_i^{(1)}(3) + b_{i1} z_i^{(1)}(3) z_1^{(1)}(3) + \cdots + b_{im} z_i^{(1)}(3) z_m^{(1)}(3) \\ x_i^{(0)}(n) = a_i z_i^{(1)}(n) + b_{i1} z_i^{(1)}(n) z_1^{(1)}(n) + \cdots + b_{im} z_i^{(1)}(n) z_m^{(1)}(n) \end{cases}$$

由矩阵 $\boldsymbol{L}$ 和 $\boldsymbol{Q}_i$ 的表达式，LVMGM（1，m）模型可以转化为 $\boldsymbol{Q}_i = \boldsymbol{L}\hat{\boldsymbol{P}}_i$，则误差序列为 $\varepsilon = \boldsymbol{Q}_i - \boldsymbol{L}\hat{\boldsymbol{P}}_i$，建立 $s = \varepsilon^{\mathrm{T}}\varepsilon = (\boldsymbol{Q}_i - \boldsymbol{L}\hat{\boldsymbol{P}}_i)^{\mathrm{T}}(\boldsymbol{Q}_i - \boldsymbol{L}\hat{\boldsymbol{P}}_i) = \sum_{k=2}^{n}$ $\left[x_i^{(0)}(k) - a_i z_i^{(1)}(k) - \sum_{j=1}^{m} b_{ij} z_i^{(1)}(k) z_j^{(1)}(k) \right]^2$，然后使 s 最小的参数 a_i 和 b_{ij} 满足：

$$\begin{cases} \dfrac{\partial s}{\partial a_i} = -2 \sum_{k=2}^{n} \left[x_i^{(0)}(k) - a_i z_i^{(1)}(k) - \sum_{j=1}^{m} b_{ij} z_i^{(1)}(k) z_j^{(1)}(k) \right] \cdot \\ \qquad z_i^{(1)}(k) = 0 \\ \dfrac{\partial s}{\partial b_{ij}} = -2 \sum_{k=2}^{n} \left[x_i^{(0)}(k) - a_i z_i^{(1)}(k) - \sum_{j=1}^{m} b_{ij} z_i^{(1)}(k) z_j^{(1)}(k) \right] \cdot \\ \qquad \sum_{j=1}^{m} b_{ij} z_i^{(1)}(k) z_j^{(1)}(k) = 0 \end{cases} \qquad (6.12)$$

通过等式（6.12）可以得到：

$$\boldsymbol{L}^{\mathrm{T}}\varepsilon = 0 \Rightarrow \boldsymbol{L}^{\mathrm{T}}(\boldsymbol{Q}_i - \boldsymbol{L}\hat{\boldsymbol{P}}_i) = 0 \Rightarrow \boldsymbol{L}^{\mathrm{T}}\boldsymbol{Q}_i - \boldsymbol{L}^{\mathrm{T}}\boldsymbol{L}\hat{\boldsymbol{P}}_i = 0 \Rightarrow \hat{\boldsymbol{P}}_i = (\boldsymbol{L}^{\mathrm{T}}\boldsymbol{L})^{-1}\boldsymbol{L}^{\mathrm{T}}\boldsymbol{Q}_i$$

定理 6.2 设 $\boldsymbol{X}_i^{(0)}$、$\boldsymbol{X}_i^{(1)}$、$\boldsymbol{Z}_i^{(1)}$、$\hat{\boldsymbol{P}}_i$ 如定理 6.1 所述，其中 $i=1, 2, \cdots,$

n，则有：

（1）LVMGM（1，m）模型微分方程的解为：

$$x_i^{(1)}(t) = \frac{e^{\int (a_i + \sum\limits_{j=1, i\neq j}^{m} b_{ij}x_j^{(1)}(t)) \, dt}}{-\int b_{ii} e^{\int (a_i + \sum\limits_{j=1, i\neq j}^{m} b_{ij}x_j^{(1)}(t)) \, dt} \, dt + \mathbf{D}} \qquad (6.13)$$

其中 D 为待定常数。

当 $t=0$ 时，将初始值 $x_i^{(1)}(0)$ 代入式（6.13），可得：

$$D = \frac{(a_i + \sum\limits_{j=1}^{m} b_{ij}x_j^{(1)}(0)) e^{t(a_i + \sum\limits_{j=1, i\neq j}^{m} b_{ij}x_j^{(1)}(0))}}{x_i^{(1)}(0)(a_i + \sum\limits_{j=1, i\neq j}^{m} b_{ij}x_j^{(1)}(0))} \qquad (6.14)$$

因此有：

$$x_i^{(1)}(t) =$$

$$\frac{x_i^{(1)}(0)(a_i + \sum\limits_{j=1, i\neq j}^{m} b_{ij}x_j^{(1)}(0)) e^{\int (a_i + \sum\limits_{j=1, i\neq j}^{m} b_{ij}x_j^{(1)}(t)) \, dt}}{(a_i + \sum\limits_{j=1}^{m} b_{ij}x_j^{(1)}(0)) e^{t(a_i + \sum\limits_{j=1, i\neq j}^{m} b_{ij}x_j^{(1)}(0))} - x_i^{(1)}(0)(a_i + \sum\limits_{j=1, i\neq j}^{m} b_{ij}x_j^{(1)}(0))}$$

$$\int b_{ii} e^{\int (a_i + \sum\limits_{j=1, i\neq j}^{m} b_{ij}x_j^{(1)}(t)) \, dt} \, dt$$

$$(6.15)$$

（2）当 $X_j^{(1)}(j = 1,2,\cdots,m)$ 变化幅度很小，可视 $\sum\limits_{j=1}^{m} b_{ij}x_j^{(1)}(t)$ 为灰常量，则 LVMGM（1，m）模型的近似时间响应式为：

$$\hat{x}_i^{(1)}(k) =$$

$$\frac{x_i^{(1)}(0)(a_i + \sum\limits_{j=1, i\neq j}^{m} b_{ij}x_j^{(1)}(0))(a_i + \sum\limits_{j=1, i\neq j}^{m} b_{ij}x_j^{(1)}(k))}{(a_i + \sum\limits_{j=1}^{m} b_{ij}x_j^{(1)}(0))(a_i + \sum\limits_{j=1, i\neq j}^{m} b_{ij}x_j^{(1)}(k)) e^{-(k-1)(a_i + \sum\limits_{j=1, i\neq j}^{m} b_{ij}x_j^{(1)}(k))} -}$$

$$b_{ii}x_i^{(1)}(0)(a_i + \sum\limits_{j=1, i\neq j}^{m} b_{ij}x_j^{(1)}(0))$$

$$(6.16)$$

$$k=2, 3, \cdots, n$$

其中 $x_i^{(1)}(0)$ 被视为原始序列的初始值 $x_i^{(0)}(1)$。

累减还原式为：

$$\hat{x}_i^{(0)}(k) = \hat{x}_i^{(1)}(k) - \hat{x}_i^{(1)}(k-1) \tag{6.17}$$

6.1.3 LVMGM（1，m）的直接建模模型

在式（6.9）中，当 $i=j$ 时，模型中含有 $(x_i^{(1)}(t))^2$，若直接对其离散化，则表达式和计算过程较为复杂，并且将 $\sum\limits_{j=1}^{m} b_{ij}x_j^{(1)}(t)$ 视为灰常量会导致模拟和预测的误差。因此，通过式（6.9）可得到 LVMGM（1，m）模型的直接建模步骤。

定义 6.4 将式（6.9）两边同时除以 $(x_i^{(1)}(t))^2$，即：

$$\frac{1}{(x_i^{(1)}(t))^2}\frac{\mathrm{d}x_i^{(1)}(t)}{\mathrm{d}t} = \frac{a_i + \sum\limits_{j=1,i\neq j}^{m} b_{ij}x_j^{(1)}(t)}{x_i^{(1)}(t)} + b_{ii} \tag{6.18}$$

对式（6.18）在区间 $[k-1, k]$ 上两边同时积分，可得：

$$-\frac{1}{x_i^{(1)}(t)}\bigg|_{k-1}^{k} = \int_{k-1}^{k}\frac{a_i + \sum\limits_{j=1,i\neq j}^{m} b_{ij}x_j^{(1)}(t)}{x_i^{(1)}(t)}\mathrm{d}t + b_{ii}t\bigg|_{k-1}^{k} \tag{6.19}$$

即：

$$\frac{1}{x_i^{(1)}(k-1)} - \frac{1}{x_i^{(1)}(k)} = \int_{k-1}^{k}\frac{a_i + \sum\limits_{j=1,i\neq j}^{m} b_{ij}x_j^{(1)}(t)}{x_i^{(1)}(t)}\mathrm{d}t + b_{ii} \tag{6.20}$$

从几何意义上来说，式（6.20）中的 $\int_{k-1}^{k}\dfrac{a_i + \sum\limits_{j=1,i\neq j}^{m} b_{ij}x_j^{(1)}(t)}{x_i^{(1)}(t)}\mathrm{d}t$ 表示曲线与横坐标围成的梯形面积，这与背景值的几何意义相同，因此上述方程可以化简为：

$$[x_i^{(1)}(k-1)]^{-1} - [x_i^{(1)}(k)]^{-1} = \left[a_i + \sum\limits_{j=1,i\neq j}^{m} b_{ij}z_j^{(1)}(k)\right]z_i^{*(1)}(k) + b_{ii} \tag{6.21}$$

其中：

$$z_i^{*(1)}(k) = \frac{[x_i^{(1)}(k)]^{-1} + [x_i^{(1)}(k-1)]^{-1}}{2}, k=2,3,\cdots,n \tag{6.22}$$

将 $z_i^{*(1)}(k)$ 代入式（6.21）可得：

$$
\begin{aligned}
\left[x_i^{(1)}(k-1)\right]^{-1} - \left[x_i^{(1)}(k)\right]^{-1} = & \left[a_i + \sum_{j=1,i\neq j}^{m} b_{ij}z_j^{(1)}(k)\right] \\
& \frac{\left[x_i^{(1)}(k)\right]^{-1} + \left[x_i^{(1)}(k-1)\right]^{-1}}{2} + b_{ii}
\end{aligned}
\tag{6.23}
$$

对上式化简可得：

$$
\begin{aligned}
\left[x_i^{(1)}(k)\right]^{-1} = & \frac{2 - a_i - \sum\limits_{j=1,i\neq j}^{m} b_{ij}z_j^{(1)}(k)}{a_i + \sum\limits_{j=1,i\neq j}^{m} b_{ij}z_j^{(1)}(k) + 2} \left[x_i^{(1)}(k-1)\right]^{-1} \\
& - \frac{2b_{ii}}{a_i + \sum\limits_{j=1,i\neq j}^{m} b_{ij}z_j^{(1)}(k) + 2}
\end{aligned}
\tag{6.24}
$$

令 $y_i^{(1)}(k) = \dfrac{1}{x_i^{(1)}(k)}$，则称：

$$
y_i^{(1)}(k) = \frac{2 - a_i - \sum\limits_{j=1,i\neq j}^{m} b_{ij}z_j^{(1)}(k)}{a_i + \sum\limits_{j=1,i\neq j}^{m} b_{ij}z_j^{(1)}(k) + 2} y_i^{(1)}(k-1) - \frac{2b_{ii}}{a_i + \sum\limits_{j=1,i\neq j}^{m} b_{ij}z_j^{(1)}(k) + 2}
\tag{6.25}
$$

该模型称为 LVMGM（1，m）直接建模模型。

累减还原式可得模拟值和预测值为：

$$
\hat{x}_i^{(0)}(k) = \left[\hat{y}_i^{(1)}(k) - \hat{y}_i^{(1)}(k-1)\right]^{-1}
\tag{6.26}
$$

6.1.4　模型误差检验

为了对模型的预测精度进行检验，这里采用绝对百分比误差（APE）和平均绝对百分比误差（MAPE），公式如下。

$$
APE(k) = \left| \frac{x_i^{(0)}(k) - \hat{x}_i^{(0)}(k)}{x_i^{(0)}(k)} \right| \times 100\%, \quad k = 2,3,\cdots,n
\tag{6.27}
$$

$$
MAPE = \frac{1}{n-1} \sum_{k=2}^{n} \left| \frac{x_i^{(0)}(k) - \hat{x}_i^{(0)}(k)}{x_i^{(0)}(k)} \right| \times 100\%
\tag{6.28}
$$

6.1.5 实例分析

高技术产业发展已经成为我国实施创新驱动发展战略的重要载体,在转变发展方式、优化产业结构、增强国际竞争力等方面发挥了重要作用,因此,为引领高技术产业的高质量发展,需不断提升产业技术的自主创新能力。高技术产业在创新过程中内部技术来源主要包括自主研发和技术改造,它们对提高我国高技术企业创新能力具有重要作用,同时创新能力的提高也能够促进企业更好地进行新产品的开发,因此,创新绩效、自主研发和技术改造三者之间存在一定的相互作用关系。本章采取新产品销售收入表示高技术企业创新绩效,用 R&D 经费内部支出表示自主研发投入,用技术改造经费支出表示技术改造投入[94],同时《中国高技术产业统计年鉴》对于创新绩效、自主研发投入、技术改造投入有相应的统计数据,将 2005—2019 年高技术产业的创新绩效数据作为序列 $X_1^{(0)}$,自主研发投入数据作为序列 $X_2^{(0)}$,技术改造投入数据作为序列 $X_3^{(0)}$(表 6-1)。

表 6-1 创新绩效、自主研发投入和技术改造投入的原始数据序列

单位:亿元

年份	创新绩效	自主研发投入	技术改造投入
2005	6 914.7	362.5	159.0
2006	8 248.9	456.4	171.9
2007	10 303.2	545.3	211.0
2008	12 879.5	655.2	218.6
2009	12 595.0	774.0	201.7
2010	16 364.8	967.8	268.7
2011	22 473.4	1 440.9	304.7
2012	25 571.0	1 733.8	368.9
2013	31 229.6	2 034.3	425.7
2014	35 494.2	2 274.3	374.5
2015	41 413.5	2 626.7	400.9
2016	47 924.2	2 915.7	451.7
2017	53 547.1	3 182.6	476.0
2018	56 894.2	3 559.1	556.6
2019	59 164.2	3 804.0	562.0

为了验证本章所提出模型的有效性和实用性，对 3 个数据序列建立传统的 MGM（1，m）模型、LVMGM（1，m）模型和 LVMGM（1，m）直接建模模型进行对比分析，将数据分为两部分：2005—2017 年的数据用来拟合，2018—2019 年的数据用来验证模型的预测精度。由于创新绩效、自主研发投入和技术改造投入 3 个序列的数量级不一致会给模型带来误差，本章将原始序列分别进行初值化处理，在此基础上，建立 MGM（1，m）模型、LVMGM（1，m）模型和 LVMGM（1，m）直接建模模型，得到拟合和预测序列之后再通过逆变换，还原创新绩效、自主研发投入、技术改造投入的模拟值和预测值。

为对比模型性能，分别采用 MGM（1，m）模型、LVMGM（1，m）模型和 LVMGM（1，m）直接建模模型：

（1）通过式（6.5）得到 MGM（1，m）模型参数矩阵 A 和 B 的估计值为：

$$\hat{A} = \begin{bmatrix} -0.206\,3 & 0.202\,8 & 0.232\,3 \\ -0.558\,2 & 0.381\,4 & 0.543\,6 \\ -0.077\,9 & 0.004\,6 & 0.218\,5 \end{bmatrix}, \quad \hat{B} = \begin{bmatrix} 0.8 & 1 & 5 \\ 0.5 & 1 & 1 \\ 0.8 & 3 & 6 \end{bmatrix}$$

从而根据参数矩阵 $\hat{A}$ 和 $\hat{B}$、式（6.6）和式（6.7）可求得创新绩效、自主研发投入、技术改造投入的模拟值和预测值，如表 6 - 3 至表 6 - 4 所示。

（2）根据定理 6.1 求解参数的估计值，从而构建 $LVMGM$（1，m）模型如下所示：

$$\begin{cases} \dfrac{\mathrm{d}x_1^{(1)}(t)}{\mathrm{d}t} = 0.520\,4x_1^{(1)}(t) - 0.044\,0(x_1^{(1)}(t))^2 + 0.051\,2x_1^{(1)}(t)x_2^{(1)}(t) \\ \qquad - 0.043\,6x_1^{(1)}(t)x_3^{(1)}(t) \\ \dfrac{\mathrm{d}x_2^{(1)}(t)}{\mathrm{d}t} = 0.490\,4x_2^{(1)}(t) - 0.011\,4x_2^{(1)}(t)x_1^{(1)}(t) + 0.019\,1(x_2^{(1)}(t))^2 \\ \qquad - 0.033\,2x_2^{(1)}(t)x_3^{(1)}(t) \\ \dfrac{\mathrm{d}x_3^{(1)}(t)}{\mathrm{d}t} = 0.497\,8_3^{(1)}(t) - 0.037\,3x_3^{(1)}(t)x_1^{(1)}(t) + 0.048\,1x_3^{(1)}(t)x_2^{(1)}(t) \\ \qquad - 0.050\,5(x_3^{(1)}(t))^2 \end{cases}$$

（3）根据定义 6.4，建立 $LVMGM$（1，m）直接建模模型为：

$$x_1^{(1)}(k) = \left[\frac{1.479\ 6 - 0.051\ 2z_2^{(1)}(k) + 0.043\ 6z_3^{(1)}(k)}{2.520\ 4 + 0.051\ 2z_2^{(1)}(k) + 0.043\ 6z_3^{(1)}(k)} \cdot \frac{1}{x_1^{(1)}(k-1)} \right.$$
$$\left. + \frac{0.088\ 1}{2.520\ 4 + 0.051\ 2z_2^{(1)}(k) + 0.043\ 6z_3^{(1)}(k)} \right]^{-1}$$

$$x_2^{(1)}(k) = \left[\frac{1.509\ 6 + 0.011\ 4z_1^{(1)}(k) + 0.033\ 2z_3^{(1)}(k)}{2.490\ 4 - 0.011\ 4z_1^{(1)}(k) - 0.033\ 2z_3^{(1)}(k)} \cdot \frac{1}{x_2^{(1)}(k-1)} \right.$$
$$\left. - \frac{0.038\ 1}{2.490\ 4 - 0.011\ 4z_1^{(1)}(k) - 0.033\ 2z_3^{(1)}(k)} \right]^{-1}$$

$$x_3^{(1)}(k) = \left[\frac{1.502\ 2 + 0.037\ 3z_1^{(1)}(k) - 0.048\ 1z_2^{(1)}(k)}{2.497\ 8 - 0.037\ 3z_1^{(1)}(k) + 0.048\ 1z_2^{(1)}(k)} \cdot \frac{1}{x_3^{(1)}(k-1)} \right.$$
$$\left. + \frac{0.101\ 1}{2.497\ 8 - 0.037\ 3z_1^{(1)}(k) + 0.048\ 1z_2^{(1)}(k)} \right]^{-1}$$

用 MGM（1，m）模型、$LVMGM$（1，m）模型和 $LVMGM$（1，m）直接建模模型分别模拟和预测 3 个数据序列，并与原始值进行对比。三个模型对 $\mathbf{X}_1^{(0)}$、$\mathbf{X}_2^{(0)}$ 和 $\mathbf{X}_3^{(0)}$ 的模拟值、预测值和误差结果见表 6-2、表 6-3 和表 6-4。

表 6-2　三种模型对序列 $\mathbf{X}_1^{(0)}$ 的模拟及预测对比

年份	实际数据	MGM (1，m)		LVMGM (1，m)		LVMGM (1，m) 直接建模模型	
		模拟值	APE (%)	模拟值	APE (%)	模拟值	APE (%)
2005	6 914.7	—	—	—	—	—	—
2006	8 248.9	7 855.1	4.77	8 140.1	1.32	6 914.7	3.53
2007	10 303.2	11 297.4	9.65	10 098.8	1.98	8 540.0	0.34
2008	12 879.5	12 244.1	4.93	12 742.3	1.06	10 268.5	1.66
2009	12 595.0	14 266.4	13.27	13 161.4	4.50	12 665.1	1.82
2010	16 364.8	17 119.6	4.61	17 350.3	6.02	12 823.9	0.87
2011	22 473.4	20 908.8	6.96	21 623.5	3.78	16 223.0	4.01
2012	25 571.0	25 357.5	0.84	25 892.6	1.26	21 572.0	2.81
2013	31 229.6	30 821.1	1.31	30 329.8	2.88	26 290.0	3.07
2014	35 494.2	36 200.2	1.99	35 006.2	1.37	30 271.5	1.94
2015	41 413.5	41 707.0	0.71	41 763.2	0.84	36 184.0	3.17
2016	47 924.2	47 585.0	0.71	48 437.2	1.07	42 725.6	1.30

(续)

年份	实际数据	MGM (1, m)		LVMGM (1, m)		LVMGM (1, m) 直接建模模型	
		模拟值	APE (%)	模拟值	APE (%)	模拟值	APE (%)
2017	53 547.1	53 564.5	0.03	53 262.3	0.53	48 547.7	1.04
MAPE (%)			4.15		2.22		2.13
2018		60 101.3	5.64	56 883.5	0.02	57 260.4	0.64
2019		67 495.6	14.08	61 830.2	4.51	61 366.2	3.72
MAPE (%)			9.86		2.26		2.18

表 6-3　三种模型对序列 $X_2^{(0)}$ 的模拟及预测对比

年份	实际数据	MGM (1, m)		LVMGM (1, m)		LVMGM (1, m) 直接建模模型	
		模拟值	APE (%)	模拟值	APE (%)	模拟值	APE (%)
2005	362.5	—	—	—	—	—	—
2006	456.4	375.8	17.67	436.2	12.36	436.6	4.35
2007	545.3	548.6	0.60	589.2	8.04	569.6	4.45
2008	655.2	715.3	9.17	663.2	1.21	681.9	4.08
2009	774.0	885.3	14.37	755.8	2.35	768.4	0.73
2010	967.8	1 086.7	12.28	931.2	3.79	1 006.4	3.98
2011	1 440.9	1 279.6	11.19	1 356.3	5.88	1 420.2	1.44
2012	1 733.8	1 605.7	7.39	1 757.4	1.36	1 760.8	1.56
2013	2 034.3	2 004.2	1.48	1 970.9	3.12	1 989.2	2.22
2014	2 274.3	2 369.1	4.17	2 276.5	0.10	2 310.9	1.61
2015	2 626.7	2 644.0	0.66	2 635.2	0.33	2 588.9	1.44
2016	2 915.7	2 919.3	0.12	2 985.3	2.39	2 917.9	0.08
2017	3 182.6	3 169.0	0.43	3 139.4	1.36	3 020.8	5.08
MAPE (%)			6.63		2.86		2.58
2018	3 559.1	3 462.6	2.71	3 456.4	2.88	3 524.5	0.97
2019	3 804.0	4 069.1	6.97	3 625.0	4.71	3 759.4	1.17
MAPE (%)			4.84		3.80		1.07

表 6-4　三种模型对序列 $X_3^{(0)}$ 的模拟及预测对比

年份	实际数据	MGM (1, m)		LVMGM (1, m)		LVMGM (1, m) 直接建模模型	
		模拟值	APE (%)	模拟值	APE (%)	模拟值	APE (%)
2005	159.0	—	—	—	—	—	—
2006	171.9	153.7	10.57	183.7	6.67	173.1	0.68
2007	211.0	167.5	8.94	215.8	2.27	215.4	2.09
2008	218.6	192.1	1.52	223.9	2.43	222.8	1.91
2009	201.7	221.9	24.68	213.5	5.85	209.5	3.84
2010	268.7	251.5	1.91	261.3	2.78	247.5	7.92
2011	304.7	273.9	0.42	316.0	3.70	295.5	3.03
2012	368.9	303.4	9.60	352.5	4.43	358.5	2.81
2013	425.7	333.5	12.83	397.8	6.55	412.6	3.07
2014	374.5	371.1	10.35	366.9	2.02	379.8	1.42
2015	400.9	413.2	8.09	420.1	4.80	414.1	3.31
2016	451.7	433.3	0.80	458.3	1.48	440.5	2.46
2017	476.0	448.0	2.60	467.7	1.74	460.9	3.18
MAPE (%)			7.69		3.73		2.98
2018	556.6	476.9	14.31	523.8	5.89	540.2	2.94
2019	562.0	505.1	10.13	533.1	5.14	591.6	5.26
MAPE (%)			12.22		5.52		4.10

　　由表 6-2、表 6-3 和表 6-4 中三种模型计算结果可知，多变量 MGM (1, m) 模型的平均相对模拟误差分别为 4.15%、6.63% 和 7.69%，对比发现本章提出的 LVMGM (1, m) 模型的三个序列的平均模拟相对误差均在 4% 以下，LVMGM (1, m) 直接建模模型的平均相对误差均在 3% 以下。MGM (1, m) 模型的平均预测误差为 9.86%、4.84% 和 12.22%，LVMGM (1, m) 模型的平均预测误差大幅降低至 2.26%、3.80% 和 5.52%，而 LVMGM (1, m) 直接建模模型比其他两个模型有更好的预测效果。

　　为了更直观地对比 MGM (1, m) 模型、LVMGM (1, m) 模型和 LVMGM (1, m) 直接建模模型三个模型对于高技术产业创新绩效、自主

研发投入、技术改造投入的拟合预测效果，根据表 6-2、表 6-3 和表 6-4
的相对误差画出对比图，如图 6-1 至图 6-3 所示。

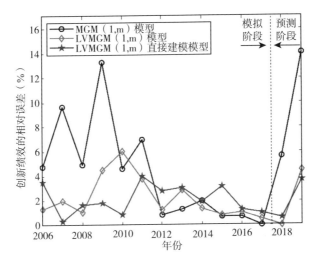

图 6-1　创新绩效模拟和预测相对误差对比

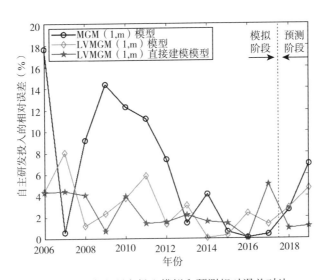

图 6-2　自主研发投入模拟和预测相对误差对比

从图 6-1、图 6-2 和图 6-3 中可以看出，MGM（1，m）模型对三个
序列的模拟预测精度最差，不能反映序列的波动特征，而 LVMGM（1，m）
模型和 LVMGM（1，m）直接建模模型整体误差都比较小，LVMGM（1，
m）模型能够反映高技术产业创新绩效、自主研发投入和技术改造投入在没

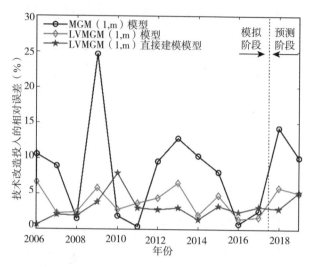

图 6-3 技术改造投入模拟和预测相对误差对比

有竞争下的自身增长率、变量的非线性变化和各变量之间的交互作用关系，LVMGM（1，m）直接建模模型进一步提高了建模精度，适应性更强。综合分析可知，LVMGM（1，m）模型和其直接建模模型相比传统多变量MGM（1，m）模型更好地捕捉了原始数据序列的整体发展趋势和个体变化趋势。

6.1.6 经济增长、能源消耗和二氧化碳排放之间的关系

6.1.6.1 数据来源

采用 2000—2020 年期间的年度数据进行实证分析。农业能源消耗和农业经济增长数据来源于《中国农村统计年鉴》、《中国畜牧业统计年鉴》和《中国能源统计年鉴》，农业碳排放数据由第三章计算所得。本研究中使用的变量包括农业碳排放（C）、农业能源消耗（E）和农业经济增长（Y），农业能源消耗采用农、林、牧、渔业生产（水利）消耗的能源来度量。用农、林、牧、渔业生产的总产值来衡量农业经济增长。此外，图 6-4 至图 6-6呈现了所有变量的趋势，可以清晰且直观地表明农业经济增长、农业能源消耗和农业碳排放三者均呈现总体上升的趋势。

6.1.6.2 经济增长、能源消耗和农业碳排放之间的关系

为保证数据的稳定性，对所有数据进行初值化处理，$X_1^{(0)}$ 代表农业碳

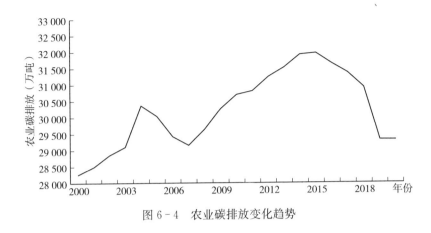

图 6-4　农业碳排放变化趋势

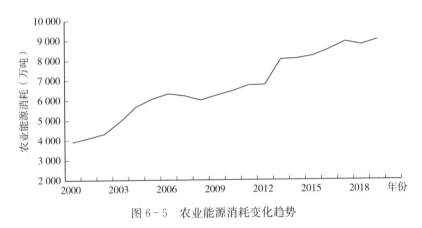

图 6-5　农业能源消耗变化趋势

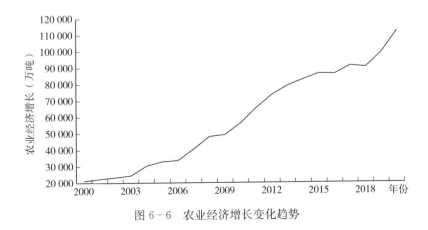

图 6-6　农业经济增长变化趋势

排放，$X_2^{(0)}$ 代表农业能源消耗，$X_3^{(0)}$ 代表农业经济增长，可以求得各阶段 LVMGM（1，m）模型参数，其中 $\hat{a}_i$ 表示农业碳排放、农业能源消耗和农业经济增长在没有竞争下的发展系数，$\hat{b}_{ij}$ 表示农业碳排放、农业能源消耗和农业经济增长之间的交互作用系数，结果如表 6-5 至表 6-7 所示。

表 6-5 农业碳排放与农业能源消费、农业经济增长之间的参数值

阶段	$\hat{a}_1$	$\hat{b}_{11}$	$\hat{b}_{12}$	$\hat{b}_{13}$
2001—2005 年	1.072 1	−0.809 3	1.640 0	−1.109 7
2006—2010 年	1.041 6	0.713 7	−1.372 3	0.420 4
2011—2015 年	1.079 8	−1.303 5	0.732 6	0.262 0
2016—2020 年	1.023 7	−1.582 9	0.282 8	1.028 6

表 6-6 农业能源消耗与农业碳排放、农业经济增长之间的参数值

阶段	$\hat{a}_2$	$\hat{b}_{21}$	$\hat{b}_{22}$	$\hat{b}_{23}$
2001—2005 年	1.065 4	−0.744 6	1.724 0	−1.244 1
2006—2010 年	1.117 5	0.859 9	−1.610 0	0.486 3
2011—2015 年	1.076 0	−1.067 2	0.254 5	0.497 3
2016—2020 年	1.274 8	−2.867 1	0.613 7	1.761 4

表 6-7 农业经济增长与农业碳排放、农业能源消耗三者之间的参数值

阶段	$\hat{a}_3$	$\hat{b}_{31}$	$\hat{b}_{32}$	$\hat{b}_{33}$
2001—2005 年	1.131 2	−0.871 3	2.157 7	−1.586 8
2006—2010 年	1.080 7	−1.339 8	0.621 0	0.422 0
2011—2015 年	1.197 2	−1.336 0	0.565 6	0.421 5
2016—2020 年	1.057 4	−1.819 0	0.347 7	1.185 7

由表 6-5 至表 6-7 可知，对于农业碳排放来说，通过考虑参数 $\hat{b}_{12}$，发现农业能源消耗在 2006—2010 年为负值，能源消耗对农业碳排放起抑制作用，其余三个时期均为正值，短期能源消耗对农业排放有显著的正向影响，这意味着由于工业农业的扩大而消耗更多的能源，以实现经济的快速发展，这导致了更多的排放，因此在能源消耗方面对整个面板应用某种污染控制措施是非常必要的。而经济增长除了在"十五"期间起抑制作用外，其余阶段均对碳排放起到积极作用。从表 6-7 可以看出 $\hat{b}_{31}$ 均为负值，说明农业

碳排放会对经济增长起到抑制作用，并且影响力逐渐增加，说明碳排放量在短期内有所下降，但经济增长仍在继续；而能源消耗对农业经济增长起推动作用，但推动效果在逐渐减弱。

能源消耗的排放强度是估算国家能源系统环境效率低下并产生大量不需要的碳排放的有用指标之一[204][205][206]，表示为：$CI = Eu/GDP$。因此，计算排放强度并将其绘制在图 6-7 中。

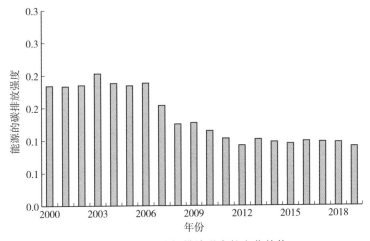

图 6-7　能源消耗排放强度的变化趋势

从图 6-7 中可以看出，自 2006 年以后，随着年份的增长，能源消耗的碳排放强度呈现大幅度下降趋势，这意味着碳排放量在短期内会随着经济的增长而减少。基于环境经济学经典的 EKC 假说，在经典环境经济学 EKC 假说的基础上，综合考虑经济增长和实际碳排放，可以得出：在经济发展的初期，经济增长会引起 CO_2 排放量的增加，然而，当经济发展到一定阶段，随着经济的增长，CO_2 的排放反而会下降，二者的关系是先上升后下降，可以看作是倒 U 形曲线，同时也说明了 EKC 的存在性。近年来，我国加强环境监测，将粮食主产区的土壤污染修复列为工作重点，并出台相关法律、法规，减少化学肥料施用，引导农民使用有机肥，推行精准科学施药。此外，大力发展农业废弃资源转化技术，扶持沼气治理工程、有机肥加工工程、因地制宜推进秸秆能源化、肥料化、饲料化、基础化、原料化利用，积极拓展秸秆利用渠道，以及农业机械耗油量的减少、清洁能源的使用，从而减缓碳排放量，故对减排起到积极的促进作用。

6.2　农业碳排放与经济增长之间的协调性研究

研究经济增长-能源消耗-农业碳排放三者之间的协调关系，本质就是研究经济、资源和环境之间的关系。目前，对此的研究已较为丰富。Sachs 等认为，由于资源开发具有明显的挤出效应，因此，拥有丰富资源地区的经济增长和环境污染面临的问题有可能更加严重，结果会出现"资源诅咒"。因此，本章构建中国经济增长-能源消耗-农业碳排放协调发展研究的系统动力学模型，剖析三个系统间的内在联系以及国家政策监管下的外部冲击。

6.2.1　系统动力学模型

系统动力学是 1956 年由美国麻省理工学院的 Forrester J W 教授创立的。这是一种基于计算机模拟技术的方法，以反馈控制为基础理论基石，是对复杂的社会经济系统进行定量研究的方法。它是通过建立因果反馈图、流图、设定方程式实现的。运用该方法建立系统分析模型的步骤一般有系统分析、结构分析、模型建立、模型检验、政策分析。系统动力学依据反馈机制及理论建立，主要用于经济、社会及生态等复杂系统，为处理高非线性、大规模经济社会复杂系统的难题提供了有效方法。近年，国内部分学者从循环经济或可持续发展的角度，通过系统动力学研究经济发展、低碳理论等。

6.2.2　农业经济增长、农业能源消耗、农业碳排放因果反馈回路

参考目前已有的农业碳排放相关研究成果，本章从机理角度出发进行剖析，从农业能源消耗、政府监管、农村人口消费水平、城镇化率、农业经济规模、农村基础设施财政投入、污染气体排放、生态环境准入政策、农业产业结构等方面考量，作为研究农业碳排放的参考依据。

双碳目标的背景下，政府监管力度是影响农业经济增长、农业能源消耗、农业碳排放的主要因素。为深入研究三者之间的关系，通过因果关系回路图来展示这一动态系统。如图 6-8 所示，其基本反馈回路有：

回路 1：政府监管→环境质量底线→生态环境准入政策→农林牧渔业生

态管控→农业碳排放

　　回路 2：政府监管→农业产业结构→农业经济规模水平→GDP→人均GDP→农村人口可支配收入→教育支出→人口城镇化率→农业机械化程度→农村用电量→农业碳排放

　　回路 3：人口城镇化率→耕地面积→绿植覆盖率→污染气体排放→环境承载力→政府治理力度→退林还耕→农业生产投入→农业经济增长

　　回路 4：政府监管→农业可持续发展→农业基础设施财政投入→农业基础设施绿色改造→农林牧渔业技术升级→农业能源消耗

　　回路 5：农业碳排放→农村人口健康程度→农村人口工作效率→农业生产量→农业经济增长

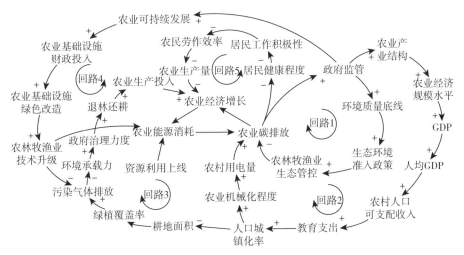

图 6-8　农业经济增长、农业能源消耗、农业碳排放之间的因果关系回路图

6.2.3　反馈回路的机理分析

6.2.3.1　政府监管环境角度分析碳排放

　　政府监管环境质量。环境质量与人民的幸福息息相关。保护环境质量最基本的目标就是要保证人民的身体健康。总的来讲，保护环境质量有三个基本要求：

　　首先，必须消除已有的劣质化环境。要恢复已经恶劣的同时正在威胁广大人民群众健康的劣质化环境，如严重污染的水体、土壤、空气等。数据显示，2015 年，在 338 个地级以上城市中有 265 个城市未能达到空气质量标准，全国土壤总的点位超标率为 16.1%，耕地土壤点位超标率为 19.4%。2016 年 2 月 18 日，住房和城乡建设部、环境保护部联合公布全国城市黑臭水体排查结果：在全国 295 座地级及以上城市中，共有 218 座城市排查出黑臭水体 1 861 个。环境质量差已成为影响人们健康、生产和生活最直观的环境问题。因此，要严格遵守环境质量底线，必须率先解决危害人民健康的突出环境污染问题，满足人民最关心、最基本的环境需求。

其次，执行环境质量"只能更好、不能变坏"的基本原则。为了保证环境质量的"抗退化"，即使在环境质量较好的地区，也需要保持或持续改善环境质量。各级地方政府都要严格遵守基本的保护环境质量要求，制定政策时，要保护整个环境中大气、水和土壤，把环境"只能更好，不能更差"作为基本标准。另外，对地方政府及各级官员的任何违反资源环境生态标准的行为，都要严格追究相应的责任。所有的经济社会发展决策都不能对生态环境造成破坏，环境保护应该以当前环境质量为基本出发点，从而推动蓝天、绿土、碧水的良好生态环境建设。

最后，在安全范围内加强对环境风险的控制。要在生产、流通、储存等环节将潜在的环境风险降低到可接受的范围，确保人民生命财产的安全和健康，杜绝土壤污染。不仅要保证人民的健康，还要维护社会稳定。重大环境风险的防范控制必须纳入环境质量底层体系，这是保障公共安全的必然要求。

生态环境准入政策。生态环境部颁布了建设生态环境源头防控意见，设立了"两高"建设项目管理组，复核跟踪"两高"项目评价管理，对"两高"项目的评估审批及环境许可条件进行了全面系统的修订，要求对环境许可要严格执行。

农林牧渔业生态管控。党中央、国务院高度重视，要求做到标本兼治、综合治理、加强监管、大力促进农林牧渔养殖业绿色发展。以改善海洋生态环境质量为核心，加快水产养殖业绿色发展。将始终坚持"分区分类、因地制宜、逐步推进"的基本原则，采取具体措施，共同推进生态环境保护和海产品供应，为保护和建设美丽海湾做出贡献，从而促进优质海水养殖发展。政府通过加强对生态环境的保护、深入打好污染防治攻坚战来坚守环境质量底线，通过颁布生态环境准入政策来促进农林牧渔业的绿色发展，以此达到降低农业碳排放的目标。

6.2.3.2　政府监管农业产业角度分析碳排放

农业产业结构调整是指根据市场上需求的变动来调整农产品供给侧结构，从而使农业供给和市场需求达到协调的过程。目前，根据中国农业结构的变化以及改革开放以来农业结构调整的经验来讲，应采取以下措施进一步调整和优化农业产业结构。

（1）加强建立农产品分销专业协会和组织，帮助农民了解市场

以不断稳定农户管理体系为基础，进而积极支持农民专业协会的发展，支持农村家庭的个性化运输和营销，保护民间运输和销售系统。同时，在外部条件可行的情况下，大力发展和建立"订单农业"，开发新型流通模式，使得生产基地、连锁经营和配送中心可以有机结合，从而使农户可以全面地了解市场，进而根据市场需求调整产业结构。

（2）增加对大型龙头企业的支持，积极推动农业产业化

实践证明大力推动农业工业化可以促进农业生产结构的调整及优化。各级政府加大对龙头企业的支持力度，一方面加快采用新技术和先进工艺，加快对现有农产品加工流通企业进行技术改造，进而大幅度提高加工能力和产品质量。另一方面，加强对已知农副产品加工流通产业的结构调整和优化，鼓励龙头企业在大产区建立生产基地，鼓励农民调整结构。

（3）完善市场和质量标准、完善农产品信息系统

完善中央到地方的农业信息网络，逐步将经济信息系统扩展到有条件的乡镇和农村。同时正确收集和传播农业生产、技术、价格和供求等多个方面的信息并及时提供给农民。加强农产品市场建设，加强农产品加工储运设施和市场信息服务体系建设。最后，对于修订农副产品质量标准、完善农产品质量监督体系、积极实施农产品质量认证、健全农产品质量价格政策也必不可少。

（4）加强技术创新，为调整农业结构提供技术支持

按照国家对农业结构调整的最低要求，探寻农业产业中技术研发的关键点。现阶段，农业科技的研究和发展在于寻找更优质、更高效的技术层面问题，而不是一味地增加产量。农业科技研发要以粮、棉、油、糖、畜禽等基本和特色农产品的生产技术为中心，掌握关键技术开展科技研究，重点研究

病虫害防治和高科技育种技术、绿色无公害和生态农业技术、标准化生产及工业化生产技术、农产品存储运输深加工技术、质量监督和动植物检疫技术。进一步加强建设农业技术推广体系，与此同时，加速农业科技成果的转化率。目前，要为农民提供调整农业结构所需的种子、种苗、畜禽、品种，解决农产品加工、储存、运输、销售等技术问题。

（5）增强建设农业基础设施和生态环境

一是加强建设农产品标准化生产基地，全面改善农地、水利灌溉、公路、电力供应等基础设施的建设，为农业产业结构调整提供必要的硬性条件。二是加强农业生态环境标准的制定，为促进高质量的农产品发展提供必要的外部环境。

农业经济的规模发展水平。随着我国城市化进程的加快，农村经济正在发生变化：小型的家庭农业正在慢慢退出历史舞台，大型的规模集约化农业正在发展。但与此同时，一些农村地区继续采用传统的、不科学的农业发展模式，不能完全适应当前社会发展的需要。我国的经济已经实现了可持续发展，市场经济理念在农村工作中也深入人心。然而，农村经济的研究与创新仍然面临着一些问题，如缺乏多样性、独特性的结构以及对市场经济体制缺乏适应性及敏感性等。

目前，规模化和工业化是发达国家农业模式的体现，但我国农业规模仍然不足，推进工业化还有很长的路要走。缺乏能够在一定程度上支持农民的龙头企业，也缺乏这种龙头企业的产业化效应。总的来说，一些公司没有意识到开发家乡农民工的潜力。乡镇企业规模小、地域性强，产业链难以发展壮大；其次，农产品产业链整合不够，生产、加工、销售环节过于分散，农商合作机制不完善，利益风险分担机制不完善，导致上下游关系不密切。这些因素阻碍了农业的产业化进程。在广大农村地区，最重要的生产方式是谷物和蔬菜的初级生产。完全依赖农业的农村地区，一般经济发展较缓慢。随着农业经济的发展，企业和农户必须积极拓宽思路，推进深度开发，提升加工副产物综合利用水平，并将粮食和旅游等工业因素纳入生产和发展，以便有效改善这一产业模式。

农民知识教育。许多农民缺乏科学知识和信息，这已成为阻碍农业发展的主要问题之一。主要原因是农业技术推广体系不够完善。新产品的开发可以改变农业技术成果并将其应用于农业生产过程，其对农业生产效率和农民收入水平的提高不可估量。然而，部分地区对农业技术重视程度不够，对农业技术的投入较少。因此，一些扩大农业规模的政策无法深入实施。此外，农业工程类的技术人员素质不高、培训机会少，这不仅降低了区域农业种植加工技术水平，也严重影响了农业的健康发展。

产业多样化。要实现农村经济的高质量发展，仅仅依靠农业产业这一方面是不够的，还要根据社会资源状况和区域实际情况，合理开发适合农村发展的高水平产业。毫无疑问，与城市相比，许多农村地区拥有天然良好的生态环境。在这种情况下，尽可能开发一定的生态资源，大力支持建设保护性旅游项目，增加人们对乡村旅游项目的兴趣和体验，同时充分融入一些当地特色文化元素，发展传统文化旅游项目，进一步促进农村经济结构调整。一些村庄有丰富的食用植物，可以生产特殊的食物。农村要围绕发展目标，树立区域品牌，引进第三产业，提高经济可持续发展水平。

农业基础设施。高质量农村发展的重要基础之一便是基础设施的建设。在提高农村经济发展质量和农业经济发展水平的道路上，加强农业基础设施建设是必不可少的一环，应当最大限度地提高改善农业建设的效率和质量。然而，目前的基础设施建设明显滞后于农村经济的发展。举例来讲，在农业发展中，节水灌溉明显是一项非常重要的建设活动，由于缺乏良好的灌溉条件从而影响了优质农业的发展。水保护系统的建设成本非常高，维护和管理成本非常高。因此，许多农村地区没有规划建设完善的农业水土保持体系，这直接制约了农村经济的有效、科学发展。另一个例子是农业技术，这也是一项重要的基础设施。目前，农业技术的范围需要进一步扩大。在许多地区，农业产业技术涉及面广，对区域环境问题仍有限制。特别是在一些山区，农业技术得不到有效推广，生产方法不准确，效率低下，影响了农村经济的发展。

农村产业规模。首先，要提高农民文化水平，政府部门通过持续引进高技术机械装备来提高农业的机械化生产水平，为农民提供各种培训机会。其次，政府部门要进一步加强道路设施的建设，切切实实地提高乡村道路的质量和利用效率，并加强对乡村道路的保养维护，延长乡村道路的使用寿命，建立城乡之间路路相通的立体关系。最后，对于自来水的管网建设、农业耕地用水和综合质量,各政府相关部门也要积极落实。一方面,政府要积极改造农村能源网络以控制电价,向所有农户普及信息技术知识,完善乡村的通信网络系统,大力提高农业信息化水平。另一方面,政府部门要大力发展农业生产力,引进国外先进的生产技术,学习先进的管理经验,提升员工的个人素质。再者,农村尤其是要改变传统的生产管理模式,这是由信息化、机械化的农业生产模式是建立现代生产关系的基础决定的。

农村用电量。农村水电一般是指 5 万千瓦以下的小型水电,是可再生的清洁能源。就社会属性而言,主要是指由地方政府组织、建设和管理,坚持为"三农"服务,为城乡社会经济可持续发展,提供农业用电的基础和公共设施。农村水电建设在我国新农村建设中具有重要作用。建设新农村就必须增加农村水电的投入。2019 年我国乡村正在建设的电站的发电量是 520 万千瓦,其中新开工电站发电量为 29 万千瓦。

政府通过调整农业产业结构来调整农业经济规模水平,实现人均 GDP 的增长,随着农村人口可支配收入的增加,农民在教育支出方面的投资就会加大,随着教育投入的加大,更多人可以通过升学或就业进入城市,人口城镇化率的提高导致农村人口不断减少,这时农民就会偏向机械化管理农业,机械化会进一步导致农村用电量增加,即农业碳排放量增加。

6.2.3.3 人口城镇化角度分析农业经济增长

人口城镇化。所谓城镇化,是指农民以稳定就业为目的,在城市定居、落户的过程。受城市化的影响,农民的长期消费偏好从农村转向城市,从而深刻改变了城市消费结构。

环境承载力。环境有一定的承载极限,环境弹性决定了流域(或区域)经济和社会发展的速度和程度。如果一个流域(或地区)的人口和经济规模超过了其生态环境在一定的社会、经济和技术繁荣下所能承受的程度,这将导致生态环境恶化和资源枯竭,甚至影响经济社会的可持续发展。

退林还耕。退林还耕就是对占用永久性基本农地种植苗木、花卉、草皮等作物的土地予以清退,恢复永久基本农地的粮食生产功能,从而保障粮食生产和重要农产品的供应。所以,随着人口城镇化率的提高,导致耕地面积减少、污染气体排放增多,环境承载力处于极限的范围内,政府要进一步加强治理力度,发布一系列退林还耕的措施,加大农业生产的投入,以此来加大农业经济增长。

6.2.3.4　政府监管角度分析农业能源消耗

农业可持续发展。2015 年 5 月，国家发改委、农业部、财政部等 8 个部委联合发布《全国农业可持续发展规划（2015—2030 年）》，分析了我国农业发展的成就和面临的严峻挑战。规划指出，农业生产与国家粮食安全、资源和生态安全是紧密相关的。大力推动农业可持续发展，是实现"五位一体"战略布局、建设美丽中国的必然选择，是中国特色新型农业现代化道路的内在要求。该计划的实施是为了保证我国农业长期可持续发展。政府和相关部门应制定计划支持中国农业可持续发展的政策。具体如下：

（1）完善扶持政策

完善相关法律法规和标准。制定和审查农用地的质量保护、黑土地保护、农药管理、肥料管理、牧场保护、农业环境监测和农用地覆盖物残留综合管理的法律法规。加强农产品安全管理，保护农业野生植物，加强法律保护。完善农业和农村节能减排的法律法规，提高农业各领域节能减排标准。制定和审查耕地质量标准、土壤环境质量、农膜重金属含量和饲料添加剂，确保生态环境建设有据可依。加强法律监督，整合执法力量，强化法制队伍建设，改善执法环境。实施农业资源保护、环境管理、环境保护等各种法律法规，加强对区域资源环境部门和执法部门的监督，严格按照法律惩罚违反农业资源和环境法律的行为。监督相关法律法规的执行情况，完善重大环境事故和污染事故损害赔偿责任制度和赔偿制度。

（2）强化科技与人才支撑

增加投资。坚持完善农业可持续发展投资保障体系，促进投资由生产向生产和生态转变，着力保障国家粮食安全和重点农产品供应，从而达到促进农业可持续发展的目的。同时充分利用市场在资源配置中的调节性作用，引导财政和社会资本投资于农业资源利用、环境管理和生态保护，构建多元化投资机制。完善税收等激励政策，落实税收政策，推进第三方经营管理、公共采购服务、农村环保合作社建设，引导各方投资农村资源环保领域。将农业环境问题管理纳入利用外资和发行公司债券等重点领域，扩大资金来源。切实提高资金管理和使用效率，完善监督检查、绩效考核和问责机制，完善相关政策。继续落实和完善牧场生态保护补贴、测土配方施肥补贴、耕地质量保护和提高补贴、农作物病虫害防治和绿色防治补贴、农具购置补贴等政策。预防和控制动物疫病，牛和家禽无害化待遇补助，农产品初级加工补贴。研究落实适当补贴等措施，推进农业水费价格的改革。设立完备的生态保护政策，优先对农业资源进行保护，优化粮食和饲料结构，支持玉米和苜蓿种植，实现大豆轮作。落实秸秆还田、土壤改良、有机肥积累和绿肥栽培支持。大力支持推广使用高标准农用薄膜，提高农用薄膜和农药包装废弃物的回收再利用系统。与此同时加强推进渔业增殖放流，落实各种补偿政策，建立湿地森林和水土等生态补偿机制。建立健全各种水源及蓄水区的生态补偿机制。促进优质农产品进行认证，提高农产品安全质量检测，建设农产品质量安全信息溯源平台。

（3）深化改革与创新

鼓励农业适度规模经营。支持和完善农村基本管理制度，维护农民家庭经营主体地位，指导土地管理权的标准化和有组织的分配，对大型农户和家庭农场等新商业实体的发展予以大力支持，在适当规模上促进不同形式的治理。积极持续推进农村土地制度改革，使农民以土地经营权为主体，发展农业产业化。积极完善以市场为导向的资源配置机制。审查第三方治疗制度的建立，并提供面向市场的有偿服务。树立节能减排理念。要在全社会树立保护环境的理念，改变不合理的消费和生活方式。发展低碳经济，实施科学发展观。加大广告宣传力度，倡导科学健康的营养，减少食物浪费。鼓励企业和农民提高节能减排意识，减少能源消耗，减少污染排放。按照减量化、循环利用的要求，充分利用农业废弃物，自觉履行绿色发展责任，建设节能型社会，建立健全的社会监督机制。充分发挥网络媒体监督作用，确保知情权，参与和监督农业环境，动员公众和非政府组织参与保护和监督。逐步实施农业环境广告制度，完善农业环境污染备案制度，广泛开展公众监督。

（4）用好国际市场与资源

充分利用国际市场。根据内部资源和环境可持续性以及农产品的未来生产能力和潜在需求，决定农产品进口的自主程度和优先顺序，同时谨慎组织进口数量和品种，了解进口速度，确保内部市场稳定，减轻内部资源环境压力。提高对进口农产品的检验检疫和质量控制管理，完善农业产业毁坏的风险评估体系，踊跃参加国际和地区农业政策标准的制定。同时引导公司在国外投资农业，进一步提高其国际影响力。推动具有国际竞争力的大型粮棉油公司，支持国外互利农业生产和贸易合作，完善相应的政治支持体系。

（5）加强组织与领导

建立跨部门协调机制。建立包括相关部门在内的可持续农业发展机构间协调机制，加强组织领导、沟通协调，明确任务、分配任务，成立跨部门联合小组。省级政府应围绕规划目标和任务，实施全球规划，加强合作，特别重视制定地方可持续农业规划，积极推动重点政策和规划项目的实施，确保其落实。改进效率评估体系。建立评估农业可持续发展的指标体系，包括耕地红线、自然资源使用和保护、环境管理和环境保护，以评估各级市政效率。为管理人员审计自然资源，建立环境损害和污染的终身报告和报告制度，以确保可持续农业发展。

农业基础设施财政投入。西方学术界对农业基础设施投资发展的研究起步较早，研究相对成熟，形成了系统的理论成果，是各国科研人员作此研究的理论基础。马克思在讨论社会再生产问题时指出，"资本是整个经济进程的第一动力"。在农业再生产过程中，基础设施建设应是经济发展的第一步。因此，农村基础设施投资既是农业基础设施发展的第一动力，也是农业增长的可持续动力。史密斯先生指出，基础设施发展是一项国家任务，对农村基础设施（如公路和桥梁）的投资对发展中国家至关重要。罗斯托夫认为，扩大基础设施对该国经济复苏是必要的，但还不够。从最广泛的意义上说，必须考虑确定社会资本的最低预付额。罗森斯坦·罗丹说，基础设施是"领先的社会资本"，被认为是发展中国家农业发展和工业化的必要先决条件，政府必须加大对大规模基础设施的投资。

农林牧渔业技术升级。目前，以农民为主体的分散农业管理仍然是我国农业、畜牧业和渔业最重要的组织形式。降低和加速成本、标准化产品和限制管理规模已日益成为中国提高农牧业效益的主要障碍。首先，农业、林业、畜牧业和渔业普遍产业链太长，无法改变商业惯例。多年来，工业生产和需求导致了不可抗拒的商业行为。其次，我国农林牧渔业信息化水平低于欧美发达国家。中央 1 号文件提出，要加强现代农业基础设施建设，在现有资源基础上建立大型农业和农村数据中心，以满足建立数据网络和获取大量数据的需要，加快农业集群链和人工智能的发展。然而，近年来，许多农村信息化项目规模较小，未能充分发挥数据和信息交换平台的支撑作用。最后，农业、林业、畜牧业和渔业产品的生产和销售不畅。近年来，农村研究报告显示，农、林、牧、渔业产销分离是工业发展的主要障碍之一。一方面，从事农业、林业、畜牧业和渔业的人无法确定产品供求与市场之间的关系。例如，2018 年，山东省种植了大量莴苣，但市场对莴苣的需求不够强劲。许多生菜生产商生菜销售不畅，甚至出现生菜腐烂现象，造成严重损失。另一方面，农林牧渔业的生产者盲目扩大规模跟风其他行业，导致农产品滞销。

因此，打通农林牧渔产品生产和销售中间的供应链环节非常重要。农林牧渔行业想要发展，就必须得规模化，实行统一管理，要把经销商之间的传统联系转变为产销联系，充分发挥互联网信息平台的优势和有序农业的优势，改变从业者的盲目种植、养殖方式，理清供求关系。

首先，开放的信息链提高了可操作性。农业、林业、畜牧业和渔业供应链现代化的关键是信息链的转型，这决定了提高工业效率的上限，涉及信息的对称性和准时性。建立供应链系统是企业向信息链过渡的最佳捷径。特别是近几年来，许多农、林、牧、渔企业将数字化转型作为业务发展的重要目标之一，积极实现自身计算机系统的转型。然而，从实际效益来看，效果并不理想，甚至低于预期。对此，在第三方专业机构的支持下，农、林、牧、渔等传统企业可以建立单一的供应链系统，从而提高企业的运营效率。快速提升数字化能力，推动企业数字化转型。将内部行业参与者与数据生产要素联系起来，让数据在链条上流动，使数据资源与传统行业相结合，最终实现产业增值。

其次，连接供应链，建设完善的冷链配送物流体系。由于产品的特殊性，农、林、牧、渔等行业对运输和储存有较高的要求。商品一般依赖冷链运输，运输成本高，中国生鲜市场产业明显缺乏冷链物流。在农、林、畜、鱼产品储运方面，一是提高综合储运能力，确保多种商品的安全可靠；二是改进冷链配送方式，减少商品消耗。在这方面，基于数字商务云的供应链管理系统可以帮助农林牧渔业企业整合资源合作渠道，跟踪和验证仓库和任何地方的供应进度。在生产、储存、运输和销售的所有阶段提供智能温度控制和安全。通过供应链物流管理系统，企业可以快速实现对全国分布式存储网络的集中控制，快速、自动、高效、批量收集仓储、库存等关键业务环节的信息。在运输和仓储过程中建立供应链管理体系，提高供应链管理体系的水平和效率。

最后，建立有利于产业生态健康发展的金融网络。现阶段，农业、林业、畜牧业和渔业已进入一个新阶段，规模化生产已成为推动经济从资本向创新转变的主要趋势之一。在产业规模化发展过程中，农民面临的最大问题是融资困难和融资成本高，阻碍了输血产业的发展，企业容易受到"冲击"。因此，农林渔业企业可以通过金融服务国际化、国内外资源整合、供应链金融服务准入等方式，加强中央企业、金融机构、第三方平台、工业企业和模块之间的沟通，金融服务协调创新等整合柔性创新，优化供应链金融服务交付流程，解决信息、效率和金融整合问题。克服交易资金由金融部门集中管理的传统局面，使其成为一家独立的财务公司，而不是一个职能和成本中心，为企业的不同部门提供快速、准确、安全和附加的财务服务。

目前，我国农林渔业数字化已进入一个新时代。企业必须抓住技术、产品和服务数字化升级的机遇，加快农、林、牧供应链的数字化，释放杠杆，提升企业价值，获得最佳的经济效益。通过信息网络、物流链和金融链的升级，可以有效改善农林渔业供应链，降低协同和联动水平，努力解决产业发展的瓶颈和关键环节。政府加大对农业基础设施的投资旨在加强农业的可持续发展，完成农业基础设施的生态改造、技术升级和农、林、牧一体化。技术升级和绿色升级后，农业能耗将降低。

6.2.3.5　农业碳排放角度分析农业经济增长

碳排放量影响人类健康。2021年10月20日，《柳叶刀》（The Lancet）发表了"柳叶刀人群健康与气候变化倒计时2021年报告：为健康未来发出红色预警"，报告追踪了与气候变化直接相关的44项健康影响指标，揭示了气候变化对人类健康的影响。报告指出，健康和气候方面日益增长的风险加剧了人们面临的健康危害，尤其是在受到粮食和水质安全、热浪及传染病传播问题影响的脆弱社区。气候变化及其驱动因素正在为传染病的传播创造理想条件，有可能会破坏数十年来各国在控制登革热、基孔肯雅病、寨卡、疟疾和霍乱等疾病方面取得的进展。农业碳排放量的增加会影响居民的健康，居民健康受影响后会导致工作效率的降低，继而影响农业生产规模，最后会降低农业经济的增长速度。

6.2.4 模型结果分析与建议

通过对因果回路图的机理分析，可以发现，要想降低农业碳排放量，最大的原因取决于政府的监管力度，农业经济增长、农业能源消耗与农业碳排放三者在很多方面都能互相结合、互相影响，是一个有机的整体。

中国粮食主产区要实现农业的可持续发展，首先要处理好能源消耗、经济增长与温室气体排放三者之间的关系。通过以上的实证研究发现，农业经济增长、农业能源消耗与农业温室气体排放之间存在长期协整关系。结合研究结论，本章提出了以下合理可行的政策建议。

提高农业能源利用效率，优化农业能源消费结构。提高能源利用效率是实现粮食主产区农业部门碳减排的关键。因此，应鼓励节能减排技术的研发与推广，大力推进洁净煤技术的开发与利用，有效提高能源利用效率，降低能源强度，发展节约型农业。此外，从长远来看，面对有限的自然资源，除了提高能源利用效率，减少单位农业产出的能源使用量之外，优化农业部门的能源消费结构也是一种有效可行的措施。尽管粮食主产区在大力推动开发清洁能源方面已经取得了明显的进步，但是就目前而言，粮食主产区的农业能源主要还是来自化石燃料的燃烧，清洁能源所占的比重相对较少。随着粮食主产区农业经济的不断增长，农业对于能源的需求也将逐渐增大，因此，大力发展各种清洁能源，用清洁能源替代高污染、高排放的化石能源。

农业产业结构调整，大力发展低碳农业。为了推动粮食主产区农业的绿色低碳发展，需要加大对农业产业结构的调整力度。在种植业方面，应鼓励种植低碳的农作物，并将耕作模式由"高耗能、高污染、低效益"向"低耗能、低污染、高效益"进行转变，大力生产绿色无公害农产品。此外，应加强化肥、农药、农膜、农用机械、农业灌溉等生产技术的创新，节省化肥和农药的使用量。另外，应鼓励用可降解的农膜代替不可降解的农膜，用喷灌、滴管等节水技术代替传统的灌溉方式。在养殖业方面，应鼓励养殖结构向低碳化转变，即降低反刍类牲畜在畜牧结构中所占的比重，增加低排放牲畜在畜牧养殖中的比重。另外，应大力推进规模化养殖，集中处理牲畜粪便，将养殖模式由"高消耗，低效益"转变为"低消耗，高效益"，以实现畜牧养殖的经济效益和生态效益。

提高环境标准，完善法律制度。目前，低碳可持续发展理念在农业领域的普及与宣传仍处于初级阶段。由于农民对于低碳可持续发展的认识不足，导致在低碳农业的发展方面，农民的配合度不高。因此，为了尽早实现低碳农业，粮食主产区的农业部门应加大低碳环保理念的宣传与推广，让农民认识到发展低碳农业的必要性。结合中国粮食主产区农业部门的实际情况，目前普遍存在着环境保护成本高和破坏环境成本低的现象，因此，提高农业部门的环境标准，完善有关环境的法律制度是保障粮食主产区农业可持续发展的关键。建立健全的农业碳减排制度，主要应从以下几个方面入手：一是建立合理的轮作制度，鼓励农民适当休耕，减少翻耕次数，这不仅有助于农业碳减排，实现生态效益，也可以增加土壤养分，为农业带来显著的经济效益；二是建立秸秆、牲畜粪便等的资源化利用制度，推广各种秸秆综合利用技术；三是应尽快建立以低碳农业为导向的农业补贴制度。

6.3　本章小结

利用 2000—2020 年中国农业碳排放的时间序列数据，分析研究了农业碳排放、能源消耗和经济增长之间的关系。从原始的 MGM（1，m）模型出发，将多群体 Lotka - Volterra 模型与 MGM（1，m）模型相结合，构建基于 Lotka - Volterra 理论的多变量灰色预测模型［LVMGM（1，m）］及其直接建模模型。LVMGM（1，m）模型从变量自身的变化特征和变量间的交互作用两个角度出发，通过引入因素的非线性变化趋势项及变量之间的交互作用项，使得变量之间的相互作用关系考虑更加充分。在不同经济发展阶段，能源结构转型和农业碳排放的倒 U 形关系事实的基础上，论证了经济增长对上述情况的影响，有效分析鉴别经济增长、能源消耗和农业碳排放的发展阶段性特征。

运用系统动力学的方法研究农业经济增长、能源消耗、碳排放三者之间的关系，并绘制了因果回路图。通过对因果回路图的机理分析发现，政府监管力度会同时影响农业经济增长、能源消耗、碳排放，因此政府如何颁布影响三者的政策是研究的重点。更进一步的分析发现，从三者两两相互影响，到最后会形成三者间相互影响的有机整体。要实现农业的可持续发展，中国粮食主产区就一定要处理好农业经济增长、能源消耗与碳排放三者之间的关系。

第7章 农业碳减排博弈分析及生态补偿机制研究

当今社会面临着气候不断变化的严峻挑战，气候问题严重威胁着人类的生存与社会的发展[207,208]。大气中的温室气体浓度增加使得全球气候加剧变暖，而形成这一现象的主要原因是人类的活动[209,210]。"应对气候变化"这一热点问题逐渐引起全球的关注，目前已被联合国列为可持续发展的目标（SDGs）之一[211]。各国学者一致认为实施低碳经济相关措施能够有效控制温室气体排放、降低大气中的温室气体含量，有助于解决气候变化的问题[212,213]。在"低碳经济"等相关概念提出伊始，中国就开始重视这一方面的应用：提出把低碳减排与保护生态环境作为主要任务，以促进经济的发展[214]。在《巴黎协定》尚未通过的时候，中国就向世界做出了承诺，会迅速开展低碳减排工作[215]。2020年，中国把实施碳达峰、碳中和的"双碳"目标列为国家发展的重要战略方针。中国在2021年又提出：在对低碳减排工作进行全面部署的基础上，进一步细化重点领域、行业在低碳减排工作上的实施方案，从而形成一个碳达峰、碳中和"1+N"的政策体系来促进低碳减排工作的开展。这些政策呈现出了中国实现"双碳目标"的决心和信心。

具有碳汇和碳源双重属性的农业对于实现"双碳"目标至关重要[216]。农业生产可以利用生态系统来实行生物固碳，生物固碳比技术固碳所需的成本更低[217][218]。农业生产活动引致的碳排放约占全球年均碳排放总量的25%，是温室气体排放的重要来源[219][220]。越来越多的学者开始关注农业领域的低碳减排工作。中国的传统农业生产方式，包括农业化学品使用过度、过度利用农用地资源、农业废弃物处置不当等是造成这一现象的主要原因。因此，有效促进碳减排工作，可以推动农业部门的绿色高质量发展，使传统农业模式向低碳农业模式转变。

中国现在正处在农业绿色转型与高质量发展的关键期。农业部门在中国碳排放方面发挥着举足轻重的作用，分析碳排放的根源，建立碳减排动力机制与生态补偿机制，对于把握现阶段中国农业转型过程，探索农业绿色发展路径具有重要意义，同时可为推动实现碳达峰、碳中和提供科学依据。

7.1 农业碳减排博弈分析

7.1.1 农业碳减排动力分析

按照《现代汉语词典》的释义，动力是像电力、水力、风力等"可以使机械运转、做功的力量，一般是指能够推动事物发展的力量"[227]。农业碳减排动力机制指的是将碳减排思路以及方法等内容应用到农业生产过程中，同时，它还能有效揭示各种利益主体的不同动力，包括外界环境产生的各种动力与农业低碳减排工作发展的内在联系。根据动力形成的原因，可以将农业低碳减排的动力机制划分为：内生动力、外生动力。

7.1.1.1 内生动力

节能碳减排相关主体内部产生的动力称为内生动力。参与农业低碳减排的部门有很多，但是农业部门低碳减排的直接相关主体始终是农业，因此低碳减排的内生动力主体为农户。

（1）农户作为碳减排的主体，不仅要负责设备更新、技术改造等工作，还要采用有效的低碳生产方式。

（2）国民经济发展、市场经济发展都与农业息息相关。农业应该在日常的生产经营活动中将低碳减排的经济效益显现出来。

（3）碳减排工作的开展离不开农户的参与。完成碳减排内生动力分析之后，确定农户的主体地位，并对农业经济效益加以考量。农业碳减排工作内生动力在农业内部产生，受经济效益驱动。

7.1.1.2 外生动力

与内生动力恰恰相反，农业低碳减排的外生动力则由外部利益受益主体、外界环境产生。尽管外生动力的作用与内生动力相比较小，但同样也能对事物发展产生影响。

（1）政府的约束行为

将低碳减排的理念以及方法与农业生产工作相融合，从而影响相关利益主体。不同的利益主体采取不同的低碳减排方法所产生的效果也不尽相同。因此，充分发挥政府的作用，加强政府约束，有助于促进农业低碳减排工作。

（2）社会公民的参与行为

农业低碳减排工作的开展成效与社会公民参与度息息相关，社会公民的参与能使农业低碳减排工作顺利开展。在农业低碳减排工作中，如果社会公民的参与度比较高，农业碳减排的效果也会进一步优化。

（3）市场的竞争压力

市场上的农业种类繁多，面临的竞争压力大，要想维系日常的生产经营活动，就必须要获得一定的差额利益。低碳减排理念方法与农业生产的融合，极大地促进了能源消费的调控、减少了成本支出，而且无论是进行排污，还是进行环境治理，所需费用都相对较低，具有环保效益。

（4）技术工艺的革新

近年来，新兴的工艺和技术逐渐被应用到农业生产过程中，所呈现的低碳减排的效果非常好。所以，农户应该依靠先进的工艺和技术，改善现有的技术体系，开发出更优质的低碳减排技术。

7.1.1.3　农业碳减排治理结构框架

减少农业碳排放的关键是措施是否得到有效实施，即农民是否采用了低碳农业生产方式进行生产。因此，鉴于实施农业低碳减排工作的主体与相关部门之间的关系，本研究区分了低碳农业实施者（农户）和管理者（政府、市场和社会组织）等，基于对影响低碳农业发展关键因素的分析构建了农业低碳减排规划框架（图7-1），为农业低碳减排措施的有效实施提供参考。

7.1.2　政府-农户碳减排进化博弈模型构建与分析

为了研究的方便，下面的分析中，用政府代表管理者，即政府、市场和社会组织。对管理者和农户的减排行为进行博弈分析。这也符合实际生活中农户和各级管理者的关系。

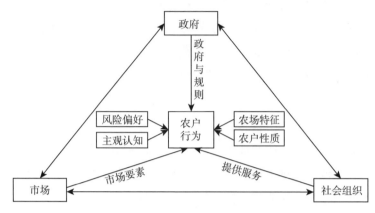

图 7-1　农业碳减排治理结构框架

7.1.2.1　模型的假设与构建

在低碳农业生产的推广过程中，政府部门试图通过各项监管政策来引导农户采取低碳农业的生产方式，以此推动农业的碳减排治理。农户根据外部环境以及自身条件的情况，选择是否采取低碳生产方式。因此选择政府和农户双方进行演化博弈，以此来分析农业碳减排工作的推进。

假设政府和农户都是有限理性的，并且都以自身利益的最大化为原则，两者之间的博弈行为是在信息不完全的条件下进行的。政府对农户有两个可以选择的策略：监管和不监管；相应的，农户也有两个可以选择的策略：实行低碳农业生产和不实行低碳农业生产（即实行传统农业生产）。

设初始状态下，政府选择监管策略的概率为 x，选择不监管策略的概率为 $1-x$；农户选择低碳生产方式的概率为 y，选择传统生产方式的概率为 $1-y$。根据碳减排工作的内生和外生动力，可以确定政府和农户在演化博弈过程中所涉及的参数如下。

政府的收益与成本。假设政府在农户不进行低碳农业生产方式下的初始收益为 G；若政府选择对农户进行监管，监管成本（包括政府在监管过程中搜集农户进行农业碳排放情况等信息需要耗费的人力、物力、财力）为 C_g；政府监管采取的方式有罚款和补贴：政府对实行低碳农业生产的农户给予的补贴激励，记为 A，对实行传统农业生产的农户进行罚款，记为 F；在政府进行监管前提下，假若农户采取低碳农业生产方式进行生产，政府将会获得长期经济社会环境效益的增加（包括政府声誉的提高），获得的效益记为

R_g；若农户实行传统农业生产，政府要付出对环境进行治理付出的费用，记为 P_g。

农户的收益与成本。若使用传统农业生产方式，农户得到的初始收益为 R_0；若农户采取低碳农业生产方式，将会增加额外的成本，包括对低碳原材料、低碳技术设备、清洁能源的投资购买等，额外成本记为 C_f；同时，农户进行低碳农业生产会得到相对应的额外收益，这一部分收益记为 R_f；若政府选择对农户进行监管，农户会获得相应的补贴与罚款。

综上所述，得出政府与农户博弈双方的得益矩阵，见表 7-1。

表 7-1　博弈收益矩阵

		农户	
		低碳农业生产方式	传统农业生产方式
政府	监管	$(G-C_g-A+R_g,\ R_0-C_f+R_f+A)$	$(G-C_g+F-P_g,\ R_0-F)$
	不监管	$(G,\ R_0-C_f+R_f)$	$(G-P_g,\ R_0)$

7.1.2.2　模型局部均衡点稳定性分析

第一步　构建政府与农户的复制动态方程

复制动态方程是用来描述博弈双方的策略选择随着时间变化而产生的规律，设监管策略下政府的期望收益为 u_{g1}，不监管策略下政府采取的期望收益为 u_{g2}，若政府的平均收益为 $\overline{u_g}$，则：

$$u_{g1} = y(G-C_g-A+R_g) + (1-y)(G-C_g+F-P_g)$$
$$\tag{7.1}$$

$$u_{g2} = yG + (1-y)(G-P_g) \tag{7.2}$$

$$\overline{u_g} = xu_{g1} + (1-x)u_{g2} \tag{7.3}$$

根据式（7.1）至式（7.3）得到政府的策略选择复制动态方程为：

$$F(x) = \frac{\mathrm{d}x}{\mathrm{d}t} = x(u_{g1} - \overline{u_g}) = x(1-x)\big[y(R_g - C_g - A)$$
$$+ (1-y)(F-C_g)\big] \tag{7.4}$$

设 u_{f1} 为农户采取低碳农业生产方式策略下的期望收益，u_{f2} 为农户采取传统农业生产方式策略下的期望收益，农户的平均收益为 $\overline{u_f}$，则：

$$u_{f1} = x(R_0 - C_f + R_f + A) + (1-x)(R_0 - C_f + R_f) \tag{7.5}$$

$$u_{f2} = x(R_0 - F) + (1-x)R_0 \qquad (7.6)$$

$$\overline{u_f} = yu_{f1} + (1-y)u_{f2} \qquad (7.7)$$

根据式（7.5）至式（7.7）得到政府的策略选择复制动态方程为：

$$F(y) = \frac{dy}{dt} = y(u_{f1} - \overline{u_f}) = y(1-y)[x(R_f + A + F - C_f)$$

$$+ (1-x)(R_f - C_f)] \qquad (7.8)$$

第二步　演化稳定性分析

联立式（7.4）、式（7.8）建立政府与农户的二维动力系统（Ⅰ），则：

$$\begin{cases} F(x) = \dfrac{dx}{dt} = x(u_{g1} - \overline{u_g}) = x(1-x)[y(R_g - C_g - A) + (1-y)(F - C_g)] \\[3mm] F(y) = \dfrac{dy}{dt} = y(u_{f1} - \overline{u_f}) = y(1-y)[x(R_f + A + F - C_f) + (1-x)(R_f - C_f)] \end{cases}$$

$$(7.9)$$

令 $F(x) = 0$ 且 $F(y) = 0$，求得五个平衡点，即 $(0, 0)$、$(0, 1)$、$(1, 0)$、$(1, 1)$ 与 (x^*, y^*)，其中 $x^* = \dfrac{C_f - R_f}{A + F}$，$y^* = \dfrac{C_g - F}{R_g - A - F}$。

Friedman 提出对局部均衡点的稳定性进行判断的方法，即对系统雅可比矩阵 $\boldsymbol{J}$ 的分析。由式（7.9）得到矩阵 J 如下所示：

$$\boldsymbol{J} = \begin{bmatrix} \dfrac{\partial F(x)}{\partial x} & \dfrac{\partial F(x)}{\partial y} \\[3mm] \dfrac{\partial F(y)}{\partial x} & \dfrac{\partial F(y)}{\partial y} \end{bmatrix}$$

$$= \begin{bmatrix} (1-2x)[y(R_g - C_g - A) + (1-y)(F - C_g)] & x(1-x)(R_g - A - F) \\[3mm] y(1-y)(A+F) & (1-2y)[x(R_f + A + F - C_f) + (1-x)(R_f - C_f)] \end{bmatrix}$$

当同时满足以下两个条件，均衡点即为系统（Ⅰ）的稳定点：

条件 1　当：

$$\det\boldsymbol{J} = \begin{vmatrix} \dfrac{\partial F(x)}{\partial x} & \dfrac{\partial F(x)}{\partial y} \\[3mm] \dfrac{\partial F(y)}{\partial x} & \dfrac{\partial F(y)}{\partial y} \end{vmatrix} > 0$$

其中：$\det\boldsymbol{J}$ 为矩阵 $\boldsymbol{J}$ 的行列式，可以得到：

$$\det\boldsymbol{J} = (1-2x)[y(R_g - C_g - A) + (1-y)(F - C_g)](1-2y)[x(R_f + A + F - C_f) + (1-x)(R_f - C_f)]$$

$$-x(1-x)(R_g-A-F)y(1-y)(A+F) \tag{7.10}$$

条件 2　当：$tr\boldsymbol{J}=\dfrac{\partial F_{(x)}}{\partial x}+\dfrac{\partial F_{(y)}}{\partial y}<0$

其中，$tr\boldsymbol{J}$ 为矩阵 $\boldsymbol{J}$ 的迹，可以得到：

$$tr\boldsymbol{J} = (1-2x)[y(R_g-C_g-A)+(1-y)(F-C_g)]+(1-2y)[x(R_f+A \\ +F-C_f)+(1-x)(R_f-C_f)] \tag{7.11}$$

根据式（7.10）与式（7.11）分别计算各平衡点的 det$\boldsymbol{J}$ 和 tr$\boldsymbol{J}$ 的值，结果如表 7-2 所示。

表 7-2　系统（Ⅰ）det$\boldsymbol{J}$ 与 tr$\boldsymbol{J}$ 的值

(x,y)	det$\boldsymbol{J}$	tr$\boldsymbol{J}$
$(0,0)$	$(F-C_g)(R_f-C_f)$	$F-C_g+R_f-C_f$
$(0,1)$	$-(R_g-C_g-A)(R_f-C_f)$	$R_g-C_g-A-R_f+C_f$
$(1,0)$	$-(F-C_g)(R_f+A+F-C_f)$	$C_g-F+R_f+A+F-C_f$
$(1,1)$	$(R_g-C_g-A)(R_f+A+F-C_f)$	$-R_g+C_g+A-(R_f+A+F-C_f)$
(x^*,y^*)	0	0

当且仅当 det$\boldsymbol{J}>0$ 且 tr$\boldsymbol{J}<0$ 时，平衡点为 ESS，故由表 7-2 可得命题 7.1。

命题 7.1

当 $F-C_g<0$ 且 $R_f-C_f<0$ 时，系统（Ⅰ）的 ESS 为（0，0）；

当 $R_g-C_g-A<0$ 且 $R_f-C_f>0$ 时，系统（Ⅰ）的 ESS 为（0，1）；

当 $F-C_g>0$ 且 $R_f+A+F-C_f<0$ 时，系统（Ⅰ）的 ESS 为（1，0）；

当 $R_g-C_g-A>0$ 且 $R_f+A+F-C_f>0$ 时，系统（Ⅰ）的 ESS 为（1，1）；

（x^*，y^*）为不稳定点。

第三步　均衡结果分析

根据命题 7.1，不同稳定情况下，政府与农户的博弈均衡结果存在显著差异，这与碳减排工作的实施力度密切相关。

（1）当 $F-C_g<0$ 且 $R_f-C_f<0$ 时，此时均衡的结果为（0，0），即政府不监管，农户实行传统农业生产方式。此种情况最有可能出现在低碳农业被提出的初期，此时由于政府对于低碳减排的宣传不到位、监管不及时，导致农户对低碳农业的认知不够清晰，对低碳农业创收没有信心，因此农户会

继续选择传统农业生产方式。

（2）当 $R_g - C_g - A < 0$ 且 $R_f - C_f > 0$ 时，博弈的均衡结果 ESS 为（0，1），即政府不监管，但农户选择低碳农业生产方式。这种情况最有可能是因为农户通过一定的渠道了解了低碳农业的创收比传统农业大，所以在政府不监管的情况下，为了自身的利益最大化也会选择低碳农业生产方式。当农户自觉选择低碳农业生产方式时，政府选择不监管所能获得的收益是最大的。

（3）当 $F - C_g > 0$ 且 $R_f + A + F - C_f < 0$ 时，博弈的均衡结果为 ESS（1，0），即在政府监管的情况下，农户仍然采取传统农业生产方式。此种情况最有可能是由于政府的宣传力度不到位、对相关的惩罚以及补贴的力度不够，农户采用低碳农业生产方式不能比传统生产方式获得更多利益，因此农户不愿意改变现有的生产方式。

（4）当 $R_g - C_g - A > 0$ 且 $R_f + A + F - C_f > 0$ 时，博弈的均衡点 ESS 为（1，1），即在政府的监管下，农户舍弃传统的生产方式，选择低碳农业生产方式。此种情况最有可能发生在政府监管有利，农户从低碳农业生产中获得的收益与补贴大于所付出的成本的情况下；反过来，农户低碳生产为政府带来的效益是大于其付出的努力的。

7.1.2.3　模型仿真分析

为了验证推导的稳定条件是否成立，本章探讨了农户生产行为与政府监管行为的博弈过程，为了进一步研究满足不同参数条件的博弈过程，更直观地展现出演化路径，使用 Matlab 软件对模型进行仿真分析。根据表 7-2 的结果以及对参数 G、C_g、A、F、R_g、P_g、R_0、C_f、R_f 取不同的值，来验证上文所描述的博弈过程的演化稳定策略。

当 $F - C_g < 0$ 且 $R_f - C_f < 0$ 时，系统的演化趋势如图 7-2 所示。设定参数值为 $G = 3$，$C_g = 5$，$A = 4$，$F = 2$，$R_g = 4$，$P_g = 3$，$R_0 = 5$，$C_f = 7$，$R_f = 3$。设定 x，y 的初始值为（0.3，0.7）、（0.8，0.2）。结果表明，无论双方如何选择各自策略的初始概率，都会演化成政府不监管农户的生产方式，农户也继续进行传统的农业生产方式。从图 7-2 可以看出，当政府与农户的初始概率为（0.3，0.7）、（0.8，0.2）时，政府与农户的行为选择概率持续降低，最终趋于 0（农户在政府不监管的状态下继续进行传统生产方式）。

当参数满足 $R_g - C_g - A < 0$ 且 $R_f - C_f > 0$ 条件时，系统的演化趋势如

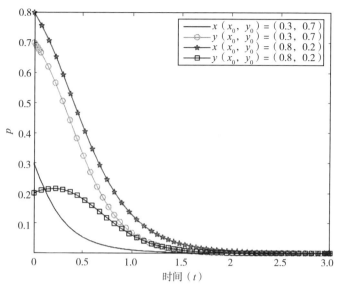

图 7-2　$F-C_g<0$ 且 $R_f-C_f<0$ 时的演化结果

图 7-3 所示。设定参数值为 $G=3$，$C_g=5$，$A=4$，$F=2$，$R_g=4$，$P_g=3$，$R_0=5$，$C_f=3$，$R_f=5$。设定 x，y 的初始值为（0.3，0.7）、（0.8，0.2）。结果表明，无论双方选择各自策略的初始概率是多少，都会演化成政府不监管农户的生产方式，但农户仍会选择低碳减排的农业生产方式。只要满足

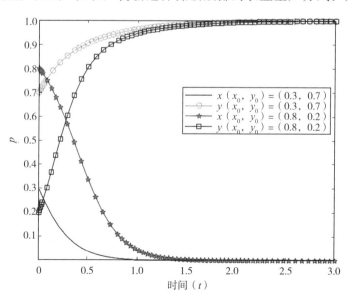

图 7-3　$R_g-C_g-A<0$ 且 $R_f-C_f>0$ 时的演化结果

$R_g - C_g - A < 0$ 且 $R_f - C_f > 0$，系统最终会趋于理想状态，即农户在政府不监管的状态下自觉采取低碳减排方式开展农业生产。该理想状态下的行为选择策略仅与参数 R_0、C_f、R_f 有关，与 G、C_g、A、F、R_g、P_g 均无关。

当参数满足 $F - C_g > 0$ 且 $R_f + A + F - C_f < 0$ 条件时，系统的演化趋势如图 7-4 所示。设定参数值为 $G = 3$，$C_g = 2$，$A = 2$，$F = 4$，$R_g = 4$，$P_g = 3$，$R_0 = 5$，$C_f = 9$，$R_f = 1$，设定 x，y 的初始值为（0.3，0.7）、（0.8，0.2）。结果表明，对于双方的任意初始概率选择，都会演化成政府监管、农户继续进行传统的农业生产方式。从图 7-4 可以看出，当政府与农户的初始概率为（0.3，0.7）、（0.8，0.2）时，政府行为选择概率持续增高，最终趋于 1（政府选择监管）。

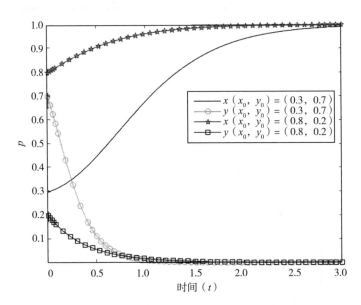

图 7-4　$F - C_g > 0$ 且 $R_f + A + F - C_f < 0$ 时的演化结果

当参数满足 $R_g - C_g - A > 0$ 且 $R_f + A + F - C_f > 0$ 时，系统的演化趋势如图 7-5 所示。设定参数值为 $G = 3$，$C_g = 4$，$A = 2$，$F = 3$，$R_g = 8$，$P_g = 3$，$R_0 = 5$，$C_f = 4$，$R_f = 2$，设定 x，y 的初始值为（0.3，0.7）、（0.8，0.2）。结果表明，无论双方各自策略的初始概率是多少，都会演化成政府监管、农户选择低碳减排生产方式。从图 7-5 可以看出，只要满足 $R_g - C_g - A > 0$ 且 $R_f + A + F - C_f > 0$，系统最终会趋于理想状态，即农户在政府监管

的状态下采取低碳减排方式开展农业生产。

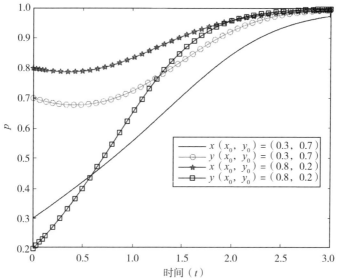

图 7-5　$R_g-C_g-A>0$ 且 $R_f+A+F-C_f>0$ 时的演化结果

7.1.2.4　不同参数条件下的仿真分析

由博弈分析结果可知，当 $R_g-C_g-A>0$ 且 $R_f+A+F-C_f>0$ 时，博弈会向均衡点（1，1）演化，即在政府的监管下，农户舍弃传统的生产方式，选择低碳农业生产方式。由图 7-5 我们可以看出，在设定条件下，无论 x、y 的初始值如何选取，系统都会向点（1，1），即（政府监管，低碳生产）的最佳方向演化。接下来以图 7-5 的初始参数为基准，设定 $x=0.5$、$y=0.5$，讨论 ω、c、a、g 对演化结果的影响。

（1）政府对实行低碳农业生产的农户给予的补贴激励 A 对演化结果的影响

设定 $A=1,2,3$，由图 7-6 可知，政府和农户对 A 值变化都比较敏感。随着 A 的上升，政府选择对低碳生产农户给予补贴的比例逐渐向最大值 1 演化，但随着 A 逐渐增大，政府演化至最大值 1 的时间逐渐增长，而农户演化至最大值 1 的时间逐渐缩短，说明提高 A 值可以有效提升农户选择低碳生产方式的积极性。政府可主要从以下方面提高 A：一是政府要高效运用罚款、财政补贴、征收碳税或碳税返还等监管手段，将行政干预和经济调控手段结合起来灵活运用；二是政府要在合理情况下加大惩罚力度和奖励力度，对农户的生产行为产生威慑作用，使农户有动力向低碳农业转型；三是政府要重视各种监管手段的综合使用，完善监管体系。

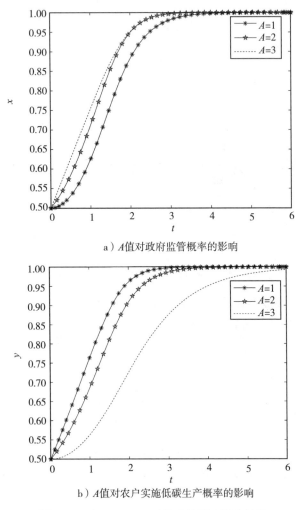

a）A值对政府监管概率的影响

b）A值对农户实施低碳生产概率的影响

图7-6　A＝1，2，3时的系统策略演化结果

（2）农户使用低碳农业生产方式增加额外成本 C_f 对演化结果的影响

设定 C_f＝3，4，5，由图7-7可知，政府和农户对 C_f 值变化都比较敏感。但随着 C_f 逐渐增大，政府和农户演化至最大值1的时间都是逐渐增长，甚至农户采用低碳生产方式的概率在前期有下降的趋势，说明 C_f 值的提高会使农户对低碳农业生产方式产生排斥的心理，不利于农业碳减排的实施。政府可主要从以下方面降低 C_f：一是政府要合理运用财政补贴或碳税返还等政策，

降低农户在采取低碳生产方式时增加的成本；二是政府要对碳减排的监管目标进行清晰的定位，在宏观的低碳减排目标下要兼顾农户生产实际，对不同的农户制定不同程度和方式不一的监管政策，下达合理的低碳减排指标。

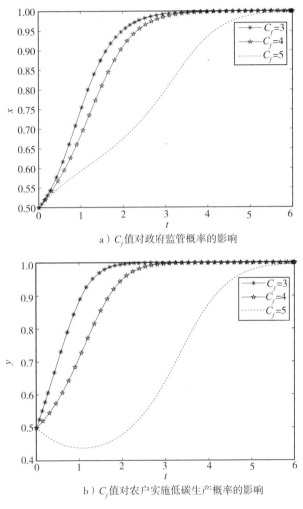

a）C_f 值对政府监管概率的影响

b）C_f 值对农户实施低碳生产概率的影响

图 7-7　C_f = 3，4，5 时的系统策略演化结果

（3）政府对农户的监管成本 C_g 对演化结果的影响

设定 C_g = 1，2，3，由图 7-8 可知，政府对 C_g 值变化比较敏感，农户不敏感。随着 C_g 的上升，政府增加对农户监管成本的比例逐渐向最大值 1 演化，但随着 C_g 逐渐增大，政府演化至最大值 1 的时间逐渐增长，说明提高 C_g 值不利于农业碳减排进程的推进。可以从以下方面提高政府主动监管的积极性：

需要把绿色 GDP 作为发展导向，建立更合理的地方政府绩效评价体系，单一的 GDP 评价指标会使政府缺少保护生态环境的动力，降低其在农业碳减排政策执行上的主动性，而以生态效益为导向的绿色 GDP 评价体系把环境保护、资源利用效率等因素引入到政府的绩效考核体系中，低碳农业与绿色 GDP 的目标存在一致性，从而使政府有足够动力来推进农业碳减排的实施。

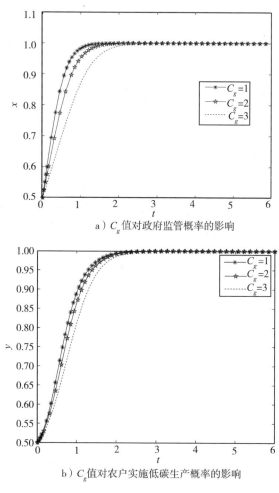

a）C_g 值对政府监管概率的影响

b）C_g 值对农户实施低碳生产概率的影响

图 7-8　C_g＝1，2，3 时的系统策略演化结果

（4）农户低碳生产获得的额外收益 R_f 对演化结果的影响

设定 R_f＝2，4，6，由图 7-9 可知，农户对 R_f 值的变化比对政府更加敏感。随着 R_f 的上升，农户演化至最大值 1 的时间逐渐缩短，说明提高 R_f

值有助于农业碳减排进程的推进。政府可以从以下方面提高 R_f 值：一是通过改善农业基础设施条件、扶持低碳农业科研项目、建立低碳农业发展基金、制定低碳农产品优先采购制度、提高消费者的低碳农产品购买倾向、鼓励农户和其他组织合力监督农户等方式来激励和促进农户开展低碳农业；二是要推动农业关键低碳减排技术的研发和创新、为农户引进先进的低碳减排发展技术和设备、促进农业低碳减排技术在农户中的推广使用，从而为农户开展低碳农业提供技术支撑。

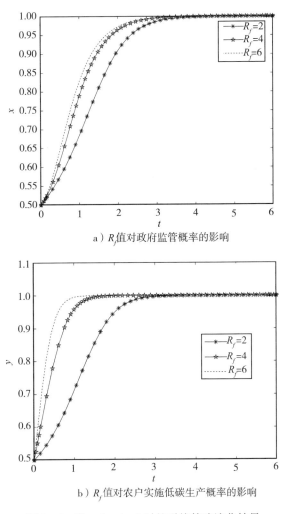

a）R_f 值对政府监管概率的影响

b）R_f 值对农户实施低碳生产概率的影响

图 7-9　R_f＝2，4，6 时的系统策略演化结果

7.1.3 模型结果分析

根据上文对政府和农户的演化博弈分析结果，再结合低碳农业发展的复杂现实情况，可从以下两个角度构建农业低碳减排补偿机制。

（1）有效监管与反馈机制

由政府与农户之间的演化博弈分析可知，政府的监管力度对于能否引导农户实施低碳生产至关重要，是决定低碳减排能否顺利发展的关键所在。

首先，政府要对碳减排的监管目标进行清晰定位，在宏观的低碳减排目标下要兼顾农户生产实际。监管政策制定之前，政府应对农户的具体情况进行考察和衡量，对不同的农户制定不同程度和方式不一的监管政策，下达合理的低碳减排指标，否则会造成低碳减排目标无法实现，甚至影响农业的正常生产经营。

其次，政府要高效运用罚款、财政补贴、征收碳税或碳税返还等监管手段，将行政干预和经济调控手段结合起来灵活运用。一方面，农户是否选择低碳生产很大程度上取决于政府各种监管手段的力度，如果政府监管的力度不够大，对农户的生产行为不能起到威慑作用，农户将没有动力向低碳农业转型，政府要在合理情况下加大惩罚力度和奖励力度。另一方面，单一的监管手段往往效果不佳，政府要重视各种监管手段的综合使用，完善监管体系。

最后，政府除了单方面对农户实行低碳生产的监管，还要实时接受农户的反馈。政府的监管对农户的生产产生约束，但农户自身在发展低碳农业的过程中可能遇到难以克服的困难，如缺乏生产用地和技术资源等，政府要主动掌握农户的信息反馈，协助农户去除某些制度和资源上的障碍，提高农户的积极性。

（2）激励引导机制

政府应对农户的低碳减排行为进行积极的激励和正确的引导，同时也要根据农户的不同决策倾向及时调整引导机制。

从政府对于农户的引导方面。首先，政府要完善农业低碳减排政策的透明度和各部门的广泛参与性，对农户加大宣传低碳生产理念，引导农户正确认识低碳农业，使农户充分了解低碳农业的各种优势，激励农户自主实行低碳农业生产。其次，在低碳减排技术方面，政府要推动农业关键低碳减排技术的研发和创新、为农户引进先进的低碳减排发展技术和设备、促进农业低碳减排技术在农户中的推广使用，从而为企业开展低碳农业提供技术支撑。此外，政府还可以通过改善农业基础设施条件、扶持低碳农业科研项目、建立低碳农业发展基金、制定低碳农产品优先采购制度、提高消费者的低碳农产品购买倾向、鼓励农户和其他组织合力监督农户等方式来激励和促进农户开展低碳农业。

从政府本身的角度。尽管政府在低碳农业利益相关者中是核心的推动者，但由于政府监管成本大、低碳农业规划难度大等某些原因，政府也可能不会积极推动低碳农业发展。为了提高政府主动监管的积极性，要以发展绿色 GDP 为原则，建立地方政府的绩效评价体系。单一的 GDP 评价指标会使政府缺少保护生态环境的动力，降低其在低碳农业政策执行上的主动性，而以生态效益为导向的绿色 GDP 评价体系把环境保护、资源利用效率等因素引入到政府的绩效考核体系中，低碳农业与绿色 GDP 的目标存在一致性，从而使政府有足够动力来推进低碳农业。另一方面，通过推行监管人员在岗教育、定期开展各类低碳业务知识培训、对监管任务定期考核等方式，可以提高政府监管人员的执行效率和整体素质，从而降低政府的监管成本。

7.2　农业碳减排生态补偿机制研究

7.2.1　基本概念和理论

随着低碳农业这一概念的提出，低碳农业的补偿机制问题成为低碳农业研究的重要突破口和立足点。低碳耕作方式与传统耕作方式相比，土地固碳效果明显，对改善生态环境贡献巨大，但农业生产者更多追求的是经济效益，加之低碳农业存在外部性，激励机制缺乏会导致低碳农业难以持续发展，因此建立低碳农业补偿机制就成为发展低碳农业的必然要求。而农业的补偿里，最重要的是生态补偿，因此，本章着重研究生态补偿。将生态补偿的理论理念与低碳发展的目标结合，构建以政府为主体的长效机制，通过实施补贴制度，促进农业生产领域的外汇和减排，这无疑将有助于进一步加强农业的积极外部效应。

7.2.1.1 生态补偿的概念

20世纪90年代国际上开始出现生态补偿（Ecological Compensation）这一概念，原本是指生态系统服务付费，当时较多是针对修建铁路、公路等基础设施时对生态系统造成的损失进行补偿[228][229]。

我国早期对生态补偿的定义较多是用于当生态环境遭到破坏后的弥补和抵消，本质是为了减少生态环境的外部不经济行为，实际上是生态环境责任者向受害者给予的补贴。我国大多数研究人员认为"生态补偿"是一种可以使外部成本转化为内部成本的环境经济手段，也就是对造成环境损失的主体进行收费，提高其外部不经济的成本，以减少外部不经济行为的发生。并且对生态环境有利的行为主体进行补偿，减少其外部经济的损失，以激励不同的利益相关者保护生态环境。低碳农业生态补偿是为了使生产者重视碳排放，共同维护生态环境。

总结前人对生态补偿的解释和理解，本章认为，"生态补偿"是指为了防止生态环境被破坏，遵循"谁污染谁付费，谁受益谁补偿"原则，以经济手段对从事生态环境生产或者可能对生态环境产生一定影响的利益相关者进行调节，从而促进生态功能区良性发展的机制。

7.2.1.2 我国低碳减排生态补偿存在的问题

从2008年开始，我国陆续对退耕还林、退耕还草等领域的生态效益进行资金和实物补偿，还陆续建立起林业生态恢复基金、森林生态效益补偿基金等。我国生态补偿方式与途径较为多样，缓和了经济增长与生态保护之间的矛盾，为我国各省份在生态补偿实施方面提供了较多可供参考的方法。目前我国低碳农业生态补偿机制还在探索的阶段，还没有构建起一套完善的、可持续的实际意义上的生态补偿机制。

首先，低碳农业补偿方式较为传统和单一、补偿主体不明确。现有的补贴机制实际上也仅仅是政府采取一定的方式对农户进行补贴，以政府转移支付为主，暂没有市场化多元化的补偿方式。低碳农业生态补偿以帮扶和控制为主，对农业生态系统造成破坏或有益的行为暂没有一个系统的惩罚或补偿标准。

其次，低碳农业补偿体系较不完善。低碳农业生态补偿工作采取的政策以引导为主，没有一套系统的具体实施的补偿体系，补偿范围较狭窄，无法满足当前碳达峰和碳中和目标下对低碳农业发展的要求。要控制碳排放需要一套完整的补偿和惩罚政策体系，仅以引导为主是远远不够的。

最后，我国没有针对低碳农业生态补偿机制实施的法律法规。我国低碳农业生态补偿相关的政策文件大多是原则性和建议性的表述，当前针对低碳农业的部署尚在探索和试点阶段，各地区缺乏以本地区实际情况制定的相关补偿体系。

7.2.1.3　解释结构模型

解释结构模型（Interpretative Structural Modeling，简称 ISM）是美国教授丁・华费尔 1973 年开发出来用于分析复杂社会经济系统相关问题的一种方法。ISM 模型本质上是一个概念模型，可将复杂的系统分解，最后形成多层递阶结构。解释结构模型适用范围很广，尤其是适用于关系交叉、变量众多的社会、经济、人文、生态等复杂的系统[230]。ISM 模型的工作流程可以分为判断决策阶段和计算处理阶段[231]，其实施过程如图 7 - 10 所示。

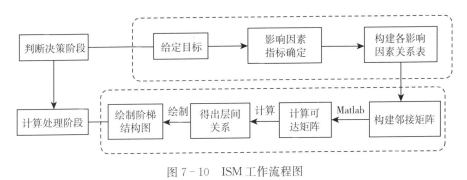

图 7 - 10　ISM 工作流程图

解释结构模型的工作步骤为：

（1）给定目标、确定影响因素的指标，并列举各影响因素的相关性。事先设定目标，从该目标出发，寻找对该目标产生影响的因素，经过反复论证，得到一个较为合理的影响因素明细，并确定影响要素之间的关系。

（2）建立可达矩阵。根据影响因素之间的关系，建立要素间的邻接矩阵，由邻接矩阵计算得到可达矩阵。

（3）进行区域划分和层级划分。根据可达矩阵中的前后可达关系进行层级划分，建立各因素间的结构模型和解释结构模型。

（4）根据解释结构模型进行分析，并得出相关结论与建议。

7.2.2 农业生态补偿机制的 ISM 模型

建立低碳农业生态补偿机制 ISM 模型，首先找出农业生态补偿机制的影响因素，分析影响因素之间的相互关系，建立邻接矩阵，使用 Matlab 软件根据布尔运算法则求得可达矩阵，根据可达矩阵检验连通域是否超过两个，以验证影响因素之间的关系是否正确，再利用可达矩阵进行层级划分与区域划分，最后根据层级划分和影响因素之间的关系构建系统的阶层递阶结构图。

7.2.2.1 生态补偿机制的基本要素

低碳农业生态补偿机制的实施不能只关注机制本身，而应当将其当作一个系统性的工程。低碳农业生态补偿机制的实施涉及多个领域的影响因素，本章依据全面、综合、系统的原则，仿造森林生态补偿机制、湿地生态补偿机制、水源保护区生态补偿机制[232]以及与农业补偿机制类似的指标选取标准，通过阅读相关文献与专家咨询，构建了补偿要素、管理体制、公众意识及政策法律四个大类、十二个影响低碳农业生态补偿机制实施的指标，如图 7-11所示。

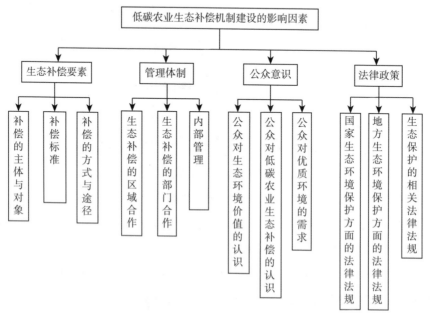

图 7-11　低碳农业生态补偿机制实施的影响因素

补偿要素。不同地区应当有不同的政策，需要因地制宜，因此灵活合理的生态补偿机制对我国进行生态补偿机制的监视与实施起着关键的作用。生态补偿要素包括补偿主体与对象、补偿标准、补偿方式与途径三个方面。

管理机制。实施生态补偿机制的关键是完善区域协调管理机制。低碳农业生态补偿机制正常运转的关键是各区域之间协调配合、各部门之间搭档配合和部门内部管理得当。结合低碳农业生态补偿服务体系差异，了解管理体制对我国低碳农业生态补偿体制实施的影响程度。

公众意识。公众对生态环境的认识程度决定了生态补偿能否进行，生态补偿机制的实施必须依靠人民的支持，脱离人民意志的方针政策都不可能正常实施，因此生态补偿机制实施也受到公众对生态环境价值的认识、对生态补偿机制的认识以及对优质生态环境的需求程度等因素的影响。

政策法律。合理的生态环境保护法律法规是进行生态补偿的前提和基础，将政策与法律环境这一层分为国家与地方生态环境方面的法律法规以及低碳农业生态补偿方面的法律法规这三个分支。

7.2.2.2　影响因素关系分析

对于这 12 个影响因素之间的相互关系，结合低碳农业生态补偿的知识、文献资料的研读，根据 ISM 模型的评分规则，经过反复讨论和修改确定了各个影响因素之间的关系。建立各影响因素之间的关系，若指标 i 对指标 j 产生影响，则在表中第 i 行第 j 列数值为 1，否则数值为 0，如表 7-3 所示。

表 7-3　影响因素体系的相互关系

	S_1	S_2	S_3	S_4	S_5	S_6	S_7	S_8	S_9	S_{10}	S_{11}	S_{12}
S_1	1	1	1	0	0	0	0	0	0	0	0	0
S_2	0	1	1	0	0	0	0	0	0	0	0	0
S_3	0	0	1	0	0	0	0	0	0	0	0	0
S_4	0	0	1	1	1	1	0	0	0	0	0	0
S_5	0	0	1	0	1	0	0	0	0	0	0	0
S_6	1	1	1	0	0	1	0	0	0	0	0	0
S_7	1	1	1	0	0	0	1	1	0	1	1	1
S_8	1	1	1	0	0	0	1	1	0	1	1	1
S_9	0	0	0	1	1	1	1	1	1	1	1	1

（续）

	S_1	S_2	S_3	S_4	S_5	S_6	S_7	S_8	S_9	S_{10}	S_{11}	S_{12}
S_{10}	1	1	1	0	0	0	1	1	0	1	1	1
S_{11}	1	1	1	0	0	0	1	1	0	1	1	1
S_{12}	1	1	1	0	0	1	1	1	0	0	0	1

7.2.2.3　建立邻接矩阵

在明确各因素之间的相关性（表 7 - 3）的基础上，由影响因素体系之间的相互关系构建邻接矩阵 A。邻接矩阵的布尔运算规则为：0＋0＝0，0＋1＝1，1＋0＝1，1＋1＝1，0×0＝0，1×0＝0，0×1＝0，1×1＝1。因此可以得到邻接矩阵 A 如下所示。

$$A = \begin{pmatrix} 1 & 0 & 1 & 0 & 0 & 0 & 0 & 0 & 0 & 0 & 0 & 0 \\ 0 & 1 & 1 & 0 & 0 & 0 & 0 & 0 & 0 & 0 & 0 & 0 \\ 0 & 0 & 1 & 0 & 0 & 0 & 0 & 0 & 0 & 0 & 0 & 0 \\ 0 & 0 & 1 & 1 & 1 & 1 & 0 & 0 & 0 & 0 & 0 & 0 \\ 0 & 0 & 1 & 0 & 1 & 1 & 0 & 0 & 0 & 0 & 0 & 0 \\ 1 & 1 & 1 & 0 & 0 & 1 & 0 & 0 & 0 & 0 & 0 & 0 \\ 1 & 1 & 1 & 0 & 0 & 0 & 1 & 1 & 0 & 1 & 1 & 1 \\ 1 & 1 & 1 & 0 & 0 & 0 & 1 & 1 & 0 & 1 & 1 & 1 \\ 1 & 1 & 1 & 1 & 1 & 1 & 1 & 1 & 1 & 1 & 1 & 1 \\ 1 & 1 & 1 & 0 & 0 & 0 & 1 & 1 & 0 & 1 & 1 & 1 \\ 1 & 1 & 1 & 0 & 0 & 0 & 1 & 1 & 0 & 1 & 1 & 1 \\ 1 & 1 & 1 & 0 & 0 & 1 & 1 & 1 & 0 & 0 & 0 & 1 \end{pmatrix}$$

$$(7.12)$$

7.2.2.4　计算可达矩阵

由邻接矩阵 A 与单位矩阵 E 相加推算后得出可达矩阵，计算公式如下：

$$A＋E＝A_1$$

$$(A＋E)^2＝A_2＝A_1^2$$

$$(A＋E)^3＝A_3＝A_1^3$$

$$\vdots$$

$$(7.13)$$

若 $A_n = A_{n-1}$，则 A_n 为可达矩阵，即 $A_1 \neq A_2 \neq A_3 \neq \cdots \neq A_{r-1} = A_r$，$r \leqslant n-1$。

使用 Matlab 数据处理软件对邻接矩阵 A 进行上述运算得：当 $k=3$ 时，有 $A_2 \neq A_3 = A_4$，则该 ISM 模型中的可达矩阵可以表示为 $R = (A+E)^3$。

$$
R = \begin{bmatrix}
1 & 0 & 1 & 0 & 0 & 0 & 0 & 0 & 0 & 0 & 0 & 0 \\
0 & 1 & 1 & 0 & 0 & 0 & 0 & 0 & 0 & 0 & 0 & 0 \\
0 & 0 & 1 & 0 & 0 & 0 & 0 & 0 & 0 & 0 & 0 & 0 \\
1 & 1 & 1 & 1 & 1 & 1 & 0 & 0 & 0 & 0 & 0 & 0 \\
1 & 1 & 1 & 0 & 1 & 1 & 0 & 0 & 0 & 0 & 0 & 0 \\
1 & 1 & 1 & 0 & 0 & 1 & 0 & 0 & 0 & 0 & 0 & 0 \\
1 & 1 & 1 & 0 & 0 & 0 & 1 & 1 & 0 & 1 & 1 & 1 \\
1 & 1 & 1 & 0 & 0 & 0 & 1 & 1 & 0 & 1 & 1 & 1 \\
1 & 1 & 1 & 1 & 1 & 1 & 1 & 1 & 1 & 1 & 1 & 1 \\
1 & 1 & 1 & 0 & 0 & 0 & 1 & 1 & 0 & 1 & 1 & 1 \\
1 & 1 & 1 & 0 & 0 & 0 & 1 & 1 & 0 & 1 & 1 & 1 \\
0 & 0 & 0 & 0 & 0 & 0 & 0 & 0 & 0 & 0 & 0 & 1
\end{bmatrix}
\tag{7.14}
$$

7.2.2.5　区域划分与层级划分

区域划分就是分析通过可达矩阵，将影响要素之间的两两关系划分为：可达和不可达，并确定哪些元素是连通的。在区域划分之前，应先了解相关定义。

（1）可达集 R（S_i）。指要素 S_i 所能到达的元素集合，用公式表示为：

$$
R(S_i) = \{S_j \in N \mid m_{ij} = 1\} \tag{7.15}
$$

（2）前因集 A（S_i）。所有将要到达 S_i 的要素集合称为前因集 A（S_i）。用公式表示为：

$$
A(S_i) = \{S_j \in N \mid m_{ji} = 1\} \tag{7.16}
$$

（3）共同集。所有要素 S_i 的可达集与前因集交集的要素集合，用公式表示为：

$$
T = \{S_j \in N \mid R(S_i) \bigcap A(S_i) = A(S_i)\} \tag{7.17}
$$

（4）最高级要素集合指可达集只包含要素本身，用公式表示为：

$$H = \{S_j \in N \mid R(S_i) \bigcap A(S_i) = R(S_i)\} \qquad (7.18)$$

根据可达矩阵中的各元素可以求得可达集 $R(S_i)$ 与前因集 $A(S_i)$，并可计算求得共同集 $R(S_i) \bigcap A(S_i)$，结果如表7-4所示。

表7-4　第一级的可达集与前因集

要素	$R(S_i)$	$A(S_i)$	$R(S_i) \bigcap A(S_i)$
1	1, 3	1, 4, 5, 6, 7, 8, 9, 10, 11	1
2	2, 3	2, 4, 5, 6, 7, 8, 9, 10, 11	2
3	3	1, 2, 3, 4, 5, 6, 7, 8, 9, 10, 11	3
4	1, 2, 3, 4, 5, 6	4, 9	4
5	1, 2, 3, 4, 5, 6	4, 5, 9	4, 5
6	1, 2, 3, 6	4, 5, 6, 9	6
7	1, 2, 3, 7, 8, 10, 11, 12	7, 8, 9, 10, 11	7, 8, 10, 11
8	1, 2, 3, 7, 8, 10, 11, 12	7, 8, 9, 10, 11	7, 8, 10, 11
9	1, 2, 3, 4, 5, 6, 7, 8, 9, 10, 11, 12	9	9
10	1, 2, 3, 7, 8, 10, 11, 12	7, 8, 9, 10, 11	7, 8, 10, 11
11	1, 2, 3, 7, 8, 10, 11, 12	7, 8, 9, 10, 11	7, 8, 10, 11
12	12	7, 8, 9, 10, 11, 12	12

由表7-4可求得共同集 $T = \{9\}$，因此系统可以分为两个连通域：$\{9\}$ 和 $\{1, 2, 3, 4, 5, 6, 7, 8, 10, 11, 12\}$，不是两个以上的区域，可知不需重新研究所判断关系的正确性。

级间划分式将系统中的所有因素以可达集为标准，找出表中的最高级，依次划分不同的层级。从表7-4可知，该表的最高级要素为 $L_1 = \{3, 12\}$，因此 S_3 和 S_{12} 为该系统的第一层。在可达矩阵中去掉 S_3 和 S_{12} 后，继续进行第二层级的划分。

表7-5　第二级的可达集与前因集

要素	$R(S_i)$	$A(S_i)$	$R(S_i) \bigcap A(S_i)$
1	1	1, 4, 5, 6, 7, 8, 9, 10, 11	1
2	2	2, 4, 5, 6, 7, 8, 9, 10, 11	2
4	1, 2, 4, 5, 6	4, 9	4
5	1, 2, 4, 5, 6	4, 5, 9	4, 5

（续）

要素	$R(S_i)$	$A(S_i)$	$R(S_i) \cap A(S_i)$
6	1，2，6	4，5，6，9	6
7	1，2，7，8，10，11	7，8，9，10，11	7，8，10，11
8	1，2，7，8，10，11	7，8，9，10，11	7，8，10，11
9	1，2，4，5，6，7，8，9，10，11	9	9
10	1，2，7，8，10，11	7，8，9，10，11	7，8，10，11
11	1，2，7，8，10，11	7，8，9，10，11	7，8，10，11

由表 7-5 可得，该数据表的最高级为 $L_2 = \{1, 2\}$，因此影响因素 S_1 和 S_2 为该系统的第二层级。在可达矩阵中去掉 S_1 和 S_2 后，继续进行第三层级的划分。

表 7-6　第三级的可达集与前因集

要素	$R(S_i)$	$A(S_i)$	$R(S_i) \cap A(S_i)$
4	4，5，6	4，9	4
5	4，5，6	4，5，9	4，5
6	6	4，5，6，9	6
7	7，8，10，11	7，8，9，10，11	7，8，10，11
8	7，8，10，11	7，8，9，10，11	7，8，10，11
9	4，5，6，7，8，9，10，11	9	9
10	7，8，10，11	7，8，9，10，11	7，8，10，11
11	7，8，10，11	7，8，9，10，11	7，8，10，11

由表 7-6 可得，该数据表的最高级为 $L_2 = \{6, 7, 8, 10, 11\}$，因此因素 S_6、S_7、S_8、S_{10}、S_{11} 为该系统的第三层，在可达矩阵中去掉这几层次后，继续进行层级划分。

表 7-7　第四级的可达集与前因集

要素	$R(S_i)$	$A(S_i)$	$R(S_i) \cap A(S_i)$
4	4，5	4，9	4
5	4，5	4，5，9	4，5
9	4，5，9	9	9

由表7-7可知，该表的最高级要素、该系统第四级要素，即 $L_4 = \{4, 5\}$。所以第五级要素为 S_9。

综上可得我国低碳农业生态补偿机制实施影响因素的层级划分，共五层，如表7-8所示。

表7-8　层级之间的关系

层数	因素
第一层	S_3，S_{12}
第二层	S_1，S_2
第三层	S_6，S_7，S_8，S_{10}，S_{11}
第四层	S_4，S_5
第五层	S_9

7.2.2.6　建立阶层递接结构图

建立阶层缔结结构图首先需将可达矩阵按照级间顺序进行排列，可得 R_1。

$$
R_1 = \begin{array}{c} S_3 \\ S_{12} \\ S_1 \\ S_2 \\ S_6 \\ S_7 \\ S_8 \\ S_{10} \\ S_{11} \\ S_4 \\ S_5 \\ S_9 \end{array}
\begin{pmatrix}
1 & 0 & 0 & 0 & 0 & 0 & 0 & 0 & 0 & 0 & 0 & 0 \\
0 & 1 & 0 & 0 & 0 & 0 & 0 & 0 & 0 & 0 & 0 & 0 \\
1 & 0 & 1 & 0 & 0 & 0 & 0 & 0 & 0 & 0 & 0 & 0 \\
1 & 0 & 0 & 1 & 0 & 0 & 0 & 0 & 0 & 0 & 0 & 0 \\
1 & 0 & 1 & 1 & 1 & 0 & 0 & 0 & 0 & 0 & 0 & 0 \\
1 & 1 & 1 & 1 & 0 & 1 & 1 & 1 & 1 & 0 & 0 & 0 \\
1 & 1 & 1 & 1 & 0 & 1 & 1 & 1 & 1 & 0 & 0 & 0 \\
1 & 1 & 1 & 1 & 0 & 1 & 1 & 1 & 1 & 0 & 0 & 0 \\
1 & 1 & 1 & 1 & 0 & 1 & 1 & 1 & 1 & 0 & 0 & 0 \\
1 & 0 & 1 & 1 & 1 & 0 & 0 & 0 & 0 & 1 & 1 & 0 \\
1 & 0 & 1 & 1 & 1 & 0 & 0 & 0 & 0 & 0 & 1 & 0 \\
1 & 1 & 1 & 1 & 1 & 1 & 1 & 1 & 1 & 1 & 1 & 1
\end{pmatrix}
$$

$$(7.19)$$

由 R_1 可知，该系统没有强连通块，因此无需缩减矩阵。

可根据 R_1 得出各级中影响因素之间的相互影响关系，做出阶层递接结构图，如图 7 - 12 所示。

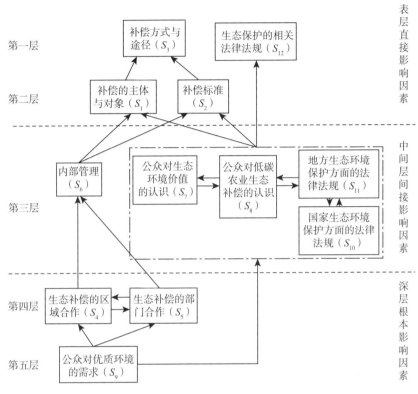

图 7 - 12　阶层递接结构图

7.2.3　ISM 模型结果分析

由以上的分析和计算以及结合我国低碳农业的发展现状与实际情况可将这五层阶层递阶结构图分为三部分，分别为一、二层表层直接影响因素，第三层的中间层间接影响因素和第四层和第五层的深层根本影响因素。这三部分分别以不同的影响力影响我国低碳农业生态补偿机制的实施，需分清主次，抓根本问题，才可以逐步完善我国低碳农业生态补偿机制的实施。

7.2.3.1　表层直接影响因素

表层直接影响因素包括生态补偿的方式与途径、生态保护相关的法律法规、补偿的主体与对象以及补偿的标准这四个因素。这四个影响因素位于阶层递阶结构图的最上方，说明会直接影响我国低碳农业生态补偿的实施现状，并且其他影响因素都是通过对这四个因素产生影响以间接影响我国低碳农业生态补偿机制的实施。这四个因素中三个都属于生态补偿要素的小分支，因此进一步说明了生态补偿要素的重要性。

补偿方式与途径是补偿标准、补偿主体与对象的更高一层划分，因此是生态补偿要素的核心因素，应当对其给予高度重视。近几年我国生态补偿的途径和方法以政府间上级对下级的转移支付为主要特征，以市场化多元化、综合性补偿等补偿特征为辅的纵向生态补偿模式。我国在构建低碳农业生态机制的过程中应充分考虑各利益相关者的利益诉求，尽快出台生态补偿相关的法律法规，确保生态补偿机制可以有效实施，并且要使用灵活多样的补偿方式与途径对其进行补偿。

补偿标准和补偿对象在生态补偿要素中是基础要素，并且在整个系统中属于表层直接影响因素，说明对整个系统都起着至关重要的作用。当前我国针对农业方面的补偿标准和补偿对象有着较为明确的政策。例如：以奖代补项目和风险补助项目等对基础农业进行补贴，但是当前针对低碳农业方面的补贴项目较少，因此，在碳达峰和碳中和目标下的低碳农业生态补偿机制的补偿标准和补偿对象应当尽快出台相关政策，以保障低碳农业生态补偿机制的有效实施。

7.2.3.2　中层间接影响因素

本章将该系统的第三层设定为中间层影响因素，它会间接影响我国低碳农业生态补偿机制的实施，起到承上启下的作用。其中包括部门的内部管理、公众对生态补偿机制的认识和对生态环境价值的认识、地方生态保护方面的法律法规和国家生态保护方面的法律法规，这些因素对补偿标准和补偿主体与对象都有影响，并且他们也受到深层因素的影响，是我国实施低碳农业生态补偿机制的关键因素。

公众对生态环境价值和低碳农业生态补偿的认识程度决定了其对生态保护法律法规实施的促进程度，以及补偿要素的规范程度。而法律法规实施程度又会反过来影响着公众对生态补偿价值和低碳农业生态补偿的认识程度，他们均会对表层因素产生影响，也会受到底层公众对优质环境需求的影响，因此这些因素对系统的影响是至关重要的。当前我国针对生态环境价值的宣传、生态补偿内部管理是生态补偿管理体制中的中层影响因素，说明内部协调的好坏直接影响系统实施的程度，因此要注重部门协调统一，确保生态补偿机制的有效落实。我国针对水环境以及空气质量的治理方面出台了相关的生态补偿暂行办法，明确规定对省辖市、省直辖县（市）以经济奖惩制度推进环境污染防治工作，此项办法的实行倒逼各市县单位部署内部管理，使得近几年我国水环境和空气质量有了明显提升。因此，借鉴水环境和空气质量生态补偿的相关办法，我国应当加快推进低碳农业生态补偿办法的出台与实施。

7.2.3.3　深层根本影响因素

该系统中第四层与第五层设定为深层影响因素，生态补偿的区域合作与生态补偿的部门合作以及公众对生态优质环境的需求，他们共同组成了低碳农业生态补偿实施的驱动因素，但也分主次。公众对优质环境的需求是该系统深层最根本的影响因素，影响着所有因素，说明生态补偿机制的实施主要是为了满足公众对优质环境的认识。

生态补偿的区域和部门合作位于管理体系的底部，从根本上影响生态补偿体系的制定与实施，区域生态合作有利于各自共同的发展。生态补偿的区域合作和部门合作有利于推动内部管理，从而推动生态补偿制度的实施。因此，我国应当注重区域合作与部门合作。

公众对优质环境的需求位于该系统的最底层，对整个系统的所有影响因素都产生影响，是最为重要的影响因素。我国是人民当家作主的国家，坚持以人民为中心，因此，政府在做任何规划的时候都应该将人民的利益放在首位。我国在构建低碳农业生态补偿机制的同时，应当注重人民对优质环境的需求。

7.2.4　结论及建议

由前面的分析结果，可以提出以下三点建议：

第一，充分发挥各级政府在实施生态补偿和开展生态保护中的主体作用，建立并完善我国低碳农业生态补偿的各级管理机制与责任负责机制。引导社会利益相关者的各方踊跃参与，促进多元化的补偿方案实践。通过跨区域的协调合作、政府的积极引导、社会各方的有序参与、市场的有效监管等方式，逐步建立完善的生态补偿机制。政府的合理监管有利于低碳农业生态补偿措施的有序实施、有助于引导公众寻找低碳技术路径，促进低碳农业生态补偿的统筹规划，尽快实现农业碳中和、碳达峰的"双碳"目标。

第二，加快推进我国低碳农业相关的生态补偿法律法规体系实施，运用有关法律手段，规范保护低碳农业生态的补偿机制。用法律法规清晰界定相关利益者享有的权利与义务，实现补偿与惩罚相结合、义务保护与补偿权利享受相匹配。当前我国暂未出台完善的农业生态补偿方面的法律法规，特别是补偿主体、对象、途径方面。要加强农业生态补偿要素方面的规范程度，需要严格遵守相关的法律法规。制定低碳农业生态补偿方面的法律法规时，既要明确该制度实施的补偿要素，还要根据合理的补偿标准对利益相关者进行补偿。

第三，完善我国低碳农业生态补偿机制的扶持体系和补偿策略。扶持机制和补偿策略的完善离不开政府的协调管理和相关法律法规的制定引领。我国应当在管理机制和责任机制明确、低碳农业生态补偿相关法律法规出台的基础上，利用内部管理的方法完善低碳农业生态补偿的补偿策略。

7.3 本章小结

我国低碳农业在实际推广过程中遇到很多问题，尤其是低碳农业实践中涉及的参与主体之间存在的诸多利益矛盾，严重制约着低碳农业的发展。减少农业碳排放的关键是措施是否得到有效实施。通过对农业碳排放减排的动力分析，将低碳农业的两个主要利益主体政府、农户纳入分析框架，构建演化博弈模型，分析政府与农户在碳排放过程中的博弈行为，求解模型的稳定解，探讨由传统农业生产方式转向低碳生产的过程中，各方的决策行为如何相互作用，对政府和农户的演化博弈结果进行分析，为农业低碳减排措施的有效实施提供参考。

在博弈分析的基础上，鉴于我国低碳农业生态补偿机制的研究具有理论基础体系尚不完善，低碳农业生态补偿研究方法较为传统、模型的创新性较为缺乏，区域之间的协调度较低等问题，本章运用解释结构模型（ISM）建立影响因素的层级结构，探索生态补偿的影响因素。结果显示：生态补偿的要素和生态补偿相关的法律法规是影响我国低碳农业生态补偿机制实施的核心，公众对优质生态环境的需求是根本影响因素。

第8章 我国省域农业碳减排成效评价及路径设计

8.1 我国省域农业减排方案成效评价分析

改革开放以来，我国粮食产量实现连增，农民收入不断提高，农业经济飞速增长。然而，也带来了一系列问题，如农业环境退化和生态退化等。随着全世界范围内的气候问题越来越严重，低碳问题成为世界各国政府与学者的研究热点。农业作为第二大温室气体排放源，任何国家想要将发展模式确立为可持续低碳经济，都必须重视低碳农业的重要性，大力发展低碳农业减排。农业是关系国计民生的支柱性产业，但农业的温室气体排放量在全球大气循环中占比较大。据 IPCC 在 2007 年发布的第四次评估报告中显示：农业排放的 CH_4 和 NO_2 分别占人类活动总量的 50% 和 60%，其温室气体排放量占全球的 14%，是介于电热生产和尾气间全球温室气体的第二大排放源[238]。自从我国经济发展进入新常态，国家就强调加快转变农业发展方式，中央 1 号文件《关于落实发展新理念加快农业现代化实现全面小康目标的若干意见》以及《国务院办公厅关于加快转变农业发展方式的意见》就曾多次提到"促进农业转型升级，推动农业现代建设"的思想方针。

近年来，在政府的积极支持下，低碳农业减排一直是学者们的研究热点。现有研究针对低碳农业减排进行了多方面的讨论，包括绿色发展的现状[239]、影响因素[240]以及实现农业绿色发展的政策举措[241]等。赵文英等[242]通过 PCA - FUZZY 综合评价方法研究了中国 31 省份低碳农业的发展水平。旷爱萍和胡超[243]采用因子分析法对广西的低碳农业减排质量进行了评价，分析了制约广西低碳农业减排的因素。综上所述，科学地阐述和评估低碳农业减排水平，构建合理有效的低碳农业综合评价指标体系，对推进我国农业生产方式的低碳转型意义重大。因此，结合上述文献，根据低碳农业的内涵、特征及我国农业生产碳源碳汇现状，并借鉴国内外低碳经济研究中所建立的农业低碳发展评价指标及相关的研究较成熟的农业可持续发展指标体系和现代农业、生态农业、循环农业等指标体系。基于此，拟从生产要素产出效率、能源利用水平、农业生产方式和碳汇效应四个方面构建农业低碳发展水平评价指标体系。

我国农业生产作为重要的经济发展动力，研究低碳农业减排对保障国家粮食安全、推动经济社会发展全面绿色低碳转型具有重要意义。实践中，各省（份）已开展了许多推动农业低碳减排的探索活动，但由于不同省（份）的资源禀赋、经济发展水平、文化习俗等存在差异，推行的农业低碳减排支持政策也不尽相同，不同省（份）之间的农业低碳减排水平可能存在较大差异。在此背景下，探讨我国 30 个省份农业碳减排成效的现状和趋势。

灰色系统理论最早是由邓聚龙提出的用于解决不确定性问题的理论，灰关联分析（GRA）是灰色系统理论中最活跃的分支之一，其基本思想是根据序列曲线的几何形状来判断序列之间的关系是否密切[244]，运算简单、便于操作。故采用灰色关联分析法计算多层指标集结的灰色聚合权重，然后构建灰色混合指标，最后根据加法模型计算综合得分构建省域农业碳减排成效评价指标体系与评价方法，以实现对农业碳减排成效由定性描述向定量分析的转变；并在此基础上分析各省（份）农业碳减排成效的差异，以期在宏观层面上把握我国农业低碳减排的特征，为提升我国农业整体竞争力，实现乡村生态振兴和农业低碳减排目标提供对策建议。

8.1.1 省域农业碳减排成效指标体系建立

8.1.1.1 评价指标设计原则

（1）科学性和实用性原则

指标体系的构建，必须考虑科学性。如果构建的指标在一开始就不合理，则在评价过程中，无法真实有效反映评价主体，导致指标体系失去成立的意义。同时，实用性是在科学性后需要考虑的，难以理解、统计过于复杂、计算过于烦琐都会给实际操作带来很大的麻烦。科学性与实用性是对立和统一的，在实际应用中要充分考虑两者的统筹关系。

（2）可操作性和可比性原则

指标体系在构建过程中，需要注意指标体系的可操作性，不能将众多指标因素都堆砌到评价指标中，这样反而会出现无法操作的尴尬情况。具体是指指标体系中的各要素所定义的评价方法的资料要容易获取，数据梳理简便。同时，评价指标的数据要可量化可比较，不同企业能根据同一标准区分高低。

（3）常态化监管的原则

科学技术的不断更新发展，推动了企业的技术创新进程，这个进程是不断持续推进的动态化过程，构建的指标体系也要考虑动态性，要确保指标可以更新。从长期发展的角度而言，建立的指标体系既要能研判当下，也要能预测未来，使技术创新能力评价处于常态化监管的状态。

8.1.1.2　评价指标的建立

依据历史文献以及农业碳减排的发展成效，遵循评价指标体系的构建原则，构建我国 30 个省份低碳农业减排评价指标体系。一级指标为低碳农业减排水平评价，是从影响农业低碳发展水平的四个方面考虑的，即：生产要素产出效率、能源利用水平、农业生产方式和碳汇效应；在考虑了指标体系构建原则的情况下，借鉴刘锐等[245]、李治兵等[246]和谢淑娟等[247]研究成果的基础上，选取：碳生产率、能源生产率、土地生产率、有效灌溉面积率、能源强度、化肥使用强度、农药使用强度、柴油使用强度、森林覆盖率和单位耕地面积农作物固碳量共 10 个评价指标，具体如表 8-1 所示。

表 8-1　农业碳减排成效评价指标及测算描述统计

一级指标	二级指标	符号表示	测算
生产要素 产出效率	碳生产率	F_1	农业总产值/碳排放量
	能源生产率	F_2	农业总产值/农用机械总动力
	土地生产率	F_3	农业总产值/耕地总面积
能源利 用水平	有效灌溉面积率	F_4	有效灌溉面积/灌溉总面积
	能源强度	F_5	能源消费总量/农业总产值

（续）

一级指标	二级指标	符号表示	测算
农业生产方式	化肥使用强度	F_6	化肥使用量/耕地总面积
	农药使用强度	F_7	农药使用量/耕地总面积
	柴油使用强度	F_8	柴油使用量/耕地总面积
碳汇效应	森林覆盖率	F_9	森林面积/总面积
	单位耕地面积农作物固碳量	F_{10}	（农作物总播种面积×平均固碳系数）/耕地总面积

8.1.2 方法理论

8.1.2.1 邓氏灰色关联分析模型

邓氏灰色关联分析模型基于两个行为序列对应点之间的距离测度系统因素变化的相似性，主要包括原始指标序列构建、数据规范化处理和关联度系数及关联度分析等主要步骤。

（1）标准化矩阵构建

通常指标体系被转化为 K 个类别和 L 个层次系统。每一类指标 $k=1$，2，$\cdots$，K 形成一个矩阵，其中指标表示备选方案（$i=1$，2，$\cdots$，m_k），区域表示属性（$j=1$，2，$\cdots$，n）。决策矩阵如下所示：

$$\boldsymbol{X}_i = (x_i(1), x_i(2), \cdots, x_i(j), \cdots, x_i(n)) \qquad (8.1)$$

按照邓氏灰色关联度分析的步骤，由于各指标的数据在定义时所采用的量纲不同，在数据处理时很难进行直接的计算和比较，并且表 8-1 的农业低碳发展评价指标既包括正向指标又包括负向指标，必须将负向指标进行正向化处理。因此在做关联度分析时，需要对各指标数据进行无量纲化处理，按照下列公式（8.2）进行计算：

$$g_i(j) = \begin{cases} \dfrac{x_i(j) - \min_{j=1}^n x_i(j)}{\max_{j=1}^n x_i(j) - \min_{j=1}^n x_i(j)} \\ \dfrac{\max_{j=1}^n x_i(j) - x_i(j)}{\max_{j=1}^n x_i(j) - \min_{j=1}^n x_i(j)} \end{cases} \qquad (8.2)$$

将规范化处理后的数据整理成矩阵后可表示为：

$$\boldsymbol{G} = \begin{bmatrix} g_1(1) & g_1(2) & \cdots & g_1(n) \\ g_2(1) & g_2(2) & \cdots & g_2(n) \\ \cdots & \cdots & \cdots & \cdots \\ g_m(1) & g_{m_k}(2) & \cdots & g_{m_k}(n) \end{bmatrix} \tag{8.3}$$

为了构建灰色综合指标以评估各个省份的低碳农业减排，分别为每一类指标构建了归一化矩阵。

（2）选择参考集

在第一步对所有值进行归一化之后，计算每个类别的灰色关系度如下所述。构造了归一化矩阵的参考数据集。参照集表示虚拟理想集，根据研究目标，由属性的最大值或最小值的理想值形成。在较高的权重代表对低碳农业减排情况有较大影响的情况下，本特定研究中的参考集是由最大值构建的，即：

$$\boldsymbol{G}_0 = (g_{01}, g_{02}, \cdots, g_{0n})$$

（3）关联系数计算

当形成参考集时，利用公式（8.4）通过测量每个指标值与参考集的距离来计算灰色关联系数。

$$\zeta_{0i}(j) = \frac{\Delta_{\min} + \rho \times \Delta_{\max}}{\Delta_{0i}(k) + \rho \times \Delta_{\max}} \tag{8.4}$$

其中，

$$\Delta_{0i}(j) = |g_i(j) - g_{0j}|, \Delta_{\max} = \max_{i=1}^{m_k} \max_{j=1}^{n} \Delta_{0i}(j), \Delta_{\min} = \min_{i=1}^{m_k} \min_{j=1}^{n} \Delta_{0i}(j)$$

$\zeta_{0i}(j)$ 表示为关联系数，其意义就是表示该项指标与参考序列的关联性，其中 ρ 是引入的分辨系数，目的是降低极值对计算结果的影响，应根据指标间的关联程度取值，通常情况下取 0.5。

（4）关联度计算

将计算出来的关联系数表示为矩阵形式如下：

$$\boldsymbol{E} = (\zeta_{0i}(j))_{m \times n} = \begin{bmatrix} \zeta_{01}(1) & \zeta_{01}(2) & \cdots & \zeta_{01}(n) \\ \zeta_{02}(1) & \zeta_{02}(2) & \cdots & \zeta_{02}(n) \\ \cdots & \cdots & \cdots & \cdots \\ \zeta_{0m_k}(1) & \zeta_{0m_k}(2) & \cdots & \zeta_{0m_k}(n) \end{bmatrix}$$

取每个指标的所有关联系数 ζ_{0i}（j），按照公式（8.5）进行关联度的计算：

$$\Gamma_{0i} = \frac{1}{n}\sum\nolimits_{j=1}^{n}\zeta_{0i}(j) \qquad (8.5)$$

如果已知属性的权重 ω（k），则可以按如下公式计算灰色关系度：

$$\Gamma_{0i} = \sum\nolimits_{j=1}^{n}\zeta_{0i}(j)\omega(j) \qquad (8.6)$$

其中，属性权重的和必须等于1。此外，计算出的关系度用公式（8.7）进行归一化，因为它代表了进一步分析的输入权重。

$$\omega_{gery}(i) = \frac{\Gamma_{0i}}{\sum\limits_{i=1}^{m_k}\Gamma_{0i}} \qquad (8.7)$$

通过比较各关联度的大小来判断待识别对象对研究对象的影响程度。

8.1.2.2　灰色混合指标构建

构建 $GreyCI$ 的指标层次结构如图 8-1 所示，计算并标准化灰色关联度 ω_{gery}（i），表示给定指标 i 的输入灰色权重 $\omega_{ik}^{(l)}$ 观察到的类别 k。当所有类别都得到灰色权重时，每个类别和每个城市的得分 $g_k^{(l+1)}$ 是灰色权重和相应指标的加权和：

$$g_k^{(l+1)} = \sum_{i=1}^{m}\omega_{ik}^{(l)}g_i(j)$$

$$(8.8)$$

这些与每个类别相关的得分代表了 GRA 第二次迭代的一个新的输入矩阵，计算下一级 $\omega_{ik}^{(l+1)}$ 的灰色权重。当获得所有的灰色权重时，使用加法模型构建灰色复合指标。该

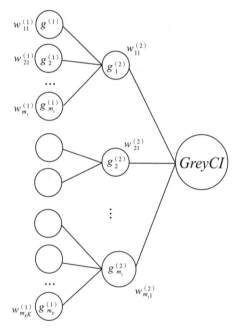

图 8-1　构建的 $GreyCI$ 指标层次结构

模型的基本思想是使用加权方法推导出特定层的特定指标类别的值，这意味着每个层次的权重之和等于1。此外，对于任何观察区域，如果 $A_{kl}^{(l)}$ 是一组第 k 类第 l 层输入因子，聚合的灰色复合指标按公式（8.9）计算，本方法

的计算步骤如图 8 - 2 所示。

$$GreyCI = \sum_{kl-1 \in A_{KL}^{(L)}} \omega_{kl-1}^{(L-1)} \cdots$$

$$\cdots (\sum_{kl \in A_{Kl-1}^{(l-1)}} \omega_{kl-1}^{(L-1)} \cdots (\sum_{k2 \in A_{K3}^{(3)}} \omega_{k2}^{(2)}) (\sum_{k1 \in A_{K2}^{(2)}} \omega_{k1}^{(1)} g_{k1}^{(1)}))) \quad (8.9)$$

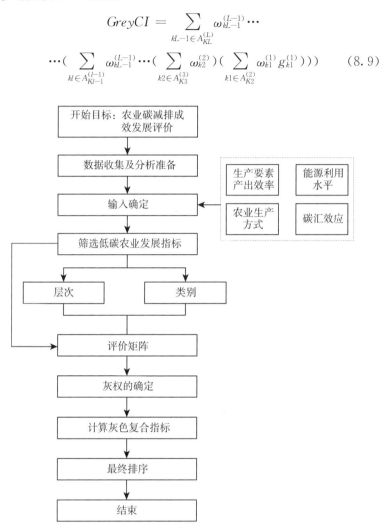

图 8 - 2　计算步骤

8.1.3　应用分析

8.1.3.1　数据来源

基于数据的可得性、完整性、准确性等原则，本书选取 2019 年我国 30 个省份的低碳农业减排指标数据，数据主要来源于《中国能源统计年鉴》《中国统计年鉴》和 CEADS 中国碳核算数据库等。首先，把原始数据根据公式（8.2）进行标准化处理，得到结果如表 8-2 所示。

表 8-2　30 个省份 10 个指标标准化数据

省份	F_1	F_2	F_3	F_4	F_5	F_6	F_7	F_8	F_9	F_{10}
北京	0.021 4	0.459 0	0.542 0	0.000 0	0.893 2	0.486 5	0.525 5	0.889 2	0.628 1	0.136 0
天津	0.028 7	0.236 6	0.271 5	0.827 4	0.488 7	0.645 8	0.899 6	0.978 4	0.116 3	0.327 4
河北	0.145 1	0.099 3	0.215 4	0.844 5	0.099 2	0.644 7	0.837 5	0.792 8	0.353 8	0.393 6
山西	0.049 4	0.280 7	0.060 4	0.864 7	0.251 8	0.842 0	0.900 6	0.975 3	0.252 4	0.112 7
内蒙古	0.069 3	0.113 9	0.002 5	0.664 9	0.168 0	0.925 7	0.989 5	0.975 9	0.278 2	0.024 0
辽宁	0.154 8	0.441 8	0.132 1	0.832 8	0.113 6	0.851 4	0.830 0	0.942 5	0.555 0	0.050 3
吉林	0.231 1	0.000 0	0.000 0	0.969 4	0.055 1	0.820 9	0.901 7	0.961 8	0.591 3	0.051 6
黑龙江	0.701 0	0.261 1	0.047 6	0.991 0	0.004 1	0.981 5	0.960 4	0.967 2	0.628 3	0.079 4
上海	0.000 0	1.000 0	0.432 3	0.836 4	1.000 0	0.672 3	0.675 5	0.466 7	0.148 1	0.564 4
江苏	0.219 0	0.389 5	0.452 7	0.867 0	0.074 0	0.452 4	0.688 2	0.838 1	0.166 8	0.697 1
浙江	0.187 5	0.461 4	0.622 2	0.835 7	0.145 6	0.580 5	0.403 0	0.000 0	0.881 0	0.523 3
安徽	0.275 8	0.064 4	0.164 6	0.944 6	0.040 0	0.603 3	0.700 8	0.929 3	0.384 0	0.545 0
福建	0.307 8	0.955 5	1.000 0	0.757 0	0.064 1	0.043 5	0.000 0	0.419 0	1.000 0	0.630 3
江西	0.325 5	0.313 9	0.260 9	0.914 6	0.041 5	0.707 7	0.549 0	0.945 9	0.908 9	0.831 3
山东	0.245 6	0.150 9	0.353 5	0.790 6	0.073 1	0.534 2	0.643 1	0.875 0	0.204 1	0.614 8
河南	0.601 1	0.202 2	0.330 4	0.953 1	0.017 6	0.278 6	0.735 9	0.930 3	0.311 2	0.786 0
湖北	0.461 2	0.366 8	0.309 7	0.874 0	0.032 9	0.568 9	0.606 4	0.930 3	0.561 0	0.580 8
湖南	0.496 3	0.160 3	0.398 9	0.939 2	0.032 0	0.516 3	0.420 1	0.937 0	0.723 7	0.966 0
广东	0.298 1	0.958 5	0.972 8	0.706 1	0.089 2	0.000 0	0.059 6	0.711 1	0.785 6	1.000 0
广西	0.646 7	0.438 2	0.453 7	0.909 7	0.011 2	0.394 2	0.600 9	0.910 7	0.892 9	0.691 2
海南	1.000 0	0.935 9	0.875 1	0.646 1	0.000 0	0.219 4	0.105 1	0.799 2	0.847 6	0.420 0
重庆	0.448 0	0.559 1	0.346 0	1.000 0	0.035 3	0.649 9	0.851 5	0.944 0	0.617 5	0.677 2
四川	0.721 7	0.546 3	0.398 8	0.834 9	0.025 4	0.706 4	0.851 3	0.960 3	0.535 4	0.719 2
贵州	0.490 0	0.614 0	0.336 3	0.986 2	0.017 4	0.879 6	0.983 5	1.000 0	0.628 1	0.541 9
云南	0.747 3	0.586 6	0.204 4	0.884 8	0.022 9	0.751 1	0.852 6	0.988 9	0.810 1	0.353 9
陕西	0.410 4	0.637 5	0.394 7	0.772 9	0.035 5	0.461 4	0.951 1	0.801 1	0.616 7	0.432 4
甘肃	0.393 2	0.267 2	0.065 3	0.713 1	0.041 6	0.957 9	0.868 4	0.970 6	0.104 3	0.000 0

（续）

省份	F_1	F_2	F_3	F_4	F_5	F_6	F_7	F_8	F_9	F_{10}
青海	0.150 3	0.080 1	0.105 2	0.405 2	0.265 9	1.000 0	0.987 2	0.941 5	0.015 3	0.157 9
宁夏	0.043 9	0.203 0	0.080 0	0.678 1	0.262 8	0.803 8	1.000 0	0.898 0	0.125 3	0.147 2
新疆	0.273 1	0.545 8	0.133 7	0.506 5	0.055 6	0.762 0	0.970 5	0.929 8	0.000 0	0.090 7

8.1.3.2　结果分析

根据 30 个省份的 4 组一级指标和 10 个二级指标，通过一个综合指数得分对低碳农业减排进行评估。上述 4 组指标的相对权重和每组各指标的权重均使用灰色关联分析计算，也称为灰色权重。使用多层计算方法最终获得的 10 个指标和 4 个指标组的相对灰度权重如表 8-3 所示。用式（8.4）获得的灰色关联系数可以作为每个省份的单独灰色权重来观察，而用式（8.5）获得的灰色关系度可以作为联合权重来观察。然后，根据所提出的总体综合指标构建的方法，利用公式（8.9）进行计算可以获得各省份低碳农业减排综合评价得分和排名，结果见表 8-4。

为了清楚地说明最终聚合的综合指数得分，此处给出了福建省的数值计算过程。采用多层方法计算 $GreyCI$ 的过程如下：

$$
\begin{aligned}
GreyCI(福建) =\ & 0.206\ 4 \times (0.321\ 6 \times 0.307\ 8 + 0.353\ 5 \times 0.955\ 5 \\
& + 0.325\ 0 \times 1) + 0.209\ 0 \times (0.677\ 2 \times 0.757\ 0 \\
& + 0.322\ 8 \times 0.064\ 1) + 0.383\ 5 \times (0.280\ 1 \\
& \times 0.043\ 3 + 0.325\ 6 \times 0 + 0.394\ 3 \times 0.419\ 0) \\
& + 0.201\ 1 \times (0.516\ 0 \times 1 + 0.484\ 0 \times 0.630\ 3) \\
=\ & 0.501\ 8
\end{aligned}
$$

为了对我国不同省份低碳农业减排状况进行研究，并对评价得分接近的省份之间进行比较，可以根据等级标准对 30 个省份进行分组，并对不同组之间和组内进行比较。在前人研究成果和咨询相关专家的基础上[247]，依据我国相关的低碳发展标准构建了低碳农业减排等级评价标准，根据各省份低碳农业减排综合评价得分最大值为 0.727 1，最小值是 0.462 3，把低碳农业综合评价值划分为 5 个等级，以此判断不同省份低碳农业的发展水平。根据低碳农业减排的等级评价标准对各省份进行分组如表 8-5 所示：

表 8 - 3　基于灰色关联法的权重计算

省份	生产要素产出效率				能源利用水平			农业生产方式				碳汇效应		
	关联系数	F_1	F_2	F_3	关联系数	F_4	F_5	关联系数	F_6	F_7	F_8	关联系数	F_9	F_{10}
北京	0.524 0	0.338 2	0.480 3	0.521 9	0.488 0	0.333 3	0.824 0	1.000 0	0.493 3	0.513 1	0.818 6	0.503 6	0.573 5	0.366 6
天津	0.387 7	0.339 8	0.395 8	0.407 0	0.496 6	0.743 4	0.494 4	1.000 0	0.585 3	0.832 8	0.958 6	0.384 0	0.361 3	0.426 4
河北	0.412 6	0.369 0	0.357 0	0.389 2	0.510 5	0.762 8	0.356 9	1.000 0	0.584 6	0.754 7	0.707 0	0.446 5	0.436 2	0.451 9
山西	0.361 4	0.344 7	0.410 1	0.347 3	0.454 5	0.787 1	0.400 6	1.000 0	0.759 8	0.834 1	0.952 9	0.362 2	0.400 8	0.360 4
内蒙古	0.335 1	0.349 5	0.360 7	0.333 9	0.399 9	0.598 7	0.375 4	1.000 0	0.870 6	0.979 3	0.954 0	0.343 9	0.409 2	0.338 8
辽宁	0.395 0	0.371 7	0.472 5	0.365 5	0.452 6	0.749 4	0.360 6	1.000 0	0.770 9	0.746 2	0.896 8	0.391 4	0.529 1	0.344 9
吉林	0.353 4	0.394 0	0.333 3	0.333 3	0.459 7	0.942 4	0.346 1	1.000 0	0.736 3	0.835 7	0.929 1	0.387 4	0.550 2	0.345 2
黑龙江	0.384 3	0.625 8	0.403 6	0.344 3	0.430 1	0.982 3	0.334 2	1.000 0	0.964 3	0.926 6	0.938 4	0.371 5	0.573 6	0.352 0
上海	0.638 5	0.333 3	1.000 0	0.468 3	0.807 2	0.753 4	1.000 0	1.000 0	0.604 1	0.606 4	0.483 9	0.526 8	0.369 8	0.534 4
江苏	0.514 3	0.390 3	0.450 3	0.477 4	0.566 4	0.789 9	0.350 6	1.000 0	0.477 3	0.616 4	0.755 4	0.500 5	0.375 0	0.622 7
浙江	0.869 3	0.380 9	0.481 4	0.569 6	0.936 1	0.752 6	0.369 2	0.891 9	0.543 8	0.455 8	0.333 3	1.000 0	0.807 7	0.511 9
安徽	0.417 3	0.408 4	0.348 3	0.374 4	0.526 9	0.900 2	0.342 5	1.000 0	0.557 6	0.625 7	0.876 0	0.468 3	0.448 0	0.523 5
福建	1.000 0	0.419 4	0.918 3	1.000 0	0.669 1	0.673 0	0.348 2	0.580 2	0.343 2	0.333 3	0.462 5	0.825 4	1.000 0	0.574 9
江西	0.459 9	0.425 7	0.421 5	0.403 5	0.528 2	0.854 1	0.342 7	1.000 0	0.631 1	0.525 8	0.902 4	0.600 2	0.845 9	0.747 7
山东	0.465 2	0.398 6	0.370 6	0.436 1	0.533 7	0.704 8	0.350 4	1.000 0	0.517 7	0.583 5	0.800 0	0.483 1	0.385 8	0.564 9
河南	0.520 6	0.556 3	0.385 3	0.427 5	0.580 2	0.914 2	0.337 3	1.000 0	0.409 4	0.654 3	0.877 6	0.534 1	0.420 6	0.700 3
湖北	0.499 4	0.481 3	0.441 2	0.420 1	0.535 3	0.798 7	0.340 8	1.000 0	0.537 0	0.559 5	0.877 7	0.517 7	0.532 5	0.544 0

（续）

省份	生产要素产出效率				能源利用水平			农业生产方式				碳汇效应		
	关联系数	F_1	F_2	F_3	关联系数	F_4	F_5	关联系数	F_6	F_7	F_8	关联系数	F_9	F_{10}
湖南	0.528 7	0.498 1	0.373 2	0.454 1	0.601 9	0.891 7	0.340 6	1.000 0	0.508 3	0.463 0	0.888 1	0.674 8	0.644 1	0.936 3
广东	1.000 0	0.416 0	0.923 3	0.948 4	0.663 3	0.629 8	0.354 4	0.689 0	0.333 3	0.347 1	0.633 8	0.892 2	0.699 9	1.000 0
广西	0.593 9	0.586 0	0.470 9	0.477 9	0.581 0	0.847 0	0.335 8	1.000 0	0.452 4	0.556 1	0.848 5	0.640 7	0.823 6	0.618 2
海南	1.000 0	1.000 0	0.886 4	0.800 1	0.538 5	0.585 6	0.333 3	0.676 5	0.390 4	0.358 4	0.713 5	0.602 8	0.766 4	0.463 0
重庆	0.470 2	0.475 3	0.531 4	0.433 3	0.499 0	1.000 0	0.341 4	1.000 0	0.588 1	0.771 0	0.899 3	0.480 2	0.566 6	0.607 7
四川	0.492 6	0.642 4	0.524 3	0.454 1	0.458 2	0.751 7	0.339 1	1.000 0	0.630 0	0.770 7	0.926 4	0.464 2	0.518 4	0.640 4
贵州	0.422 7	0.495 0	0.564 3	0.429 7	0.434 2	0.973 1	0.337 2	1.000 0	0.805 9	0.968 1	1.000 0	0.411 7	0.573 5	0.521 9
云南	0.467 0	0.664 3	0.547 4	0.385 9	0.455 0	0.812 7	0.338 5	1.000 0	0.667 6	0.772 3	0.978 3	0.445 2	0.724 8	0.436 3
陕西	0.522 1	0.458 9	0.579 7	0.452 4	0.497 3	0.687 6	0.341 4	1.000 0	0.481 4	0.910 9	0.715 4	0.488 9	0.566 0	0.468 4
甘肃	0.376 3	0.451 8	0.405 6	0.348 5	0.408 9	0.635 4	0.342 8	1.000 0	0.922 3	0.791 7	0.944 4	0.339 2	0.358 2	0.333 3
青海	0.341 1	0.370 5	0.352 1	0.358 5	0.373 7	0.456 7	0.405 2	1.000 0	1.000 0	0.975 1	0.895 3	0.333 3	0.336 8	0.372 5
宁夏	0.359 6	0.343 4	0.385 5	0.352 1	0.431 1	0.608 3	0.404 1	1.000 0	0.718 2	1.000 0	0.830 5	0.357 7	0.363 7	0.369 6
新疆	0.407 2	0.407 5	0.524 0	0.365 9	0.397 9	0.503 3	0.346 2	1.000 0	0.677 5	0.944 4	0.876 9	0.347 9	0.333 3	0.354 8
$\Gamma_0^{(1)}$		0.457 9	0.503 3	0.462 7		0.697 0	0.332 1		0.557 1	0.647 6	0.784 1		0.478 8	0.449 2
$\omega_k^{(1)}$		0.321 6	0.353 5	0.325 0		0.677 2	0.322 8		0.280 1	0.325 6	0.394 4		0.516 0	0.484 0
$\Gamma_0^{(2)}$	0.517 3				0.523 8			0.961 3				0.504 2		
$\omega_k^{(2)}$	0.206 4				0.209 0			0.383 5				0.201 1		

表8-4　各省份农业碳减排成效综合评价得分

省份	*GreyCI*	排序
北京	0.462 3	30
天津	0.561 0	16
河北	0.526 3	21
山西	0.554 7	19
内蒙古	0.520 3	23
辽宁	0.577 0	13
吉林	0.568 9	15
黑龙江	0.653 8	6
上海	0.585 2	11
江苏	0.547 5	20
浙江	0.471 0	29
安徽	0.556 2	17
福建	0.501 8	26
江西	0.657 1	5
山东	0.518 9	24
河南	0.584 2	12
湖北	0.596 3	10
湖南	0.625 2	8
广东	0.554 7	18
广西	0.649 9	7
海南	0.571 1	14
重庆	0.686 5	4
四川	0.687 3	3
贵州	0.727 1	1
云南	0.688 1	2
陕西	0.607 6	9
甘肃	0.522 6	22
青海	0.488 2	28
宁夏	0.511 1	25
新疆	0.494 8	27

表8-5 不同省份低碳农业减排成效等级划分

等级	低碳减排综合评价得分	减排水平评定
I	GreyCI≥0.75	强低碳
II	0.65≤GreyCI<0.75	近低碳
III	0.55≤GreyCI<0.65	中碳
IV	0.45≤GreyCI<0.55	较高碳
V	GreyCI<0.45	高碳

由表8-5省份等级分布可得，省域低碳农业减排水平高低区域分布较为分散，且低碳农业减排水平较低，没有省份处于强低碳水平；这是由于我国各地区自然条件和社会经济条件存在明显的差异，产生了不同的低碳农业减排发展模式。其中，黑龙江、四川等农业大省土壤肥沃、雨热资源丰富，贵州、重庆的立体农业以及云南平原灌溉农业等生态模式较为成熟，低碳农业减排较好。

我国低碳农业水平处于中碳等级的有：湖南、陕西、湖北、上海、河南、辽宁、海南、吉林、天津、安徽、广东、山西。山西、辽宁土地长期受石化能源污染，工矿、企业、城乡建设占用耕地等导致土壤有机质流失，土壤固碳、蓄水保田能力削弱，导致碳汇效应较低；海南可再生能源储量丰富推动生态农业发展，清洁能源的普遍使用减少了农业石化能源的 CO_2 排放量，节约了农业投入成本，提高了生产要素产出效率，实现了经济效益和环境效益的统一；天津、上海经济后盾雄厚，利用低碳清洁等新型科技技术提高能源利用水平。

江苏、河北、甘肃、内蒙古、山东、宁夏、福建、新疆、青海、浙江、北京低碳农业减排水平相对较弱；江苏、浙江、北京三省是我国经济发达地区，但江苏和浙江对能源的利用水平偏低。而甘肃、新疆、青海、宁夏和内蒙古地处西北内陆地区，沙漠化面积扩大，抗侵蚀能力弱，农田保水保肥能力差，农业产值低，降低了生产要素产出效率；并且西北地区农业市场流通成本高，农业基础设施、生产管理技术落后。山东、河北作为传统的"较高碳"农业大省，农业人口众多、耕地资源紧张等人地矛盾制约了这两省低碳农业的发展。

8.2 农业碳减排路径设计

8.2.1 农业温室气体减排的国际经验

围绕农业碳减排与应对气候变化，各国出台了一系列政策措施。发达国家在减少农业碳排放方面起步较早，欧盟成员国减排在世界上处于领先地位，其次是北美、澳大利亚、日本、新加坡等国家和地区。发达国家通过制定相应的农业政策、提供引导性财政收支计划、开展各种培训和技术推广等方式，达到降低农业温室气体碳排放的目的。其他各国出台的主要措施有：种植、养殖和放牧活动中的温室气体减排、土壤固碳措施、优化管理粪便和资源利用、粮食系统的减排和消费、财政引导和激励、市场化监管等（表8-6）。

表8-6 农业减排固碳整体思路

主要排放源	减排固碳路径	
种植业系统	作物良种选育	●○★
	保护性耕作和土壤培肥	●○★
	果菜茶优化管理	●★
	有机农业、绿色农业、生态农业	●○★
	稻田优化管理	○★
	养分还田	●○★
	农林复合系统	●○★
	农田草地退化防治	●○★
养殖业系统	畜牧管理和草地保护	●○★
	畜禽良种选育	●○★
	渔业、水产优化管理	●○★
	家畜养殖优化管理	●○★
农村垃圾废物	秸秆综合利用	●○★
	粪便优化管理和综合利用	●○★
	旱地优化管理	●○★
日常生活	食物系统贮运加工减排降耗	●
	农机节能降耗	●★
其他	补贴和碳税	●
	碳交易市场	●★
	可再生能源	●○★

注：●表示发达国家涉及；○表示发展中国家涉及；★表示中国涉及。

发达国家起步早，相关政策措施系统全面，近年来发展中国家也逐渐出台政策措施以推进农业减排固碳工作。通过搜集和汇整《联合国气候变化框架公约》的温室气体排放清单、气候变化信息通报、两年更新报以及农业减排固碳方面的政策措施（共涉及 86 个国家 423 条政策，梳理概括了全球不同国家制定和实施的主要农业减排固碳政策，所涉及的技术内容如表 8-7 所示。

表 8-7　全球农业减排固碳技术概括

技术领域	发达国家	发展中国家		
		亚洲	美洲	非洲
农田	1. 有机农业、生态农业及精准农业；2. 科学施肥、高效肥料和减肥减药；3. 秸秆还田及综合利用，禁止焚烧；4. 有机肥替代化肥；5. 保护性耕作；6. 豆科固氮作物、覆盖作物或绿肥轮作；7. 农林复合系统；8. 作物良种选育；9. 生物多样性保护；10. 农业面源污染协同减排；11. 休耕；12. 作物生物质能源；13. 果园、菜园及葡萄园优化管理；14. 农田土壤侵蚀防治；15. 节水高效灌溉技术和工程；16. 退化农田土壤修复和培肥	1. 科学施肥、高效肥料和减肥减药；2. 秸秆还田及综合利用，禁止焚烧；3. 节水高效灌溉技术和工程；4. 有机肥替代化肥；5. 豆科固氮作物或绿肥轮作；6. 绿色农业；7. 作物良种选育；8. 作物生物质能源；9. 保护性耕作；10. 农业面源污染防治协同减排；11. 退化农田土壤修复和培肥；12. 果园、菜园及茶园优化管理	1. 科学施肥、高效肥料和减肥减药；2. 秸秆还田及综合利用，禁止焚烧；3. 豆科固氮作物、覆盖作物或绿肥轮作；4. 有机肥替代化肥；5. 保护性耕作；6. 作物良种选育；7. 作物生物质能源；8. 有机农业；9. 农林复合系统；10. 生物多样性保护；11. 退化农田土壤修复和培肥；12. 亚马孙流域禁止森林砍伐转化农田；13. 矿区复垦土壤修复和培肥	1. 科学施肥；2. 节水高效灌溉技术和工程；3. 保护性耕作；4. 作物生物质能源；5. 农林复合系统；6. 绿色农业
稻田	1. 间歇性节水灌溉；2. 科学施肥；3. 水稻良种选育；4. 直播稻、旱稻栽培技术	1. 间歇性节水灌溉；2. 科学施肥；3. 水稻良种选育；4. 直播稻、旱稻栽培技术	1. 间歇性节水灌溉；2. 水稻良种选育	1. 旱稻栽培技术；2. 减少水稻种植面积
家畜养殖和放牧	1. 饲料日粮优化；2. 家畜良种选育；3. 放牧草地管理及修复；4. 添加剂；5. 提高动物福利；6. 节能环保畜舍	1. 饲料日粮优化；2. 家畜良种选育；3. 放牧草地管理及修复	1. 放牧草地管理及修复；2. 饲料日粮优化；3. 家畜良种选育	家畜良种选育

（续）

技术领域	发达国家	发展中国家		
		亚洲	美洲	非洲
粪便管理	1. 沼气工程，沼渣沼液还田；2. 堆肥还田；3. 加强粪污收集、贮存和运输；4. 平衡养殖规模与粪污处理能力	1. 沼气工程，沼渣沼液还田；2. 堆肥还田利用；3. 加强粪污收集、贮存和运输	1. 沼气工程，沼渣沼液还田；2. 堆肥还田利用；3. 加强粪污收集、贮存和运输	1. 沼气工程，沼渣沼液还田；2. 堆肥还田利用
其他农业活动	1. 食物系统优化管理，生产、加工、储运整体减排，饮食结构调整；2. 渔业、水产优化管理，渔船渔具节能；3. 农业节能降耗，包括农机节能、太阳能和可再生能源	1. 农业节能降耗，包括农机节能、太阳能和可再生能源；2. 渔业、水产优化管理，渔船渔具节能；3. 农业集约化	1. 渔业、水产优化管理，渔船渔具节能；2. 农业节能降耗，包括农机节能、太阳能和可再生能源；3. 物流系统优化管理，生产加工运整体减排	1. 气候智慧型农业，气候变化适应和减排协同技术；2. 太阳能和可再生能源

8.2.2 我国农业减排固碳路径设计

我国农业实现碳达峰、碳中和的减排技术路径主要是稳定和强化生态系统固碳增汇能力；其次是改进生产方式，提高生产效率，降低排放强度；第三是推广和使用技术创新，开展节能与可再生能源替代（表8-8）。

表8-8 我国农业主要温室排放源及减排措施

主要排放源	主要排放形式	具体减排路径措施
种植业系统	水田 CH_4	灌水管理（干湿交替、适时晒田）
		品种选择
		施加生物炭
	旱田 N_2O	适当轮作（引入豆科作物、种植填闲作物）
		施加生物炭
		保护性耕作（秸秆还田、减免耕）
		施肥管理（4R技术）
		施用缓释肥或抑制剂
	农机农膜等	节能（减少柴油机械、农药农膜等投入）

（续）

主要排放源	主要排放形式	具体减排路径措施
养殖业系统	反刍动物 CH_4	生理调节
		饲料工艺
	粪便废弃物	燃烧发电
		发酵还田
农村垃圾废物	生活与生产垃圾	无害化回收
		分类处理
	农林废弃物	资源利用（肥料化、饲料化、就地还田）
日常生活	生活用能	绿色生活
		低碳出行
	生产用能	节能节电
		清洁能源（光伏发电、风能发电等）
其他来源	氮沉降	综合治理
		植树造林
	异地面源污染	保护生态

目前，众多的研究者在农业碳氮循环过程、固碳减排途径、技术及其机理方面开展了很多研究，但在目前"双碳"目标下开展的基础性研究和技术研发工作还相对缺乏，尚未形成具有中国特色的农业碳减排途径。因此，在"双碳"目标下，绘制了我国农业固碳减排路径图（图 8-3）。为了减少中国农业的碳排放，需要综合考虑以下几个方面的措施：

优化农业生产方式。采用高效、低碳的农业生产方式，例如精准农业、有机农业、绿色种植等。此外，还可以通过推广生态农业、休闲农业等方式，实现农业生产的可持续发展。通过推广先进适用的低碳节能农机装备，降低化石能源消耗和 CO_2 排放，发展生物质能、太阳能等新能源，加快农村取暖炊事、农业设施等方面新能源利用，降低化石能源排放。

推广农业废弃物资源化利用。农业废弃物资源化利用是一种可持续的农业发展方式，通过将农业废弃物转化为有用的能源或肥料，既能够减少废弃物的排放，又能够提高土壤肥力和减少化肥的使用，从而实现减排的目的。以下是通过推广农业废弃物资源化利用达到减排的具体措施：农业废弃物如秸秆、稻草等可以通过生物质能源转化技术（如生物质气化、生物质发酵

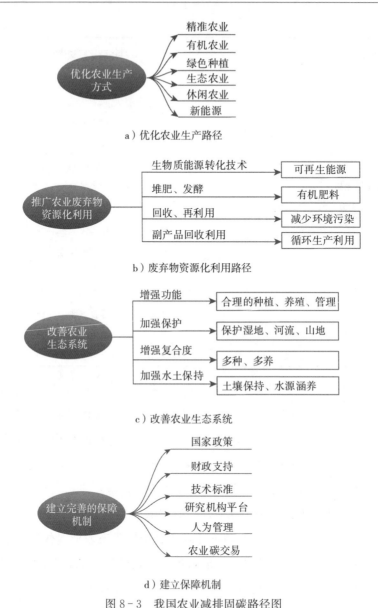

a）优化农业生产路径

b）废弃物资源化利用路径

c）改善农业生态系统

d）建立保障机制

图 8-3　我国农业减排固碳路径图

等）转化为可再生能源，如生物质气、生物柴油、生物酒精等，用于代替传统的化石能源，实现减排。农业废弃物如畜禽粪便、厩肥等可以通过堆肥、发酵等技术转化为有机肥料，用于替代化肥，从而减少化肥的使用量，降低氧化亚氮等温室气体的排放。农业废弃物如农膜、农药瓶、化肥袋等可以通过回收和再利用的方式减少废弃物的排放，同时减少对环境的污染。通过种植绿肥、轮作等方式，将农业废弃物和农业生产过程中的副产品（如豆渣、麸皮等）回收利用，实现农业生产的循环利用，减少废弃物的排放。总之，通过推广农业废弃物资源化利用，可以实现减排的目的，同时提高土壤肥力、降低化肥使用量，有利于实现可持续的农业发展。

改善农业生态系统。改善农业生态系统是实现减排目标的重要途径之一，具体的措施有：生态农业是一种可持续的农业生产方式，通过采用合理的种植、养殖、管理等技术手段，增加土地的生态系统功能，减少化肥、农药的使用，从而降低温室气体的排放。加强对农业生态系统的保护，减少农业生态系统破坏所导致的温室气体排放。比如保护湿地、河流、山地等自然环境，加强土壤保持、水源涵养等工作，从根本上改善农业生态系统的状况。推广多种种植、多种养殖等方式，增加农业生态系统的复合度，有利于提高生态系统的稳定性和耐受性，从而减少因气候变化、天灾等原因造成的温室气体排放。有机农业是一种减少化肥、农药使用的农业生产方式，通过改善土壤生态系统，提高土壤肥力，从而减少温室气体的排放。加强农业水土保持工作，防止农田流失和水土流失，保持农业生态系统的稳定性和健康性，减少碳排放。

建立完善的保障机制。我国人口基数大，随着人们对生活质量要求的不断提高，生产生活用能需求将持续增长，在保障粮食安全及社会经济持续发展前提下，实现农业与农村领域"双碳"目标压力较大。在劳动力和成本投入、生产经营规模、废弃物循环利用等方面需要国家政策和财政支持，出台针对农业与农村领域"双碳"目标的法律法规，制定相应的技术标准；组织和建立研究机构和研究平台，投入资金和科研力量，加快技术创新，研发颠覆性技术，探索区域化的整体解决方案。强化人为管理措施对农田生态系统碳源、碳汇的影响研究，加强农田生态系统的固碳能力，将经济效益与生态环境效益相结合。

在实现农业与农村双碳战略目标的过程中，碳排放权交易是需要关注的路径之一。应积极推动形成政府主导、社会参与、市场化运作的农业碳交易体系，在保障国家粮食安全与重要农产品有效供给的同时，降低碳排放、增加碳汇，并使农民在碳交易市场中得到更多红利，最终形成与资源环境承载力相匹配、与生产生活生态相协调的农业农村低碳发展新格局。以上措施可以同时开展，也可以根据不同的地区和实际情况进行选择和组合。为了落实这些措施，政府可以提供政策支持和资金支持，鼓励企业和农民积极参与农业减排的行动。

8.3　本章小结

通过采用多层次灰色权重综合法对我国 30 个省份低碳农业减排水平进行定量评价，研究结论表明：我国各省低碳农业减排没有省份处于强低碳等级，大多数省份处于中碳等级，呈现出显著的地域性差异，省域低碳农业减排水平高低区域分布较为分散，且总体发展水平欠佳。区域分布结构主要由生产要素产出效率、能源利用水平、农业生产方式和碳汇效应多种因素共同作用，其中，能源利用水平权重较高，是造成省域低碳农业分布特征的主要影响因素。此外，结合国际经验分析发达国家及发展中国家农业减排固碳技术的具体思路，并给出了我国农业减排固碳路径设计图，为我国低碳农业发展提供意见参考。

第 9 章　结论和展望

9.1　研究结论

本书从我国农业碳排放影响因素着手，分析农业碳排放的主要来源，研究农业碳排放的测算和特征，采用灰色系统模型预测我国碳排放发展趋势，分析经济增长、能源消耗和碳排放之间的耦合协调关系，分析碳减排主体的博弈对策及生态补偿机制，并提出我国碳减排路径及农业碳减排政策建议。研究过程中构建并采用了时变灰色预测模型、动态灰色综合关联度模型、时变非线性多变量灰色预测模型、时变灰色 Riccati 模型、情景预测、系统动力学模型、演化博弈模型、解释结构模型等多种模型。通过对各模型的研究现状，对现有研究成果存在的不足之处进行分析，提出了改进的新方法，扩展了灰色预测技术建模方法。尤其是对灰色预测模型的建模机理、参数优化与改进等内容进行了改进，并用改进的模型分析农业碳排放，大大提高了农业碳排放的预测精度。本研究对于我国制定碳排放政策，提高环境质量、发展生态农业、优化农业产业结构具有重要的理论和实践意义。研究结果可以为实现 2030 年碳达峰乃至 2060 年碳中和战略目标提供理论参考。

本书在理论研究的基础上，基于 2000—2020 年我国农牧业生产的统计数据，测算并研究我国农业碳排放，主要研究内容如下：

（1）农业碳排放影响因素分析

影响农业碳排放的因素涉及经济、技术、环境和人口等诸多方面，各因素对农业碳排放的影响并不全是线性的，还存在非线性影响，选取内部因素包括农地利用、水稻种植、农作物种植和畜牧养殖以及外部因素农业经济水平、农业产业结构、人口城镇化率、农村人均可支配收入、农业机械化程度和农村用电量,采用中国 2001—2020 年的农业碳排放及其影响因素的数据,运用灰色综合关联度研究农业碳排放的影响因素及影响因素的动态关系,并将 2000—2020 年分为 4 个五年规划期,通过观察影响因素与农业碳排放的动态关联度发现,内部影响因素除了第三阶段影响度最高的是农地利用外,其余阶段均为畜牧养殖,外部影响因素在第二阶段关联最大的是农业产业结构、第四阶段为农业机械化程度,其余两个阶段均为农村用电量。

(2)我国农业碳排放测算及时序特征分析

本研究将农业碳排放的碳源分为农地利用碳排放、水稻种植碳排放、农作物种植碳排放和畜牧养殖碳排放四类,分析碳排放源的使用量,对每类碳源给出了具体的碳排放量测算公式,然后对 2000—2020 年中国碳排放现状和时序特征进行详细分析。结果表明:我国农业碳排放变化趋势总体表现为"上升-降低-回升-降低"四个阶段特征。2016 年以后,农业碳排放的变化趋势表现为明显地下降趋势。在各碳源中,农地利用的碳排放量增长最快,而畜牧养殖呈下降趋势,但一直是碳排放量占比最高的。水稻种植的 CH_4 排放量位列第三,农作物的 N_2O 排放一直最低,总体呈快速增长态势。中国农业碳排放总量在"十三五"期间是逐年下降的,这说明近年来,农业可持续发展模式促进着农业生产生活方式在不断转变。

(3)基于灰色 Riccati 模型的农业碳排放预测

随着农业政策的不断变化和农业结构的不断更新,农业碳排放具有较高的不确定性,因此建模数据量有限。另外,碳排放问题的来源和成因较为复杂,尤其是受到经济发展、能源消费、城镇化等众多因素的影响,并且该影响作用强度未知、互动关系不确定,进而导致碳排放呈现出非线性、波动性特征。因此,在传统 Verhulst 模型的基础上,构建新型时变灰色 Riccati 模型 TGRM(1,1)对我国农牧业碳排放进行预测,该模型通过引入时变参数和随机扰动项,反映参数随时间的变化,从微分信息原理出发,求解 TGRM(1,1)模型的差分方程,使预测具有较高的灵活性。并选用时变灰色 Riccati 模型来预测 2021—2025 年我国的农业碳排放,根据预测结果,我国农地利用、水稻种植、农作物种植、畜牧养殖和农业碳排放总量均呈下降趋势，到 2025 年，我国农业碳排放总量为 24 212.52 万吨，比 2015 年下降了 24.23％。由于该模型是根据时间序列本身的特性来进行预测，存在一定的局限性，农牧业的发展本身易受多种因素的影响，极端气候天气事件、政策改变、市场需求变化等诸因素的变化都会影响到农牧业的发展，从而影响碳排放，因此对农牧业碳排放的预测结果的使用，尚需考虑多种因素的影响。

（4）基于灰色 TVNGM（1，N）模型的农业碳排放预测

针对多变量非线性灰色预测建模问题，构建新型时变多变量非线性灰色预测模型。通过考虑相关因素参数随时间的变化，引入线性时变参数和控制参数代替固定参数，捕捉实际数据动态发展趋势的非光滑和潜在特征，并结合粒子群优化算法对模型参数进行有效优化，给出新模型的建模步骤。利用构建的时变非线性多变量灰色 TVNGM（1，N）模型对于趋势变化明显的农业碳排放数据建立小样本的预测模型，通过筛选驱动因素后采用灰色系统预测模型对未来的农业碳总量进行预测。新模型能够反映相关因素与农业碳排放序列的非线性关系以及参数随时间的变化。

（5）不同情景下的农业碳排放预测

基于区间灰数动态背景值的多变量灰色预测模型，通过矩阵的形式整合区间数的三个边界的全部信息。预测公式的矩阵分解同时引入了下界、中界和上界的信息，考虑了区间数各区间界的相互影响。该模型通过用动态灰度作用代替原有的常数参数建立，IMGM（1，m，k）模型通过直接求解差分方程有效地避免了微分方程和差分方程转换带来的误差。与此同时，设定低速情景、中速情景、高速情景三个情景，利用 IMGM（1，m，k）模型研究各因素的变化对农业碳排放的影响。本章的情景设置思路考虑了中国经济发展五年计划的周期性调整特点，它不仅可以根据历史变化趋势和现有相关文献中常见的相关预测数据，反映预测的静态演化逻辑，还充分考虑了各种因素的不确定性发展，使情景设置更加精确和全面。

（6）农业碳排放与经济增长的关系及协调研究

通过深入思考因素的自身增长率、非线性变化趋势以及因素间的交互作用关系，从原始的 MGM（1，m）模型出发，将多群体 Lotka‐Volterra 模型与 MGM（1，m）模型相结合，构建基于 Lotka‐Volterra 理论的多变量

灰色预测模型 [LVMGM (1, m)] 及其直接建模模型。该模型中引入非线性趋势项及交互作用项，使得变量之间的相互作用关系考虑更加充分。结合系统整体发展和个体变化改进模型结构，研究三者之间可能存在的双向关系以及两两之间的线性与非线性关系，构建了中国经济增长-能源消耗-农业碳排放协调发展研究的系统动力学模型，并进一步运用系统动力学的方法研究农业经济增长、农业能源消耗、农业碳排放三者之间的协调关系，剖析系统间的内在联系以及政策管控的外部冲击，绘制三者之间的因果回路图，分析因果回路图的作用机理，探讨农业经济增长、农业能源消耗、农业碳排放三者间相互影响的有机整体及协调方法，结果表明：政府监管力度会同时影响农业经济增长、农业能源消耗、农业碳排放，因此政府如何颁布影响三者的政策是我们研究的重点。更进一步的分析发现，农业能源消耗、农业经济增长、农业碳排放三者之间两两相互影响，到最后会形成三者间相互影响的有机整体。中国粮食主产区要实现农业的可持续发展，就要处理好农业能源消耗、经济增长与碳排放三者之间的关系。要实现农业的可持续发展，中国粮食主产区就一定要处理好农业经济增长、能源消耗与碳排放三者之间的关系。本章的研究扩大了灰色预测模型的理论研究，也使农业碳排放增加了科学有效的研究方法。

（7）农业碳减排博弈分析及生态补偿机制研究

我国低碳农业在推广过程中遇到很多问题，尤其是低碳农业实践中涉及的参与主体之间存在的诸多利益矛盾，严重制约着低碳农业的发展。本书通过对农业碳排放动力内涵、内生动力、外生动力展开分析，在充分发挥政府、市场和社会组织职能的基础上，将低碳农业的两个主要利益主体政府、农户纳入分析框架，运用博弈方法分析政府与农户在碳减排过程中的博弈策略，探讨由传统农业生产方式向低碳生产的转化过程中，各方的决策行为如何相互作用，为农业低碳减排措施的有效实施提供参考。在博弈分析的基础上，鉴于我国低碳农业生态补偿机制的研究理论基础体系尚不完善，低碳农业生态补偿研究方法较为传统、模型的创新性较为缺乏，区域之间的协调度较低等问题，本章运用解释结构模型（ISM）建立影响因素的层级结构，探索生态补偿的影响因素。结果显示：生态补偿的要素和生态补偿相关的法律法规是影响我国低碳农业生态补偿机制实施的核心，公众对优质生态环境的需求是根本的影响因素。

（8）省域碳减排成效评价及减排路径设计

采用多层次灰色权重综合法对我国 30 个省份低碳农业减排水平进行评价，研究表明：我国各省低碳农业减排大多数省份处于中碳等级，呈现出显著的地域性差异，省域低碳农业减排水平高低区域分布较为分散，且总体发展水平欠佳。能源利用水平是造成省域低碳农业分布特征的主要影响因素。在前面几章研究分析的基础上，根据各省份地域的农业碳排放情况，设计我国农业碳排放的减排路径，分析各减排方案，选择促进地方减排的指标，以政府目标减排方案为靶心，建立灰色多属性灰靶决策，对农业碳排放减排方案进行评价，选择不同的减排方案，提出适合各地区的农业碳减排方法，为我国区域联合减排提供理论基础。在前面分析的基础上，结合国际经验分析发达国家及发展中国家农业减排固碳技术的思路，梳理概括了全球不同国家制定和实施的主要农业减排固碳政策，针对当前国内外农业减排固碳政策出台、技术推广和工作开展情况，给出了我国农业减排固碳路径图，从优化农业生产方式，推广农业废弃物资源化利用，改善农业生态系统，建立完善的保障机制等方面着手，积极推动形成政府主导、社会参与、市场化运作的农业碳交易体系，为我国低碳农业发展提供意见参考。

9.2　研究展望

（1）灰色系统理论是对小数据、贫信息、不确定性系统进行预测的主要方法，灰色预测模型一直是系统理论研究和应用研究的热点，灰色预测模型建模是以少量的数据建立模型，反应系统的主要动态变化，如何充分利用已有的最少信息，挖掘其内在规律一直是一个难点，众多学者已取得了一系列的研究成果，产生了深远的影响。本书对多变量灰色预测模型和基于区间灰数的灰色预测模型方面的问题进行研究，得到的新模型较已有模型的建模精度有了一定的提高，但其理论基础和实际应用仍有待于进一步深入研究。

（2）本成果中灰色预测模型改进方法，从背景值、参数等方面对模型进行改进，未考虑初始值与算法结合等；虽然在应用实例中表现良好，理论上有必要进一步研究模型的适用范围。在灰色 TVNGM（1，N）模型和

TGRM（1，1）模型预测建模过程中，只取时变参数的线性变化，在进一步研究中考虑高阶时变参数对提高预测精度具有重要意义。

（3）社会经济众多系统中滞后效应普遍存在，在 LVMGM（1，m）模型中考虑系统时滞的动态变化效应，同时，LVMGM（1，m）模型仅考虑变量本身的非线性变化，而未考虑其相关影响因素的非线性变化趋势，仍有待于进一步研究。尽管本书分别研究了考虑中间偏好值的区间灰数矩阵表达的 IDMGM（1，m）和 IMGM（1，n，k）模型但理论上还需要进一步研究模型的应用范围、矩阵参数的性质以及预测精度的影响因素。

（4）碳排放权交易研究。本书主要研究了碳排放影响因素、碳排放量预测及与经济能源的耦合关系，没有考虑政策的影响。碳排放权交易是实现低碳发展的重要政策工具。理解碳排放权交易政策的内在逻辑对推动实现"双碳"目标具有重要意义。碳排放权交易源于科斯定理，是我国环境污染治理和应对气候变化的重要手段，我国碳排放权交易有了一定发展，但是我国碳排放权交易政策也存在一些问题，如何处理碳排放权与排污权的关系？二者是否都具有减污降碳的政策效应，政策之间是替代还是互补，二者组合使用是否可以达到最佳的减污降碳协同效应等，均是气候变化和大气污染协同治理、建设全国生态环境大市场重点关注的课题，也是未来需要研究的问题。

[1] Asadnabizadeh M. Development of UN Framework Convention on Climate Change Negotiations under COP25：Article 6 of the Paris Agreement Perspective [J]. Open Political Science, 2019, 2 (1)：113 - 119.

[2] IPCC. Climate Change 2021：The Scientific Basis, Contribution of Working Group I to the Sixth Assessment Report of Inter Governmental Panelon Climate Change [M]. Cambridge：Cambridge University Press, 2021.

[3] IPCC. Climate Change 2014：Impacts, Adaptation and Vulnerability Contribution of Working Group ii to the Fifth Assessment Report of the Inter Governmental Panelon Climate Change [M]. Cambridge and NewYork：Cambridge University Press, 2014.

[4] Tian H, Lu C, Ciais P, et al. The Terrestrial Biosphere as a Net Source of Green House Gases to the Atmosphere [J]. Nature, 2016, 531 (7593)：225 - 228.

[5] 赵宁, 周蕾, 庄杰, 等. 中国陆地生态系统碳源/汇整合分析 [J]. 生态学报, 2021, 41 (19)：7648 - 7658.

[6] Zhao R Q, Huang X J, Zhong T Y. Research on Carbon Emission Intensity and Carbon Footprint of Different Industrial Spaces in China [J]. Acta Geographica Sinica, 2010, 65 (9)：1048 - 1057.

[7] Davis K F, Yu K, Rulli M C, et al. Accelerated Deforestation Driven by Large - scale Land Acquisitions in Cambodia [J]. Nature Geoscience, 2015, 8 (10)：772 - 775.

[8] David P, Michael B. Soil Erosion Threatens Food Production [J]. Agriculture, 2013, 3 (3)：443 - 463.

[9] Lu H, Xie H, Lv T, et al. Determinants of Cultivated Land Recuperation in Ecologically Damaged Areas in China [J]. Land Use Policy, 2019, 81：160 - 166.

[10] Altieri M A, Nicholls C I. The Adaptation and Mitigation Potential of Traditional Agriculture in a Changing Climate [J]. Climatic Change, 2013, 140：1 - 13.

[11] 张广胜, 王珊珊. 中国农业碳排放的结构、效率及其决定机制 [J]. 农业经济问题, 2014 (7)：18 - 26.

[12] 庞丽. 我国农业碳排放的区域差异与影响因素分析 [J]. 干旱区资源与环境, 2014 (12): 1-7.

[13] 丛建辉, 刘学敏, 赵雪如. 城市碳排放核算的边界界定及其测度方法 [J]. 中国人口·资源与环境, 2014, 24 (4): 19-26.

[14] 李波, 张俊飚, 李海鹏. 中国农业碳排放时空特征及影响因素分解 [J]. 中国人口·资源与环境, 2011, 21 (8): 80-86.

[15] 田云, 张俊飚, 李波. 中国农业碳排放研究: 测算、时空比较及脱钩效应 [J]. 资源科学, 2012, 34 (11): 2097-2105.

[16] Kinzig A P, Kammen D M. National Trajectories of Carbon Emissions: Analysis of Proposals to Foster the Transition to Low-carbon Economies [J]. Global Environmental Change, 1998, 8 (3): 183-208.

[17] 王昀. 低碳农业经济略论 [J]. 中国农业信息, 2008 (8): 12-15.

[18] 李建波. 基于低碳经济视角的我国低碳农业发展研究 [J]. 安徽农业科学, 2012, 40 (2): 1083-1085, 1238.

[19] 刘静暖, 于畅, 孙亚南. 低碳农业经济理论与实现模式探索 [J]. 经济纵横, 2012 (6): 64-67.

[20] 黄亚玲, 杨晓洁, 门惠芹. 对低碳农业的总体认知 [J]. 宁夏农林科技, 2013, 54 (1): 101-103.

[21] Baumann M, Gasparri I, Piquer-rodriguez M. Carbon Emissions from Agricultural Expansion and Intensifcation in the Chaco [J]. Lobal Change Biology, 2017, 17 (31): 1902-1916.

[22] Chen H, Wang H K, Qin S. Analysis of Decoupling Effect and Driving Factors of Agricultural Carbon Emission: A Case Study of Heilongjiang Province [J]. Science and Technology Management Research, 2019, 17: 247-252.

[23] 贺亚亚, 田云, 张俊飚. 湖北省农业碳排放时空比较及驱动因素分析 [J]. 华中农业大学学报 (社会科学版), 2013 (5): 79-85.

[24] 胡中应. 安徽省农业碳排放驱动因素及脱钩效应研究 [J]. 安庆师范学院学报 (社会科学版), 2015, 34 (6): 74-78.

[25] 刘丽辉. 广东农业碳排放: 时空比较及驱动因素实证分析 [J]. 农林经济管理学报, 2015, 14 (2): 192-198.

[26] 杨小娟, 陈耀. 甘肃省农业碳排放时空特征及影响因素分析 [J]. 生产力研究, 2020 (3): 25-55.

[27] 曹俐，王莹，雷岁江．山东省农业碳排放的时空特征与脱钩弹性研究 [J]．江苏农业科学，2020，48（17）：250－256．

[28] 李政通，白彩全，肖薇薇．基于 LMDI 模型的东北地区农业碳排放测度及分解 [J]．干旱地区农业研究，2017，35（4）：145－152．

[29] 戴小文，何艳秋，钟秋波．基于扩展的 Kaya 恒等式的中国农业碳排放驱动因素分析 [J]．中国科学院大学学报，2015，32（6）：751－759．

[30] 韦沁，曲建升，白静，等．我国农业碳排放的影响因素和南北区域差异分析 [J]．生态与农村环境学报，2018，34（4）：318－325．

[31] 贺青，张虎，张俊飚．农业产业聚集对农业碳排放的非线性影响 [J]．统计与决策，2021，37（9）：75－78．

[32] 旷爱萍，胡超．广西农业碳排放驱动因素及脱钩效应研究 [J]．内蒙古农业大学学报（社会科学版），2021，23（2）：56－63．

[33] 田云，王梦晨．湖北省农业碳排放效率时空差异及影响因素 [J]．中国农业科学，2020，53（24）：5063－5072．

[34] 孟军，范婷婷．黑龙江省农业碳排放动态变化影响因素分析 [J]．生态经济，2020，36（12）：34－39．

[35] 刘琼，肖海峰．农地经营规模与财政支农政策对农业碳排放的影响 [J]．资源科学，2020，42（6）：1063－1073．

[36] 胡婉玲，张金鑫，王红玲．中国农业碳排放特征及影响因素研究 [J]．统计与决策，2020，36（5）：56－62．

[37] 李慧，李玮，姚西龙．基于 GWR 模型的农业碳排放影响因素时空分异研究 [J]．科技管理研究，2019，39（18）：238－245．

[38] 王若梅，马海良，王锦．基于水-土要素匹配视角的农业碳排放时空分异及影响因素：以长江经济带为例 [J]．资源科学，2019，41（8）：1450－1461．

[39] 王劼，朱朝枝．农业部门碳排放效率的国际比较及影响因素研究：基于 32 个国家 1995—2011 年的数据研究 [J]．生态经济，2018，34（7）：25－32．

[40] 伍国勇，刘金丹，杨丽莎．中国农业碳排放强度动态演进及碳补偿潜力 [J]．中国人口·资源与环境，2021，31（10）：69－78．

[41] 吴昊玥，黄瀚蛟，何宇，等．中国农业碳排放效率测度、空间溢出与影响因素 [J]．中国生态农业学报（中英文），2021，29（10）：1762－1773．

[42] 刘杨，刘鸿斌．山东省农业碳排放特征、影响因素及达峰分析 [J]．中国生态农业学报（中英文），2022，30（4）：558－569．

[43] 赵先超，宋丽美，谭书佳. 基于 LMDI 模型的湖南省农业碳排放影响因素研究 [J]. 环境科学与技术，2018，41（1）：177 - 183.

[44] Zhang L，Pang J，Chen X，et al. Carbon Emissions，Energy Consumption and Economic Growth：Evidence from the Agricultural Sector of China's Main Grain - producing Areas [J]. Science of the Total Environment，2019，665（MAY 15）：1017 - 1025.

[45] Chen J D，Cheng S L，Song M L. Changes in Energy - related Carbon Dioxide Emissions of the Agricultural Sector in China from 2005 to 2013 [J]. Renewable and Sustainable Energy Reviews，2018，94（OCT）：748 - 761.

[46] Tian Y，Zhang J B，HE Y Y. Research on Spatial - temporal Characteristics and Driving Factor of Agricultural Carbon Emissions in China [J]. Journal of Integrative Agriculture，2014，13（6）：1393 - 1403.

[47] Ismael M，Srouji F，Boutabba M A. Agricultural Technologies and Carbon Emissions：Evidence from Jordanian Economy [J]. Environmental Science and Pollution Research，2018，25（11）：10867 - 10877.

[48] Cai，J. Carbon Emission Prediction Model of Agroforestry Ecosystem Based on Support Vector Regression Machine [J]. Applied Ecology and Environmental Research，2019，17（3）：6397 - 6413.

[49] Jiang A，Tao Z A，Wang J. Decoupling Analysis and Scenario Prediction of Agricultural CO_2 Emissions：An Empirical Analysis of 30 provinces in China [J]. Journal of Cleaner Production，2021，320：128798.

[50] Sun W，Liu M. Prediction and Analysis of the Three Major Industries and Residential Consumption CO_2 Emissions Based on Least Squares Support Vector Machine in China [J]. Journal of Cleaner Production，2016，122（may 20）：144 - 153.

[51] Wen L，Cao Y. Influencing Factors Analysis and Forecasting of Residential Energy - related CO_2 Emissions Utilizing Optimized Support Vector Machine [J]. Journal of Cleaner Production，2020，250：119492.

[52] Acheampong A O，Boateng E B. Modelling Carbon Emission Intensity：Application of Artificial Neural Network [J]. Journal of Cleaner Production，2019，225：833 - 856.

[53] Wen L，Yuan X. Forecasting CO_2 Emissions in China's Commercial Department，through BP Neural Network Based on Random Forest and PSO [J]. The Science of the Total Environment，2020，718：137194 - 137194.

[54] 胡剑波，罗志鹏，李峰. "碳达峰"目标下中国碳排放强度预测：基于 LSTM 和

ARIMA - BP 模型的分析 [J]. 财经科学，2022 (2)：89 - 101.

[55] 杨蓉，杨林，谭盛兰，等. 基于遗传算法-优化长短期记忆神经网络的柴油机瞬态 NOx 排放预测模型研究 [J]. 内燃机工程，2022，43 (1)：10 - 17.

[56] 张迪，王彤彤，支金虎. 基于 IPSO - BP 神经网络模型的山东省碳排放预测及生态经济分析 [J]. 生态科学，2022，41 (1)：149 - 158.

[57] 周建国，张希刚. 基于粗糙集与灰色 SVM 的中国 CO_2 排放量预测 [J]. 中国环境科学，2013，33 (12)：2157 - 2163.

[58] 刘炳春，符川川，李健. 基于 PCA - SVR 模型的中国 CO_2 排放量预测研究 [J]. 干旱区资源与环境，2018，32 (4)：56 - 61.

[59] Wu L F，Liu S F，Liu D L，et al. Modelling and Forecasting CO_2 Emissions in the BRICS (Brazil，Russia，India，China，and South Africa) Countries Using a Novel Multi - variable Grey Model - science Direct [J]. Energy，2015，79 (79)：489 - 495.

[60] Pao H T，Fu H C，Tseng C L. Forecasting of CO_2 Emissions，Energy Consumption and Economic Growth in China Using an Improved Grey Model [J]. Energy，2012，40 (1)：400 - 409.

[61] 白义鑫，王霖娇，盛茂银. 黔中喀斯特地区农业生产碳排放实证研究 [J]. 中国农业资源与区划，2021，42 (3)：150 - 157.

[62] 赵宇. 江苏省农业碳排放动态变化影响因素分析及趋势预测 [J]. 中国农业资源与区划，2018，39 (5)：97 - 102.

[63] 邱子健，靳红梅，高南，等. 江苏省农业碳排放时序特征与趋势预测 [J]. 农业环境科学学报，2022，41 (3)：658 - 669.

[64] 旷爱萍，胡超. 广西农业碳排放影响因素和趋势预测 [J]. 西南林业大学学报（社会科学），2020，4 (2)：5 - 13.

[65] 黎孔清，马豆豆，李义猛. 基于 STIRPAT 模型的南京市农业碳排放驱动因素分析及趋势预测 [J]. 科技管理研究，2018，38 (8)：238 - 245.

[66] 高标，房骄，卢晓玲，等. 区域农业碳排放与经济增长演进关系及其减排潜力研究 [J]. 干旱区资源与环境，2017，31 (1)：13 - 18.

[67] Eggoh J C，Bangake C，Rault C. Energy Consumption and Economic Growth Revisited in African Countries [J]. Energy Policy，2011，39：7408 - 7421.

[68] 赵明轩，吕连宏，张保留，等. 中国能源消费、经济增长与碳排放之间的动态关系 [J]. 环境科学研究，2021，34 (6)：1509 - 1522.

[69] Mirza FM，Kanwal A. Energy Consumption，Carbon Emissions and Economic

Growth in Pakistan: Dynamic Causality Analysis [J]. Renewable and Sustainable Energy Reviews, 2017, 72: 1233 - 1240.

[70] Omri A. CO_2 Emissions, Energy Consumption and Economic Growth Nexus in ME-NA Countries: Evidence from Simultaneous Equations Models [J]. Energy Economics, 2013, 40: 657 - 664.

[71] Alshehry A S, Belloumi M. Energy Consumption, Carbon Dioxide Emissions and E-conomic Growth: The Case of Saudi Arabia [J]. Renewable and Sustainable Energy Reviews, 2015, 41: 237 - 247.

[72] Dong K, Sun R, Dong X. CO_2 Emissions, Natural Gas and Renewables, Economic Growth: Assessing the Evidence from China [J]. Science of the Total Environment, 2018: 640 - 641 (NOV. 1): 293 - 302.

[73] Liu Y, Hao Y. The Dynamic Links between CO_2 Emissions, Energy Consumption and Economic Development in the Countries along "the Belt and Road" [J]. Science of the Total Environment, 2018, 645: 674 - 683.

[74] Wang S, Li Q, Fang C, et al. The Relationship between Economic Growth, Energy Consumption, and CO_2 Emissions: Empirical Evidence from China [J]. Science of the Total Environment, 2016, 542: 360 - 371.

[75] Arouri M E H, Youssef A B, M'Henni H, et al. Energy Consumption, Economic Growth and CO_2 Emissions in Middle East and North African Countries [J]. Energy Policy, 2012, 45: 342 - 349.

[76] 朱欢, 郑洁, 赵秋运, 等. 经济增长、能源结构转型与二氧化碳排放: 基于面板数据的经验分析 [J]. 经济与管理研究, 2020, 41 (11): 19 - 34.

[77] 徐斌, 陈宇芳, 沈小波. 清洁能源发展、二氧化碳减排与区域经济增长 [J]. 经济研究, 2019, 54 (7): 188 - 202.

[78] 肖德, 张媛. 经济增长、能源消费与二氧化碳排放的互动关系: 基于动态面板联立方程的估计 [J]. 经济问题探索, 2016 (9): 29 - 39.

[79] Liu L H, Xin H P. Research on Spatial - temporal Characteristics of Agricultural Carbon Emissions in Guangdong Province and the Relationship with Economic Growth [J]. Advances in Materials Research, 2014, 2072 - 2079: 1010 - 1012.

[80] Xiong C, Yang D, Xia F, et al. Changes in Agricultural Carbon Emissions and Factors that Influence Agricultural Carbon Emissions Based on Different Stages in Xinjiang, China [J]. Scientific Reports, 2016, 6: 36912.

［81］ Xu B，Lin B. Factors Affecting CO₂ Emissions in China's Agriculture Sector：Evidence from Geographically Weighted Regression Model ［J］. Energy Policy，2017，104：404 - 414.

［82］ Zafeiriou E，Azam M. CO₂ Emissions and Economic Performance in EU Agriculture：Some Evidence from Mediterranean Countries ［J］. Ecological Indicators，2017，81：104 - 114.

［83］ Liu X，Zhang S，Bae J. The Impact of Renewable Energy and Agriculture on Carbon Dioxide Emissions：Investigating the Environmental Kuznets Curve in Four Selected ASEAN Countries ［J］. Journal of Cleaner Production，2017，164：1239 - 1247.

［84］ Gokmenoglu K K，Taspinar N. Testing the Agriculture - induced EKC Hypothesis：The Case of Pakistan ［J］. Environmental Science and Pollution Research International，2018，25：22829 - 22841.

［85］ Jebli M B，Youssef S B. Renewable Energy Consumption and Agriculture：Evidence for Cointegration and Granger Causality for Tunisian Economy ［J］. International Journal of Sustainable Development and World，2015，24：149 - 158.

［86］ Jebli M B，Youssef S B. The Role of Renewable Energy and Agriculture in Reducing CO₂ Emissions：Evidence for North Africa Countries ［J］. Ecological Indicators，2017，74：295 - 301.

［87］ Murray B. C. Overview of Agricultural and Forestry GHG Offsets on the US Landscape ［J］. Choices，2004（3）：14 - 18.

［88］ Yu J.，Yao S.，Zhang B. Designing Afforestation Subsidies that Account for the Benefits of Carbon Sequestration：A Case Study Using Data from China's Loess Plateau ［J］. Journal of Forest Economics，2014，20：65 - 76.

［89］ 夏庆利 . 基于碳汇功能的我国农业发展方式转变研究 ［J］. 生态经济，2010（10）：106 - 109.

［90］ 杜玲，陈阜，张海林，等 . 基于博弈论模型的北京市农田生态补偿政策研究 ［J］. 中国农业大学学报，2010，15（1）：89 - 94.

［91］ Grubb M J. and Sebenius J K. Participation，Allocation and Adaptability in International Tradable Emission Permit System for GHGs ［R］. Control in OECD Climate Change：Designing a Tradable Permit System. Paris：OECD，1992.

［92］ 徐玉高，何建坤 . 气候变化问题上的平等权利准则 ［J］. 世界环境，2000（2）：17 - 21.

［93］ Smith K R，Swisher J，Ahuja D R. Who Pays （to solve the problem and how much）

[M]. The Global Greenhouse Regime：Who Pays，2013：70 - 98.

[94] Janssen M，Rotmans J. Allocation of Fossil CO_2 Emission Rights Quantifying Cultural Perspectives [J]. Ecological Economics，1995，13 (1)：65 - 79.

[95] Benestad O. Energy Needs and CO_2 Emissions Constructing a Formula for Just Distributions [J]. Energy Policy，1994，22 (9)：725 - 734.

[96] Tan X P，Wang X Y. The Market Performance of Carbon Trading in China：A Theoretical Framework of Structure - conduct - performance [J]. Journal of Cleaner Production，2017，159：410 - 424.

[97] Zhao X G，Wu L，Li A. Research on the Efficiency of Carbon Trading Market in China [J]. Renewable and Sustainable Energy Reviews，2017，79：1 - 8.

[98] Song Y Z，Liu T S，Li X，et al. Region Division of China's Carbon Market Based on the Provincial/Municipal Carbon Intensity [J]. Journal of Cleaner Production，2017，164：1312 - 1323.

[99] 陈（摘）. 中国碳平衡交易框架研究报告发布 [J]. 环境污染与防治，2008，30 (11)：61 - 61.

[100] 赵荣钦，刘英，李宇翔，等. 区域碳补偿研究综述：机制、模式及政策建议 [J]. 地域研究与开发，2015，34 (5)：116 - 120.

[101] 吴昊玥，何艳秋，陈文宽，等. 中国农业碳补偿率空间效应及影响因素研究：基于空间 Durbin 模型 [J]. 农业技术经济，2020 (3)：110 - 123.

[102] 陈儒，姜志德. 中国省域低碳农业横向空间生态补偿研究 [J]. 中国人口·资源与环境，2018，28 (4)：87 - 97.

[103] Shen YQ，Zeng C，Wang C J，et al. Impact of Carbon Sequestration Subsidy and Carbon Tax Policy on Forestry Economy - based on CGE Model [J]. Journal of Natural Resources，30 (4)，560 - 568.

[104] 于谨凯，杨志坤，邵桂兰. 基于影子价格法的碳汇渔业碳补偿额度分析：以山东海水贝类养殖业为例 [J]. 农业经济与管理，2011 (6)：83 - 90.

[105] 康宝怡，朱明芳. 生态旅游视域下旅游者碳补偿支付意愿影响因素研究：以中国大熊猫国家公园为例 [J]. 干旱区资源与环境，2022，36 (7)：16 - 22.

[106] 吕晶. 哈尔滨市呼兰区不同林分类型碳汇计量及碳汇价值评价 [J]. 现代农村科技，2016 (13)：56 - 57.

[107] Ge Y，Liu S，Wu F，et al. Negotiation System of Ecological Compensation of Water Source Areas [J]. Chinese Journal of Population，Resources and Environment，

2010，8（4）：49 - 54.

[108] 陈诗华，王玥，王洪良，等 . 欧盟和美国的农业生态补偿政策及启示 ［J］. 中国农业资源与区划，2022，43（1）：10 - 17.

[109] 刘桂环，王夏晖，文一惠，等 . 近 20 年我国生态补偿研究进展与实践模式 ［J］. 中国环境管理，2021，13（5）：109 - 118.

[110] 刘芮琳，袁国华，张志敏 . 英德生态补偿机制对我国生态补偿工作的启示 ［J］. 中国国土资源经济，2022，35（7）：48 - 56.

[111] 吴健，郭雅楠 . 生态补偿：概念演进、辨析与几点思考 ［J］. 环境保护，2018，46（5）：51 - 55.

[112] Deng J L. The Control Problem of Grey Systems ［J］. System Control Letter，1982，1（5）：288 - 294.

[113] 刘殿国，徐兵 . GM（1，N）模型的多重共线性的产生及岭估计改进法 ［J］. 齐齐哈尔大学学报，2004（4）：88 - 90.

[114] 王忠文，张洪波，刘殿国 . GM（1，N）模型的病态矩阵的产生及主成分估计改进法 ［J］. 吉林工程技术师范学院学报，2005（6）：9 - 11.

[115] 仇伟杰，刘思峰 . GM（1，N）模型的离散化结构解 ［J］. 系统工程与电子技术，2006（11）：1679 - 1681，1699.

[116] 谢乃明，刘思峰 . GM（n，h）模型建模序列数据数乘变换特性研究 ［J］. 控制与决策，2009，24（9）：1294 - 1299.

[117] 何满喜，王勤 . 基于 Simpson 公式的 GM（1，N）建模的新算法 ［J］. 系统工程理论与实践，2013，33（1）：199 - 202.

[118] Wang Z X，Hao P. An Improved Grey Multivariable Model for Predicting Industrial Energy Consumption in China ［J］. Applied Mathematical Modelling，2016，40：5745 - 5758.

[119] Wu L F，Zhang Z Y. Grey Multivariable Convolution Model with New Information Priority Accumulation ［J］. Applied Mathematical Modelling，2018，62：595 - 604.

[120] Zeng B，Li C. Improved Multi - variable Grey Forecasting Model with a Dynamic Background - value Coefficient and Its Application ［J］. Computers & Industrial Engineering，2018，118：278 - 290.

[121] Ding S，Li R J. A New Multivariable Grey Convolution Model Based on Simpson's Rule and Its Applications ［J］. Complexity，2020（4）：1 - 14.

[122] 詹棠森，汪子婷，汤可宗，等 . 改进 GM（1，N）模型全局优化算法及应用 ［J］.

数理统计与管理：2021，40（5）：851-858.

[123] 黄继. 灰色多变量 GM（1，N｜T，r）模型及其粒子群优化算法 [J]. 系统工程理论与实践，2009，29（10）：145-151.

[124] 毛树华，高明运，肖新平. 分数阶累加时滞 GM（1，N，τ）模型及其应用 [J]. 系统工程理论与实践，2015，35（2）：430-436.

[125] Tien T L. The Indirect Measurement of Tensile Strength of Material by the Grey Prediction Model GMC（1，n）[J]. Measurement Science & Technology，2005，16（6）：1322-1328.

[126] Ma X，Liu Z B. Predicting the Oil Field Production Using the Novel Discrete GM（1，N）Model [J]. Journal of Grey System，2015，27（4）：63-73.

[127] Zeng B，Duan H M，Zhou Y F. A New Multivariable Grey Prediction Model with Structure Compatibility [L]. Applied Mathematical Modelling，2019，75：385-397.

[128] 王正新. 灰色多变量 GM（1，N）幂模型及其应用 [J]. 系统工程理论与实践，2014，34（9）：2357-2363.

[129] Wang Z X，Ye D J. Forecasting Chinese Carbon Emissions from Fossil Energy Consumption Using Non-linear Grey Multivariable Models [J]. Journal of Cleaner Production，2017，142（PT.2）：600-612.

[130] Ma X J，Jiang P，Jiang Q C. Research and Application of Association Rule Algorithm and an Optimized Grey Model in Carbon Emissions Forecasting [J]. Technological Forecasting and Social Change，2020，158：120 159.

[131] Ma X，Liu Z，Wang Y. Application of a Novel Nonlinear Multivariate Grey Bernoulli Model to Predict the Tourist Income of China [J]. Journal of Computational and Applied Mathematics，2018，347：84-94.

[132] Ding S，Xu N，Ye J，et al. Estimating Chinese Energy-related CO_2 Emissions by Employing a Novel Discrete Grey Prediction Model [J]. Journal of Cleaner Production，2020，259：120793.

[133] 周慧秋. 灰模型 GM（1，N）在东北地区粮食综合生产能力预测中的应用研究 [J]. 农业技术经济，2006（3）：58-62.

[134] 段婕，林伟. 基于灰色系统预测的 GM（1，N）保障水平动态模型 [J]. 统计与决策，2007（12）：13-15.

[135] 罗党，秦嘉欣. 基于区域农业旱灾损失预测的混频 GM（1，N）模型研究 [J]. 华北水利水电大学学报（自然科学版），2020，41（3）：25-31.

[136] 付泽伟，杨银科，王天尧．基于改进的非线性优化 GM（1，N）模型的海晏县城镇生活需水量预测 [J]．水电能源科学，2019，37（10）：44 - 47.

[137] 陈玉飞，魏思怡，张林．基于 GM（1，N）的道路交通事故预测模型 [J]．华北理工大学学报（自然科学版），2020，42（1）：47 - 50.

[138] 张开智，姜红花，柳平增，等．基于 GM（1，N）模型的生姜种植面积预测 [J]．中国农机化学报，2020，41（10）：139 - 143.

[139] 黄莺，张筠汐．基于 GM（1，N）- Prophet 组合模型的电商行业销售预测研究 [J]．西南民族大学学报（自然科学版），2021，47（3）：317 - 325.

[140] 谢康，姜国庆，郭杭鑫，等．基于改进的 GM（1，n）动态网络舆情预警模型 [J/OL]．计算机应用：1 - 9 [2022 - 03 - 27]．http：//kns. cnki. net/kcms/detail/51. 1307. tp. 20220304. 1457. 008. html.

[141] Zeng B，Luo C M，Liu S F，et al. Development of an Optimization Method for the GM（1，N）Model [J]．Engineering Applications of Artificial Intelligence，2016，55：353 - 362.

[142] 翟军，盛建明，冯英浚．MGM（1，n）灰色模型及应用 [J]．系统工程理论与实践，1997，17（5）：110 - 114.

[143] Han X H，Chang J. A Hybrid Prediction Model Based on Improved Multivariable Grey Model for Long - term Electricity Consumption [J]．Electrical Engineering，2021，103（2）：1031 - 1043.

[144] 刘笑冰，陈建成，何忠伟．基于 MGM（1，N）模型的北京创意农业发展灰色预测 [J]．中国人口·资源与环境，2013，23（4）：62 - 66.

[145] Jiang F，Yang X，Li S Y. Comparison of Forecasting India's Energy Demand Using an MGM，ARIMA Model，MGM - ARIMA Model，and BP Neural Network Model [J]．Sustainability，2018，10（7）：2225 - 2241.

[146] Zhou Q H，Wei T L，Qiu Y P，et al. Prediction and Optimization of Chemical Fiber Spinning Tension Based on Grey System Theory [J]．Textile Research Journal，2019，89（15）：3067 - 3079.

[147] 夏卫国，米传民，刘思峰，等．基于初值改进的多变量 MGM（1，m）模型研究 [J]．中国管理科学，2013，21（S1）：81 - 85.

[148] Zou R B. The Non - equidistant New Information Optimizing MGM（1，n）Based on a Step by Step Optimum Constructing Background Value [J]．Applied Mathematics and Information Sciences，2012，6（3）：745 - 750.

[149] Wang C R, Cao Y. Forecasting Chinese Economic Growth, Energy Consumption, and Urbanization Using Two Novel Grey Multivariable Forecasting Models [J]. Journal of Cleaner Production, 2021, 299: 126863.

[150] 熊萍萍, 袁玮莹, 叶琳琳, 等. 灰色 MGM (1, m, N) 模型的构建及其在雾霾预测中的应用 [J]. 系统工程理论与实践, 2020, 40 (3): 771-782.

[151] 罗党, 陈玲. 一类离散多变量 MGM (1, m) 预测模型优化 [J]. 内蒙古师范大学学报 (自然科学汉文版), 2014, 43 (2): 133-136, 141.

[152] Wang H X, Zhao L D. A Nonhomogeneous Multivariable Grey Prediction NMGM Modeling Mechanism and Its Application [J]. Mathematical Problems in Engineering, 2018 (24): 1-8.

[153] 周伟杰, 党耀国. 向量灰色模型的建立及应用 [J]. 运筹与管理, 2019, 28 (10): 150-155.

[154] Wang Q, Li S Y, Li R R, et al. Forecasting US Shale Gas Monthly Production Using a Hybrid ARIMA and Metabolic Nonlinear Grey Model [J]. Engrgy, 2018, 160: 378-387.

[155] Guo X J, Liu S F, Wu L F, et al. A multi-variable Grey Model with a Self-memory Component and Its Application on Engineering Prediction [J]. Engineering Applications of Artificial Intelligence, 2015, 42: 82-93.

[156] 熊萍萍, 檀成伟, 闫书丽, 等. 基于卡尔曼滤波的 MGM-多维 AR (p) 模型的构建及其应用 [J]. 系统科学与数学, 2021, 41 (4): 1131-1149.

[157] 丁松, 党耀国, 徐宁, 等. 多变量离散灰色幂模型构建及其优化研究 [J]. 系统工程与电子技术, 2018, 40 (6): 1302-1309.

[158] 王正新. 具有交互效应的多变量 GM (1, N) 模型 [J]. 控制与决策, 2017, 32 (3): 515-520.

[159] 刘思峰, 等. 灰色系统理论及其应用 [M]. 第8版. 北京: 科学出版社, 2017.

[160] Liu J, Diamond J. China's Environment in a Globalizing World [J]. Nature, 2005, 454 (7046): 1179-1186.

[161] Lal R. Carbon Management in Agricultural Soils [J]. Mitigation & Adaptation Strategies for Global Change, 2007, 12 (2): 303-322.

[162] Nurse J, Basher D, Bone A, et al. An Ecological Approach to Promoting Population Mental Health and Well-being: A Response to the Challenge of Climate Change [J]. Perspect Public Health, 2010, 130 (1): 27-33.

[163] Venterea R T，Halvorson A D，Kitchen N，et al. Challenges and Opportunities for Mitigating Nitrous Oxide Emissions from Fertilized Cropping Systems [J]. Frontiers in Ecology and The Environment，2012，10 (10)：562 - 570.

[164] 何艳秋，戴小文. 中国农业碳排放驱动因素的时空特征研究 [J]. 资源科学，2016，38 (9)：1780 - 1790.

[165] 何炫蕾，陈兴鹏，庞家幸. 基于 LMDI 的兰州市农业碳排放现状及影响因素分析 [J]. 中国农业大学学报，2018，23 (7)：150 - 158.

[166] 王惠，卞艺杰. 农业生产效率、农业碳排放的动态演进与门槛特征 [J]. 农业技术经济，2015 (6)：36 - 47.

[167] West T O, Marland G. A synthesis of Carbon Sequestration, Carbon Emissions, and Net Carbon Flux in Agriculture：Comparing Tillage Practices in the United States [J]. Agriculture, Ecosystems and Environment，2002，91 (1 - 3)：217 - 232.

[168] 闵继胜，胡浩. 中国农业生产温室气体排放量的测算 [J]. 中国人口·资源与环境，2012，22 (7)：21 - 27.

[169] 齐玉春，董云社. 土壤氧化亚氮产生、排放及其影响因素 [J]. 地理学报，1999 (6)：534 - 542.

[170] 冉锦成，苏洋，胡金凤，等. 新疆农业碳排放时空特征、峰值预测及影响因素研究 [J]. 中国农业资源与区划，2017，38 (8)：16 - 24.

[171] 姚成胜，钱双双，李政通，等. 中国省际畜牧业碳排放测度及时空演化机制 [J]. 资源科学，2017，39 (4)：698 - 712.

[172] 中国日报中国网. 农业部长：去年农药使用量零增长，化肥接近零增长 [J]. [2017.12.10]. http：//cnews. chinadaily. com. cn/ 201703/07/content _ 28461089. htm.

[173] Fang D B，Zhang X L，Yu Q，et al. A Novel Method for Carbon Emission Forecasting Based on Improved Gaussian Processes Regression [J]. Journal of Cleaner Production，2018，173：143 - 150.

[174] Sun W，Liu M H. Prediction and Analysis of the Three Major Industries and Residential Consumption CO_2 Emissions Based on Least Squares Support Vector Machine in China [J]. Journal of Cleaner Production，2016，122：144 - 153.

[175] Wen L，Cao Y. Influencing Factors Analysis and Forecasting of Residential Energy - related CO_2 Emissions Utilizing Optimized Support Vector Machine [J]. Journal of Cleaner Production，2020，250. https：//doi. org/10. 1016/jjclepro. 2019. 119492.

[176] Acheampong A O，Boateng E B. Modelling Carbon Emission Intensity：Application

of Artificial Neural Network [J]. Journal of Cleaner Production, 2019, 225: 833 - 856.

[177] 刘杨, 刘鸿斌. 山东省农业碳排放特征、影响因素及达峰分析 [J]. 中国生态农业学报 (中英文), 2022, 30 (4): 558 - 569.

[178] 周一凡, 李彬, 张润清. 县域尺度下河北省农业碳排放时空演变与影响因素研究 [J]. 中国生态农业学报 (中英文), 2022, 30 (4): 570 - 581.

[179] Zeng B, Chen G, Liu S F. A Novel Interval Grey Prediction Model Considering Uncertain Information [J]. Journal of the Franklin Institute, 2013, 350 (10): 3400 - 3416.

[180] 曾波, 刘思峰, 谢乃明, 等. 基于灰数带及灰数层的区间灰数预测模型 [J]. 控制与决策, 2010 (10): 1585 - 1588.

[181] Ofosu - Adarkwa J, Xie N M, Javed S A. Forecasting CO_2 Emissions of China's Cement Industry Using a Hybrid Verhulst - GM (1, N) Model and Emissions' Technical Conversion [J]. Renewable and Sustainable Energy Reviews, 2020, 130: 109945.

[182] Odibat Z, Momani S. Modified Homotopy Perturbation Method: Application to Quadratic Riccati Differential Equation of Fractional Order [J]. Chaos Solitons & Fractals, 2008, 36 (1): 167 - 174.

[183] Zhang D, Shen J, Zhang F, et al. Carbon Footprint of Grain Production in China [J]. Scientific Reports, 2017, 7 (1): 4126.

[184] 解铭, 吉伟卓, 齐丹媛, 等. 基于核方法的非线性灰色多变量模型在交通污染预测中的应用 [J]. 新型工业化, 2019, 9 (10): 25 - 27.

[185] Wang Z X, D J Ye. Forecasting Chinese Carbon Emissions from Fossil Energy Consumption Using Non - linear Grey Multivariable Models [J]. Journal of Cleaner Production, 2017, 142 (20): 600 - 612.

[186] Liu S F, Lin Y. Grey System Theory and Applications [M]. Springer - Verlag, Berlin Heidelberg, 2010: 107 - 147.

[187] Jiang H, Kong P Y, Hu Y C, et al. Forecasting China's CO_2 Emissions by Considering Interaction of Bilateral FDI Using the Improved Grey Multivariable Verhulst Model [J]. Environment Development and Sustainability, 2021, 23: 225 - 240.

[188] Tien T L. A Research on the Grey Prediction Model GM (1, N) [J]. Applied Mathematics and Computation, 2012, 218: 4903 - 4916.

[189] Hsu L C, Wang C H. Forecasting Integrated Circuit Output Using Multivariate

Grey Model and Grey Relational Analysis [J]. Expert Systems with Applications, 2009, 36 (2): 1403 - 1409.

[190] Ma W M, Zhu X X, Wang M M. Forecasting Iron Ore Import and Consumption of China Using Grey Model Optimized by Particle Swarm Optimization Algorithm [J]. Resources Policy, 2013, 38: 613 - 620.

[191] Zeng B, Duan H M, Zhou Y F. A New Multivariable Grey Prediction Model with Structure Compatibility [J]. Applied Mathematical Modelling, 2019, 75: 385 - 397.

[192] Xu N, Ding S, Gong Y, et al. Forecasting Chinese Greenhouse Gas Emissions from Energy Consumption Using a Novel Grey Rolling Model [J]. Energy, 2019, 175: 218 - 227.

[193] Han X H, Chang J. A Hybrid Prediction Model Based on Improved Multivariable Grey Model for Long - term Electricity Consumption [J]. Electrical Engineering, 2021, 103 (2): 1031 - 1043.

[194] Ye J, Dang Y G, Ding S, et al. A Novel Energy Consumption Forecasting Model Combining an Optimized DGM (1, 1) Model with Interval Grey Numbers [J]. Journal of Cleaner Production, 2019, 229: 256 - 267.

[195] Zeng X Y, Shu L, Huang G M, et al. Triangular Fuzzy Series Forecasting Based on Grey Model and Neural Network [J]. Applied Mathematical Modelling, 2016, 40 (3): 1717 - 1727.

[196] Xiao B, Niu D, Wu H. Exploring the Impact of Determining Factors Behind CO_2 Emissions in China: A CGE Appraisal [J]. Science of the Total Environment, 2017: 581 - 582, 559 - 572.

[197] Sahar S, Ruhul AS. Non - renewable and Renewable Energy Consumption and CO_2 Emissions in OECD Countries: A Comparative Analysis [J]. Energy Policy, 2014, 66: 547 - 556.

[198] Zhou P, Ang BW, Poh KL. A Trigonometric Grey Prediction Approach to Forecasting Electricity Demand [J]. Energy, 2006, 31 (14): 2839 - 2847.

[199] Volterra V. Fluctuations in the Abundance of a Species Considered Mathematically [J]. Nature, 1926 (118): 558 - 560.

[200] 孟方琳, 田增瑞, 姚歆. 基于 Lotka - Volterra 模型的数字经济生态系统运行机理与演化发展研究 [J]. 河海大学学报 (哲学社会科学版), 2020, 22 (2): 63 - 71.

[201] Lin S L. Forecasting and Analyzing the Competitive Diffusion of Mobile Cellular

Broadband and Fixed Broadband in Taiwan with Limited Historical Data [J]. Economic Modelling, 2013, 35 (35): 207-213.

[202] 吴晓慧, 单熙凯, 董世魁, 等. 基于改进的 Lotka-Volterra 种间竞争模型预测退化高寒草地人工恢复演替结果 [J]. 生态学报, 2019, 39 (9): 3187-3198.

[203] 何向武, 周文泳, 李明珠. 自主研发、技术改造与技术引进生态关系研究: 以中国高技术产业为例 [J]. 科技进步与对策, 2020, 37 (8): 59-67.

[204] Wojciech M B. Target for National Carbon Intensity of Energy by 2050: A Case Study of Poland's Energy System [J]. Energy, 2012, 46 (1): 575-581.

[205] Margarita RA, Victor M. Decomposition Analysis and Innovative Accounting Approach for Energy-related CO_2 (carbon dioxide) Emissions Intensity over 1996—2009 in Portugal [J]. Energy, 2013, 57 (1): 775-787.

[206] Li H M, Wu T, Zhao X F, et al. Regional Disparities and Carbon "outsourcing": The Political Economy of China's Energy Policy [J]. Energy, 2014, 66 (1): 950-958.

[207] 董红敏, 李玉娥, 陶秀萍, 等. 中国农业源温室气体排放与减排技术对策 [J]. 农业工程学报, 2008, 24 (10): 269-273.

[208] 谭秋成. 中国农业温室气体排放: 现状及挑战 [J]. 中国人口·资源与环境, 2011, 21 (10): 69-75.

[209] 田云, 张俊飚, 何可, 等. 农户农业低碳生产行为及其影响因素分析: 以化肥施用和农药使用为例 [J]. 中国农村观察, 2015 (4): 61-70.

[210] 吴贤荣, 张俊飚. 中国省域农业碳排放: 增长主导效应与减排退耦效应 [J]. 农业技术经济, 2017 (5): 27-36.

[211] Stevanović M, Popp A, Bodirsky B L, et al. Mitigation Strategies for Greenhouse Gas Emissions from Agriculture and Land-use Change: Consequences for Food Prices [J]. Environmental Science & Technology, 2017, 51 (1): 365-374.

[212] 付允, 马永欢, 刘怡君, 等. 低碳经济的发展模式研究 [J]. 中国人口·资源与环境, 2008, 18 (3): 14-19.

[213] 冉光和, 王建洪, 王定祥. 我国现代农业生产的碳排放变动趋势研究 [J]. 农业经济问题, 2011, 32 (2): 32-38, 110.

[214] 胡川, 韦院英, 胡威. 农业政策、技术创新与农业碳排放的关系研究 [J]. 农业经济问题, 2018 (9): 66-75.

[215] 田云, 吴海涛. 产业结构视角下的中国粮食主产区农业碳排放公平性研究 [J].

农业技术经济，2020（1）：45 - 55.

[216] Tubiello F N，Salvatore M，Ferrara A F，et al. The Contribution of Agriculture，Forestry and other Land Use Activities to Global Warming 1990—2012 ［J］. Global Change Biology，2015，21（7）：2655 - 2660.

[217] Grassi G，House J，Dentener F，et al. The Key Role of Forests in Meeting Climate Targets Requires Science for Credible Mitigation ［J］. Nature Climate Change，2017，7（3）：220 - 226.

[218] Roe S，Streck C，Obersteiner M，et al. Contribution of the Land Sector to a 1.5℃ World ［J］. Nature Climate Change，2019，9（11）：817 - 828.

[219] Federici S，Tubiello F N，Salvatore M，et al. New Estimates of CO_2 Forest Emissions and Removals：1990—2015 ［J］. Forest Ecology & Management，2015，352：89 - 98.

[220] Corinne Le Quéré，Andrew R M，Friedlingstein P，et al. Global Carbon Budget 2017 ［J］. Earth System Science Data，2018，10（1）：405 - 448.

[221] 安增龙，梁佳禾. 基于低碳农业视角下生态效率测度研究：以北大荒集团为例 ［J］. 价格理论与实践，2021（11）：193 - 196，200.

[222] 谢华玲，迟培娟，杨艳萍. 双碳战略背景下主要发达经济体低碳农业行动分析 ［J/OL］. 世界科技研究与发展：1 - 10 ［2022 - 06 - 23］.

[223] 尚丽. 低碳视角下陕西省粮食生产率评价及影响因素研究：基于 Malmquist - Luenberger 指数模型 ［J］. 湖北农业科学，2022，61（10）：192 - 198，212.

[224] 古南正皓，李世平. 低碳农业补偿机制研究：以粮食种植为例 ［J］. 人文杂志，2014（12）：125 - 128.

[225] 陈儒. 低碳农业联合生产绩效评价与激励机制研究 ［D］. 杨凌：西北农林科技大学，2019.

[226] 郑晶，高孟菲，黄森慰. 国内低碳农业生态补偿研究进展 ［J］. 中南林业科技大学学报（社会科学版），2020，14（1）：20 - 26.

[227] 尹国勋. 矿山环境保护 ［M］. 徐州：中国矿业大学出版社，2010：14 - 15，77 - 79，140 - 142.

[228] Cuperus R，Canters K J，Piepers A G. Ecological Compensation of the Impacts of a Road. Preliminary Method for the A50 Road Link（Eindhoven - Oss，The Netherlands）［J］. Ecological Engineering，1996，7（4）：327 - 349.

[229] Allen A O，Feddema J J. Wetland Loss and Substitution by the Section 404 Permit

Program in Southern California, USA [J]. Environmental Management, 1996, 20 (2): 263 - 274.

[230] 白思俊，等. 系统工程 [M]. 北京：电子工业出版社，2013：100，115

[231] 徐水太，黄锴强，薛飞. 基于 ISM 模型的绿色大学建设影响因素研究 [J]. 建设科技，2020 (13)：36 - 41.

[232] 宿丽霞，宿丽，金玉芬. 水源保护区生态补偿机制实施的影响因素及对策研究 [C]. 2012 中国可持续发展论坛 2012 年专刊（一），2013：468 - 472.

[233] Fao. The State of Food and Agriculture 2015: Social Protection and Agriculture: Breaking the Cycle of Rural Poverty [R]. Fao, 2015.

[234] 高珊，黄贤金，赵荣钦. 江苏低碳发展模式及政策研究 [M]. 南京：南京大学出版社，2013.

[235] Gewin V, Monahan P. As Us Moves Cut Greenhouse Emissions Farms New Study Finds Big Global Challenge [N]. Science, 2016 May19.

[236] Xiong C H, Yang D G, Huo J W, et al. Agricultural Net Carbon Effect and Agricultural Carbon Sink Compensation Mechanism in Hotan Prefecture, China [J]. Polish Journal of Environmental Studies, 2017, 26 (1): 365 - 373.

[237] Li X Y, Tang B J. Incorporating the Transport Sector into Carbon Emission Trading Scheme: An Overview and Outlook [J]. Natural Hazards, 2017, 88 (2): 683 - 698.

[238] 卢晓萍. 吉林省低碳农业综合评价研究 [D]. 长春：吉林大学，2016.

[239] 樊慧丽，付文阁. 水足迹视角下我国农业水土资源匹配及农业经济增长：以长江经济带为例 [J]. 中国农业资源与区划，2020，41 (10)：193 - 203.

[240] 李裕瑞，杨乾龙，曹智. 长江经济带农业发展的现状特征与模式转型 [J]. 地理科学进展，2015，34 (11)：1458 - 1469.

[241] 张俊峰，贺三维，张光宏，等. 流域耕地生态盈亏、空间外溢与财政转移：基于长江经济带的实证分析 [J]. 农业经济问题，2020 (12)：120 - 132.

[242] 赵文英，谢威，褚文杰，等. 基于 PCA - FUZZY 法的我国低碳农业发展水平的时空演化分析 [J]. 数学的实践与认识，2021，51 (22)：30 - 37.

[243] 旷爱萍，胡超. 广西低碳农业发展质量测度及其综合评价 [J]. 生态经济，2021，37 (2)：104 - 110.

[244] Deng Julong. Introduction to Grey System Theory [J]. The Journal of Grey System, 1989, 1 (1): 1 - 24.

［245］刘锐，邓辉，王翠云 . 甘肃省现代农业与县域经济协调发展的时空特征［J］. 中国农业资源与区划，2020，41（12）：190-201.

［246］李治兵，沈涛，肖怡然，等 . 西北地区农业生态和经济系统协调发展研究［J］. 中国农业资源与区划，2020，41（12）：237-244.

［247］谢淑娟，匡耀求，黄宁生，等 . 低碳农业评价指标体系的构建及对广东的评价［J］. 生态环境学报，2013，22（6）：916-923.

图书在版编目（CIP）数据

双碳背景下农业碳排放预测及减排策略研究 / 郭三党，荆亚倩，姚石著. —北京：中国农业出版社，2023.5

ISBN 978-7-109-30672-1

Ⅰ.①双… Ⅱ.①郭… ②荆… ③姚… Ⅲ.①农业—二氧化碳—减量—排气—研究—中国 Ⅳ.①S210.4 ②X511

中国国家版本馆 CIP 数据核字（2023）第 077031 号

中国农业出版社出版

地址：北京市朝阳区麦子店街 18 号楼
邮编：100125
责任编辑：闫保荣
版式设计：王 晨 责任校对：吴丽婷
印刷：北京通州皇家印刷厂
版次：2023 年 5 月第 1 版
印次：2023 年 5 月北京第 1 次印刷
发行：新华书店北京发行所
开本：700mm×1000mm 1/16
印张：14.5
字数：230 千字
定价：68.00 元